高等职业教育土木建筑类专业新形态教材

建筑制图与识图（含习题集）

（第2版）

主　编　王丽红　刘晓光　李　杰
副主编　杨　玲　赵龙珠　王　芳
　　　　梁殿旭　杨　韬
主　审　孙玉红

北京理工大学出版社
BEIJING INSTITUTE OF TECHNOLOGY PRESS

内 容 提 要

本书根据高等教育的教学特点，以应用为目的，基础理论部分根据“必需、够用”为度的原则，共设有建筑制图基础与技能、建筑形体的表达、建筑施工图的识读、结构施工图的识读四个项目，每个项目分为若干个教学任务，每个教学任务从实际出发，设计了“任务介绍+任务分析+相关知识+任务实施+练习”的教学模式，最大限度地满足任务驱动教学法的要求，体现了“教、学、做”一体化的思想，突出其应用型和技能型的特色。

本书可作为高等院校土木工程相关专业的教学用书，也可作为岗位培训的教材，还可供建筑工程技术人员学习参考。

图书在版编目(CIP)数据

建筑制图与识图：含习题集 / 王丽红，刘晓光，李杰主编.—2版.—北京：北京理工大学出版社，2023.1重印

ISBN 978-7-5682-8746-3

Ⅰ.①建…　Ⅱ.①王…　②刘…　③李…　Ⅲ.①建筑制图－识别－高等学校－教材　Ⅳ.①TU204.21

中国版本图书馆CIP数据核字（2020）第130797号

出版发行 / 北京理工大学出版社有限责任公司

社　　址 / 北京市海淀区中关村南大街5号

邮　　编 / 100081

电　　话 /（010）68914775（总编室）

（010）82562903（教材售后服务热线）

（010）68944723（其他图书服务热线）

网　　址 / http://www.bitpress.com.cn

经　　销 / 全国各地新华书店

印　　刷 / 北京紫瑞利印刷有限公司

开　　本 / 787毫米×1092毫米　1/16

印　　张 / 16

字　　数 / 366千字

版　　次 / 2023年1月第2版第4次印刷

定　　价 / 45.00元（含习题集）

责任编辑 / 钟　博

文案编辑 / 钟　博

责任校对 / 周瑞红

责任印制 / 边心超

第2版前言

“建筑制图与识图”是土建施工类专业的一门既有理论又有实践的基础课程。本课程的目的是培养学生具有绘制和阅读工程图样的能力，并通过理论学习和实践训练，培养学生的空间想象能力和图解能力，熟悉现行房屋建筑制图标准和有关专业制图标准，掌握并应用各种图示方法来识读和表示专业图样。

本书根据最新建筑制图标准并结合“建筑制图与识图”课程教学的基本要求编写而成，是编者多年来教学工作的积累。本书根据高等教育的教学特点，以应用为目的，基础理论部分根据“必需、够用”为度的原则，共设有建筑制图基础与技能、建筑形体的表达、建筑施工图的识读、结构施工图的识读四个项目，每个项目分为若干个教学任务，每个教学任务从实际出发，设计了“任务介绍+任务分析+相关知识+任务实施+练习”的教学模式，最大限度地满足任务驱动教学法的要求，体现了“教、学、做”一体化的思想，突出其应用型和技能型的特色。

本书内容图文并茂，简明易懂，可作为高等院校土木工程类相关专业的教学用书，也可作为岗位培训教材，还可供建筑工程技术人员学习参考。

本书由辽宁建筑职业学院王丽红、刘晓光和营口职业技术学院李杰担任主编，由营口职业技术学院杨玲，辽宁建筑职业学院赵龙珠、王芳、梁殿旭、杨韬担任副主编，具体编写分工为：王丽红编写项目三中的任务一～任务三和项目四，刘晓光编写项目一，李杰编写项目二中的任务二～任务五，杨玲编写项目二中的任务一，赵龙珠编写项目二中的任务六和项目三中的任务七，王芳编写项目三中的任务四，梁殿旭编写项目三中的任务五，杨韬编写项目三中的任务六，王丽红负责全书的统稿、修改与定稿工作。全书由辽宁轻工职业学院孙玉红主审。

本书在编写过程中参考了有关书籍、标准、图片及其他资料等，在此谨向相关作者表示深深的谢意；同时得到了北京理工大学出版社和编者所在单位的大力支持，在此表示感谢。

由于编者水平有限，编写时间仓促，书中难免存在疏漏和不妥之处，恳请广大读者批评指正。

编　者

第1版前言

“建筑制图与识图”是土建施工类专业的一门既有理论又有实践的基础课程。本课程的目的是培养学生具有绘制和阅读工程图样的能力，并通过理论学习和实践训练，培养学生的空间想象能力和图解能力，熟悉现行房屋建筑制图标准和有关专业制图标准，掌握并应用各种图示方法来识读和表示专业图样。

本书根据最新建筑制图标准并结合最新的“建筑制图与识图”课程教学的基本要求编写而成，是编者多年来教学工作的积累。本书根据高等教育的教学特点，以应用为目的，基础理论部分根据“必需、够用”为度的原则，设有建筑制图基础与技能、建筑形体的表达、建筑施工图的识读、结构施工图的识读四个教学项目，每个项目分为若干个教学任务，每个教学任务从实际出发，设计了“任务介绍+任务分析+相关知识+任务实施+练习”的教学模式，最大限度地满足任务驱动教学法的要求，体现了“教、学、做”一体化的思想，突出其应用性和技能型的特色。

本书内容图文并茂，简明易懂，可作为高等院校土建类相关专业的教学用书，也可作为岗位培训教材，还可供建筑工程技术人员学习参考。

本书由王丽红、刘晓光担任主编，由辽宁建筑职业学院孙玉红任主审。其中王丽红完成了本书的统稿、修改与定稿工作。具体编写分工如下：辽宁建筑职业学院王丽红编写项目三中的任务一～五、项目四，辽宁建筑职业学院刘晓光编写项目一，营口职业技术学院杨玲编写项目二中的任务二，辽宁商贸职业技术学院闫旭编写项目二任务三中的子任务一、二，辽宁建筑职业学院赵龙珠编写项目二中的任务六、项目三中的任务七，辽宁建筑职业学院王芳编写项目二中的任务五，辽宁理工职业学院任海博编写项目二任务一、任务三中的子任务三，辽宁城市建设职业技术学院任鲁宁编写项目二中的任务四。

本书在编写过程中参考了有关书籍、标准、图片及其他资料等，在此谨向相关作者表示深深的谢意；同时得到了出版社和编者所在单位的大力支持，在此表示感谢。

由于编者水平有限，编写时间仓促，书中难免存在疏漏和不妥之处，恳请广大读者批评指正。

编　者

目录

项目一　建筑制图基础与技能

知识目标

1. 了解常用制图工具、仪器的使用与维护方法。
2. 熟悉现行的国家制图标准。
3. 熟悉绘图步骤和方法。

能力目标

1. 能正确使用制图工具和仪器绘制一般图样。
2. 能运用国家制图标准手工绘制平面图形。

任务　建筑制图基础与技能

任务介绍

在A3图纸上抄绘图1-1。

任务分析

图1-1中，图幅大小的选择、线型的应用、尺寸的标注、汉字的注写等都应符合相关规范的规定。同时，在绘制过程中还应正确使用绘图工具，按正确的顺序和方法进行绘制。

相关知识

一、制图规范的相关规定

建筑图纸是建筑设计和建筑施工中的重要技术资料，也是技术人员之间交流问题的工程语言。建筑图纸应达到规格统一、线条图例规范、图面清晰简明，这有利于提高制图效率，保证图面质量，满足设计、施工、存档的要求。现行六个有关制图标准：《房屋建筑制图统一标准》(GB/T 50001—2017)、《总图制图标准》(GB/T 50103—2010)、《建筑制图标准》(GB/T 50104—2010)、《建筑结构制图标准》(GB/T 50105—2010)、《建筑给水排水制图标准》(GB/T 50106—2010)和《暖通空调制图标准》(GB/T 50114—2010)，所有工程技术人员在设计、施工、管理中必须严格执行国家制图标准。

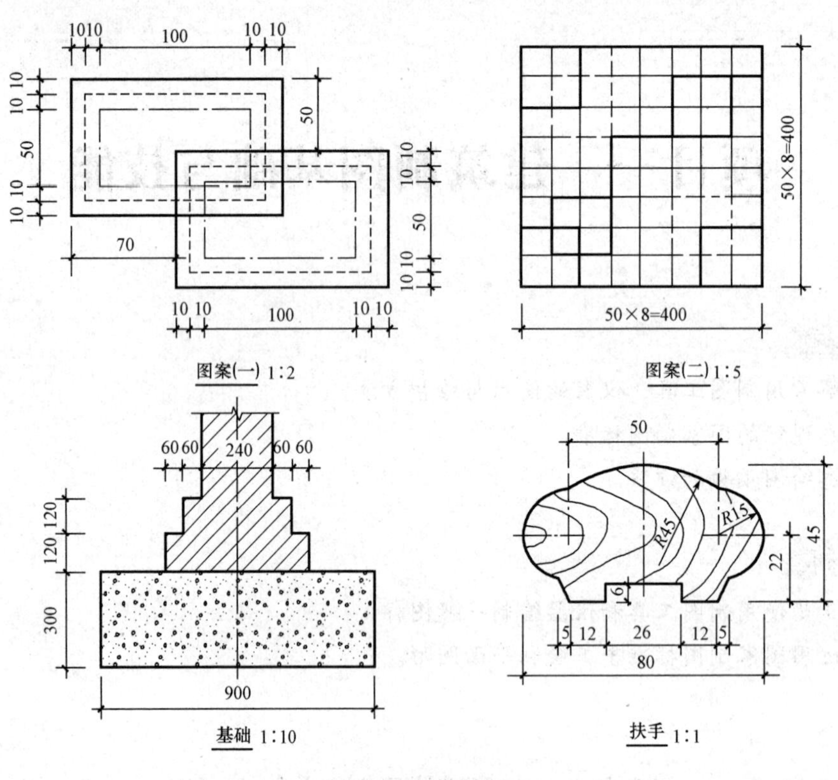

图 1-1　绘图训练

(一)图纸幅面和规格

1. 幅面

单位工程的施工图应装订成套，为了便于保存和使用，国家标准对图纸的幅面做了规定。图纸的裁剪如图 1-2 所示，图纸幅面和规格见表 1-1。

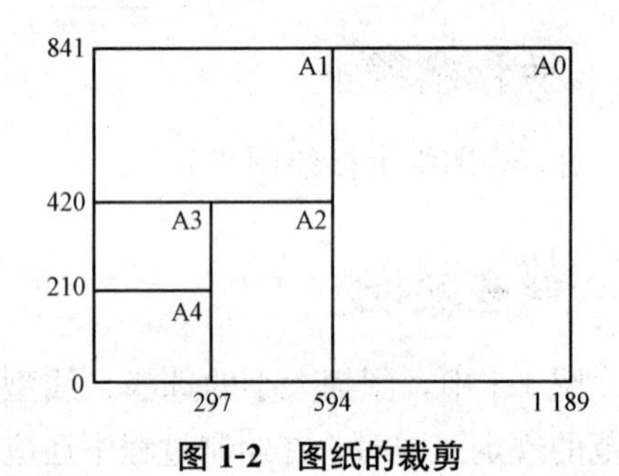

图 1-2　图纸的裁剪

表 1-1　图纸幅面和规格　　mm

尺寸代号 \ 幅面代号	A0	A1	A2	A3	A4
$b \times l$	841×1 189	594×841	420×594	297×420	210×297
c	10			5	
a	25				

表 1-1 中 a、b、c、l 的含义如图 1-3 所示。同一项工程的图纸，不宜多于两种幅面。必要时图纸幅面的长边可以加长，但加长的尺寸必须按照《房屋建筑制图统一标准》(GB/T 50001—2017)的规定，短边一般不应加长。

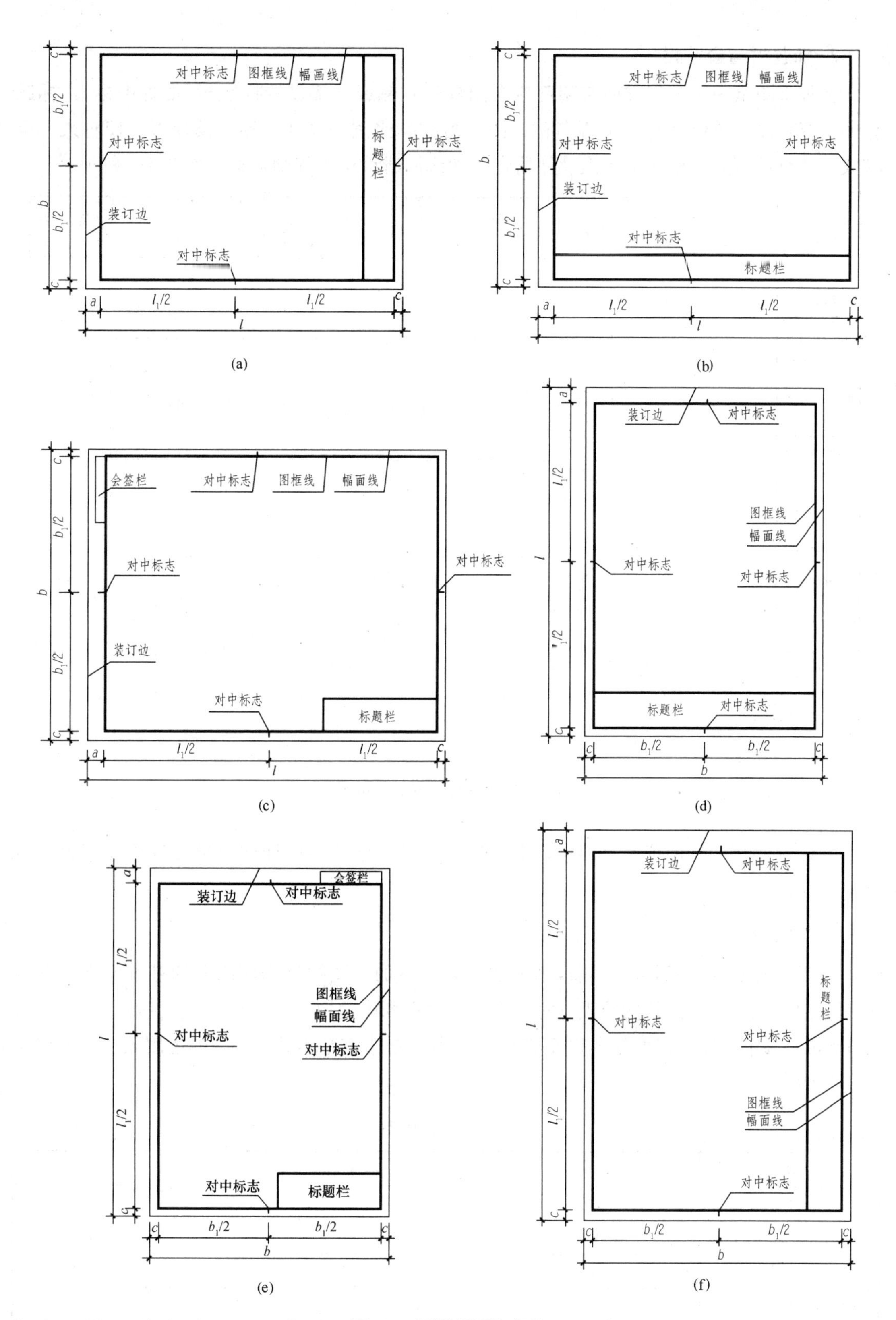

图 1-3　图纸幅面和规格

(a)A0～A3 横式幅面(一)；(b)A0～A3 横式幅面(二)；(c)A0～A1 横式幅面(三)；
(d)A0～A4 立式幅面(一)；(e)A0～A4 立式幅面(二)；(f)A0～A2 立式幅面(三)

2. 标题栏与会签栏

在每张图纸中，为了方便查阅都应在图框的右侧或下部设置标题栏(俗称图标)，标题栏的内容有设计单位名称、工程名称、图样名称、比例、设计日期、设计人、校对人、审核人、项目负责人、专业负责人及注册建筑师或注册结构工程师盖章，如图 1-4 所示。

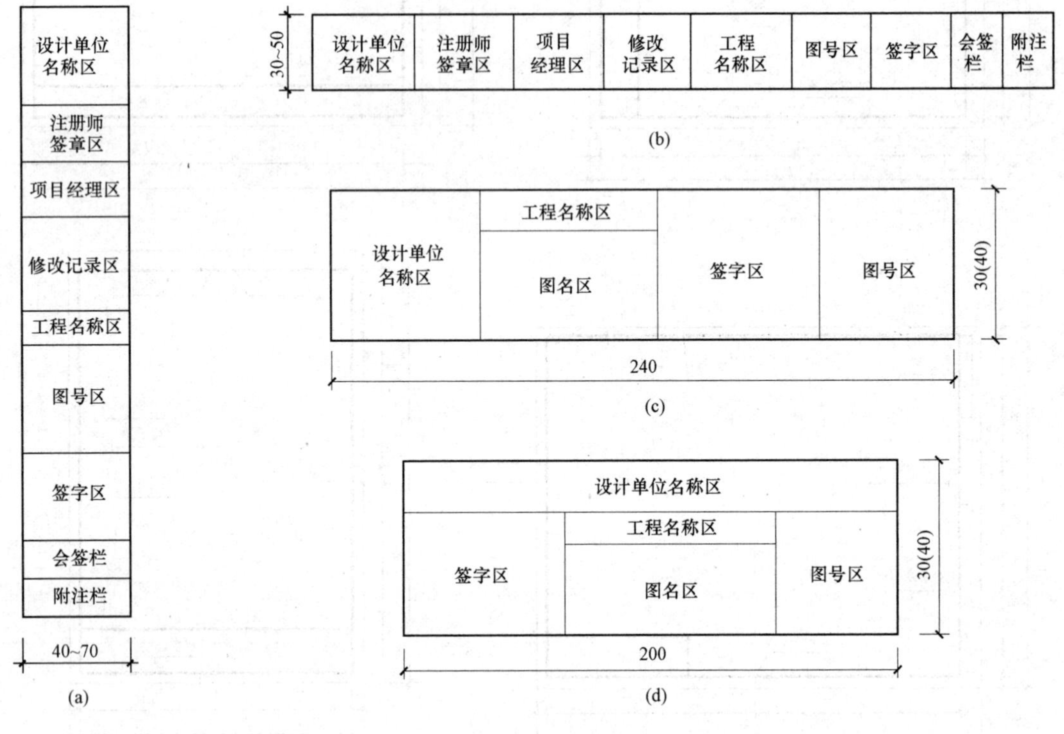

图 1-4 标题栏(单位：mm)

在图框左侧的外面留有会签栏，会签栏是供设计单位在设计期间相关专业互相提供技术条件所用。

(二)图线

工程图样的内容都是用不同线型的图线来表达的，图线是构成图形的基本元素。图线有粗、中、细之分，图线的宽度 b 宜从下列线宽系列中选取：1.4 mm、1.0 mm、0.7 mm、0.5 mm，每个图样应根据复杂程度与比例大小，先选定基本线宽 b，再选用表 1-2 中相应的线宽组。

表 1-2 线宽组 mm

线宽比	线宽组			
b	1.4	1.0	0.7	0.5
$0.7b$	1.0	0.7	0.5	0.35
$0.5b$	0.7	0.5	0.35	0.25
$0.25b$	0.35	0.25	0.18	0.13

为了使各种图线所表达的内容统一，国家标准对建筑工程图样中图线的种类、用途和

画法都做了规定。在工程图样中，图线的线型、线宽及其用途见表 1-3。

表 1-3　图线

名称		线型	线宽	用途
实线	粗		b	主要可见轮廓线
	中粗		$0.7b$	可见轮廓线、变更云线
	中		$0.5b$	可见轮廓线、尺寸线
	细		$0.25b$	图例填充线、家具线
虚线	粗		b	见各有关专业制图标准
	中粗		$0.7b$	不可见轮廓线
	中		$0.5b$	不可见轮廓线、图例线
	细		$0.25b$	图例填充线、家具线
单点长画线	粗		b	见各有关专业制图标准
	中		$0.5b$	见各有关专业制图标准
	细		$0.25b$	中心线、对称线、轴线等
双点长画线	粗		b	见各有关专业制图标准
	中		$0.5b$	见各有关专业制图标准
	细		$0.25b$	假想轮廓线、成型前原始轮廓线
折断线	细		$0.25b$	断开界线
波浪线	细		$0.25b$	断开界线

(三)比例

图样的比例，应为图形与实物相对应的线性尺寸之比。比例的大小是指其比值的大小，如图样上某线段长为 1.00 m，而实物上与其相对应的线段长为 100 m，那么它的比例为：$\frac{\text{图线上的线段长度}}{\text{实物上的线段长度}}=\frac{1.00\ \text{m}}{100\ \text{m}}=\frac{1}{100}$。比例宜注写在图名的右侧，字的基准线应取平，比例的字高宜比图名的字高小一号或二号，如图 1-5 所示。

平面图 1:100　　⑥ 1:20

图 1-5　比例的注写

绘图所用的比例，应根据图样的用途与被绘对象的复杂程度从表 1-4 中选取，并优先选用常用比例。一般情况下，一个图样应选用一种比例。根据专业制图的需要，同一图样可选用两种比例。

表 1-4　绘图所用的比例

常用比例	1∶1、1∶2、1∶5、1∶10、1∶20、1∶30、1∶50、1∶100、1∶150、1∶200、1∶500、1∶1 000、1∶2 000
可用比例	1∶3、1∶4、1∶6、1∶15、1∶25、1∶40、1∶60、1∶80、1∶250、1∶300、1∶400、1∶600、1∶5 000、1∶10 000、1∶20 000、1∶50 000、1∶100 000、1∶200 000

(四)字体

工程图除用不同的图线表示建筑及其构件的形状、大小外，字体也是重要的组成部分，它包括文字、数字和符号等。在书写时均应笔画清晰，字体端正，排列整齐，标点符号应清楚正确。文字的字高应从表 1-5 中选用。字高大于 10 mm 的文字宜采用 True type 字体，如需书写更大的字，其高度应按$\sqrt{2}$的倍数递增。

表 1-5　文字的字高

字体种类	汉字矢量字体	True type 字体及非汉字矢量字体
字高	3.5、5、7、10、14、20	3、4、6、8、10、14、20

1. 汉字

图样及说明中的汉字，宜采用长仿宋字，宽度与高度的关系应符合表 1-6 的规定。大标题、图册封面、地形图等的汉字，也可书写成其他字形，但应易于辨认。

表 1-6　长仿宋字的高宽关系　mm

字高	20	14	10	7	5	3.5
字宽	14	10	7	5	3.5	2.5

长仿宋字要笔画粗细一致，横平竖直，起落分明，顿挫有力，结构匀称，如图 1-6 所示。

结构施说明比例尺寸长宽高厚砖瓦
木石土砂浆水泥钢筋混凝截校核梯
门窗基础地层楼板梁柱墙厕浴标号
制审定日期一二三四五六七八九十

图 1-6　长仿宋字体示例

2. 拉丁字母和数字

图样及说明中的拉丁字母、阿拉伯数字与罗马数字，宜采用单线简体或 Roman 字体。拉丁字母、阿拉伯数字与罗马数字的书写规则，应符合表 1-7 的规定。

表 1-7　拉丁字母、阿拉伯数字与罗马数字的书写规则

书写格式	一般字体	窄字体
大写字母高度	h	h
小写字母高度(上下均无延伸)	$7/10h$	$10/14h$
小写字母伸出的头部或尾部	$3/10h$	$4/14h$
笔画宽度	$1/10h$	$1/14h$
字母间距	$2/10h$	$2/14h$
上下行基准线的最小间距	$15/10h$	$21/14h$
词间距	$6/10h$	$6/14h$

拉丁字母、阿拉伯数字与罗马数字，如需写成斜体字，其斜度应是从字的底线逆时针向上倾斜 75°。斜体字的高度和宽度应与相应的直体字相等。拉丁字母、阿拉伯数字与罗马数字的字高不应小于 2.5 mm，如图 1-7 所示。

h ABCDEFGHIJKLMNO　$\frac{10}{14}h$ abcdefghijklmnopq

0123456789IVXØ

图 1-7　字母、数字示例

(五)尺寸标注

工程图中的图形除了按比例画出建筑物或构筑物的形状外，还必须标注完整的实际尺寸，作为施工的依据。

1. 尺寸的组成

图样上的尺寸，包括尺寸界线、尺寸线、尺寸起止符号和尺寸数字，如图 1-8 所示。

(1)尺寸界线应用细实线绘制，一般应与被注长度垂直，其一端应离开图样轮廓线不小于 2 mm，另一端宜超出尺寸线 2～3 mm。图样轮廓线可用作尺寸界线，如图 1-9 所示。

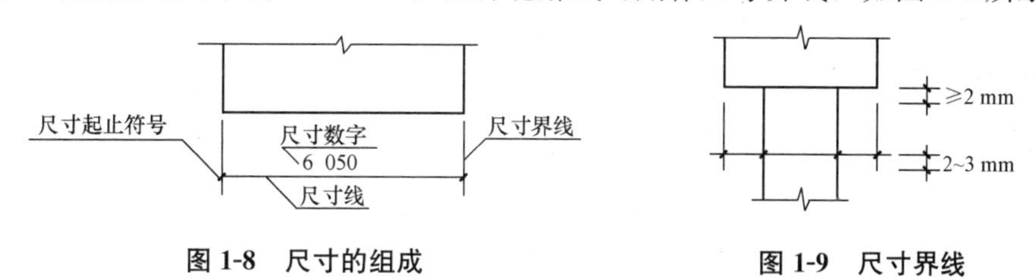

图 1-8　尺寸的组成　　　　图 1-9　尺寸界线

(2)尺寸线应用细实线绘制，应与被注长度平行。图样本身的任何图线均不得用作尺寸线。

(3)尺寸起止符号一般用中粗斜短线绘制，其倾斜方向应与尺寸界线成顺时针 45°，长度宜为 2～3 mm，半径、直径、角度与弧长的尺寸起止符号，宜用箭头表示，如图 1-10 所示。

(4)尺寸数字。图样上的尺寸应以尺寸数字为准，不得从图上直接量取。无论用何种比例画出的图样，所标注的尺寸均为物体的实际尺寸，而不是图形的尺寸，如图 1-11 所示。

尺寸单位除标高及总平面以米为单位外，其他必须以毫米为单位，尺寸数字的方向应按图 1-12(a)所示的规定注写。若尺寸数字在 30°斜线区内，宜按图 1-12(b)所示的方式注写。

尺寸数字一般应依据其方向注写在靠近尺寸线的上方中部，如没有足够的注写位置，最外边的尺寸数字可注写在尺寸界线的外侧，中间相邻的尺寸数字可错开注写，如图 1-13 所示。

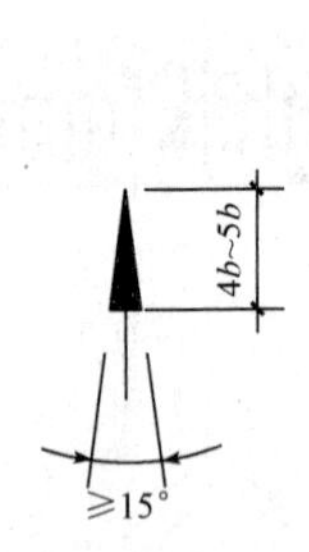

图 1-10　箭头尺寸起止符号

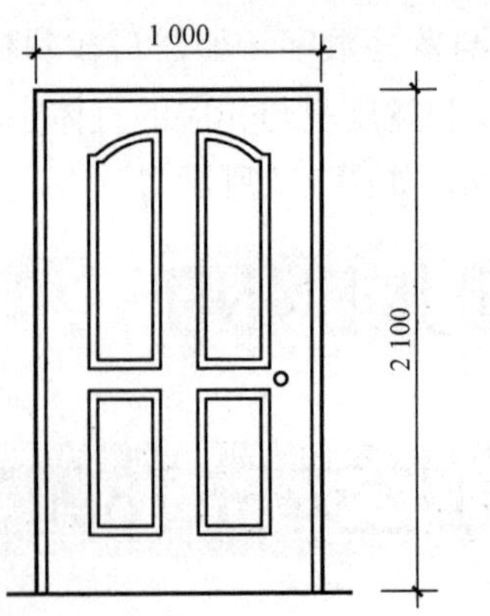

图 1-11　不同比例图样的标注

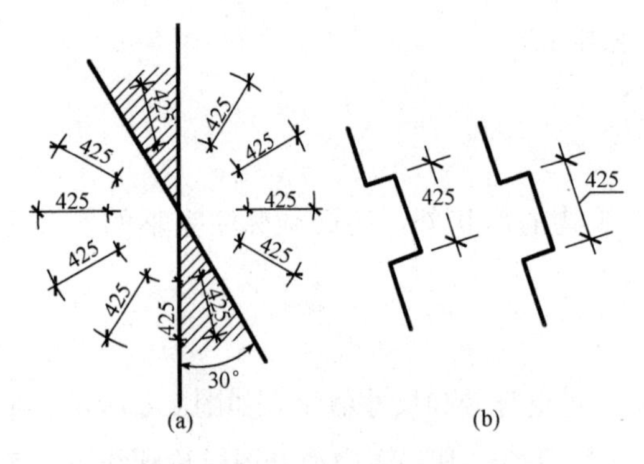

图 1-12　尺寸数字的注写方向

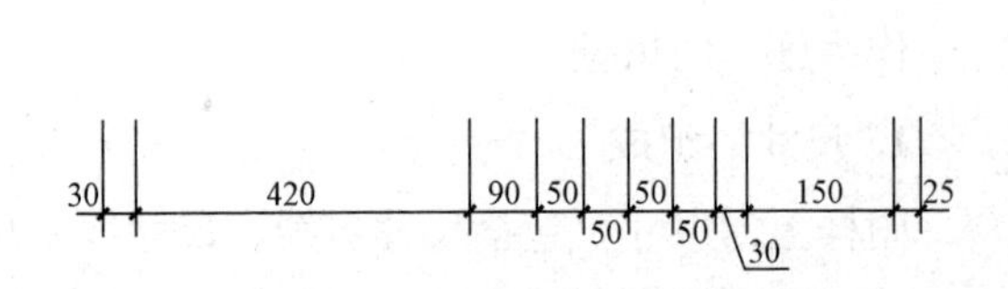

图 1-13　尺寸数字的注写位置

2. 尺寸标注示例

尺寸标注示例见表 1-8。

表 1-8　尺寸标注示例

标注内容	示例	说明
尺寸的排列	≥10　7~10　7~10	相互平行的尺寸线，应从被注写的图样轮廓线外由近向远整齐排列，较小尺寸靠近图样轮廓标注，较大尺寸标注在较小尺寸的外侧。图样轮廓线以外的尺寸线，距图样最外轮廓之间的距离不宜小于 10 mm。平行排列的尺寸线的间距宜为 7～10 mm，并应保持一致
圆及圆弧	ϕ600　ϕ600　R300	半径的尺寸线应一端从圆心开始，另一端画箭头指向圆弧。半径数字前应加注半径符号“R”。 标注圆的直径尺寸时，直径数字前应加直径符号“ϕ”。在圆内标注的尺寸线应通过圆心，两端画箭头指向圆弧

续表

标注内容	示例	说明
大圆弧	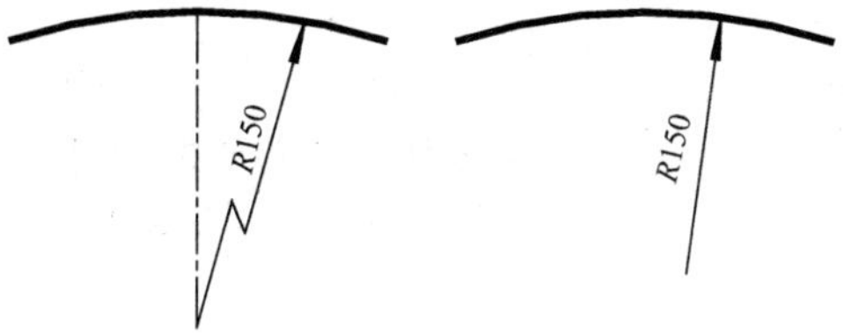 R150　R150	当在图样范围内标注圆心有困难(或无法注出)时，较大圆弧的尺寸线可画成折断线，按左图形式标注
小尺寸的圆及圆弧	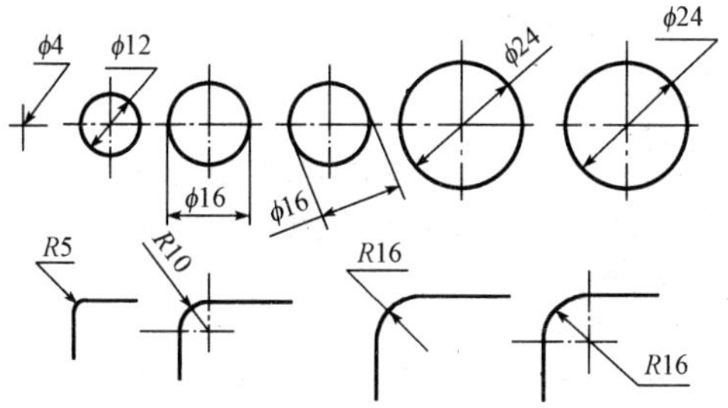 φ4　φ12　φ16　φ16　φ24　φ24　R5　R10　R16　R16	小尺寸的圆及圆弧，可标注在圆外，按左图形式标注
角度	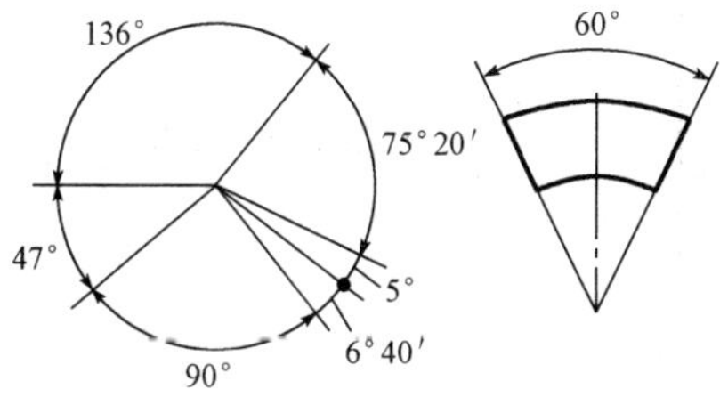 136°　75°20′　47°　5°　6°40′　90°　60°	角度的尺寸线应以圆弧表示。该圆弧的圆心应是该角的顶点，角的两条边为尺寸界线。起止符号应以箭头表示，如没有足够位置画箭头，可用圆点代替，角度数字应按水平方向注写
弧度和弦长	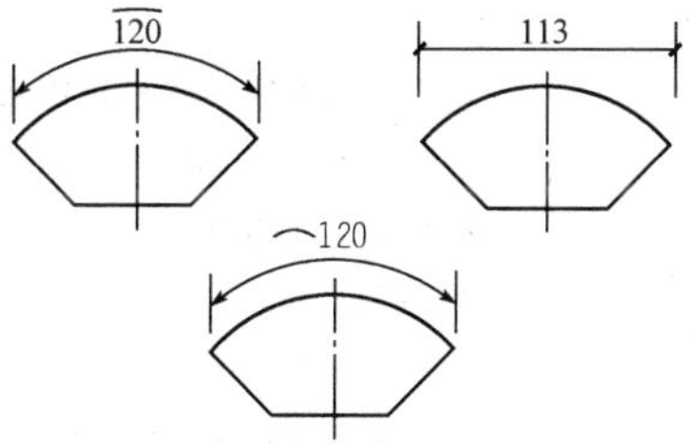 120　113　⌒120	标注圆弧的弧长时，尺寸线应以与该圆弧同心的圆弧线表示，尺寸界线应垂直于该圆弧的弦，起止符号用箭头表示，弧长数字上方应加注圆弧符号“⌒”。 标注圆弧的弦长时，尺寸线应以平行于该弦的直线表示，尺寸界线应垂直于该弦，起止符号用中粗斜短线表示
坡度	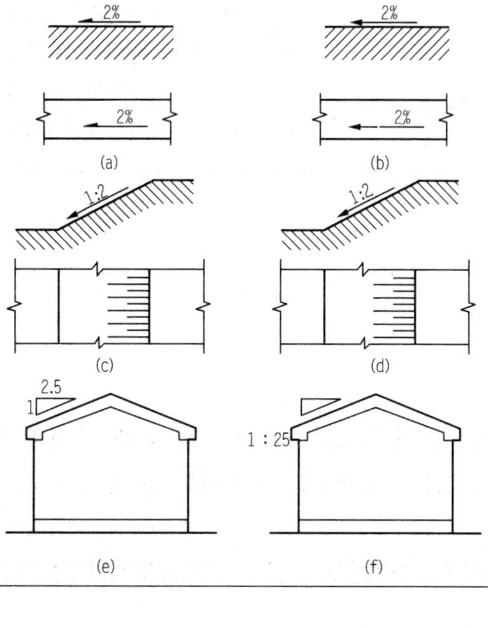 2%　2%　2%　2%　(a)　(b)　1:2　1:2　(c)　(d)　2.5　1　1:25　(e)　(f)	标注坡度(也称为斜度)时，在坡度数字下，应加注坡度符号“←”或“↼”，如图(a)、(b)所示，该符号为单面箭头，箭头应指向下坡方向，如图(c)、(d)所示。坡度也可用由斜边构成的直角三角形的对边与底边之比的形式标注，如图(e)、(f)所示

续表

标注内容	示例	说明
正方形	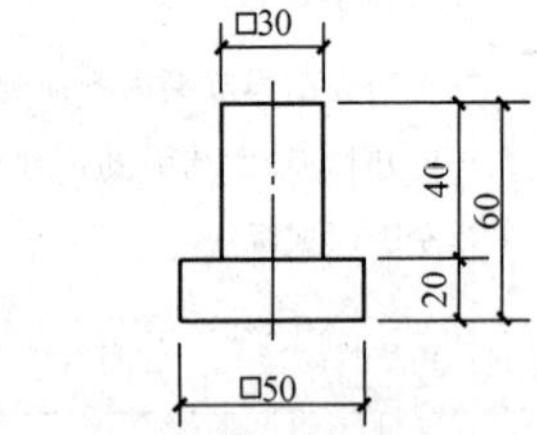 □30 40 60 20 □50	标注正方形的尺寸，可用“边长×边长”的形式，也可在边长数字前加正方形符号“□”
单线图	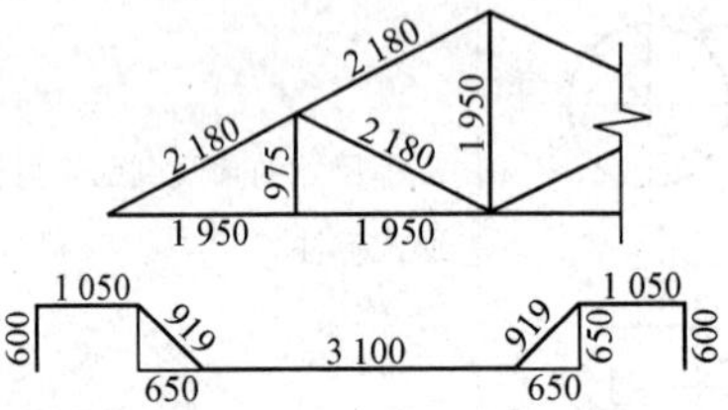 2 180 2 180 2 180 1 950 975 1 950 1 950 1 050 919 600 3 100 650 919 650 650 1 050 600	对杆件或管线的长度，可直接将尺寸数字沿杆件或管线的一侧注写
连续排列的等长尺寸	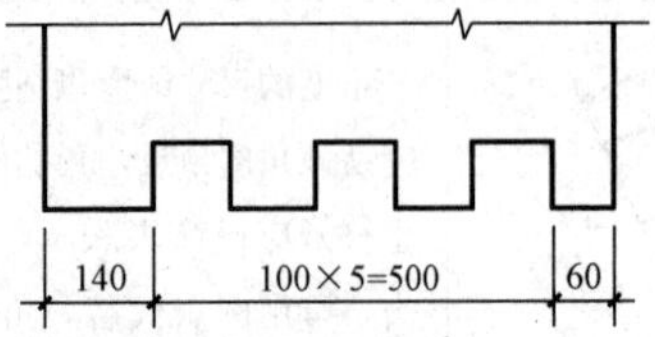 140 100×5=500 60	可用“个数×等长尺寸(=总长)”的形式标注
相同要素	6ϕ40 ϕ120 ϕ200	当构配件内的构造因素(如孔、槽等)相同时，可仅标注其中一个要素的尺寸，并在尺寸数字前注明个数
对称构配件	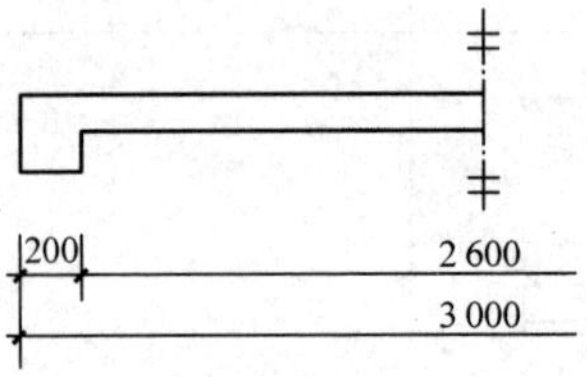 200 2 600 3 000	对称构配件采用对称省略画法时，该对称构配件的尺寸线应略超过对称符号，仅在尺寸线的一端画尺寸起止符号，尺寸数字应按整体全尺寸注写，其注写位置宜与对称符号对齐

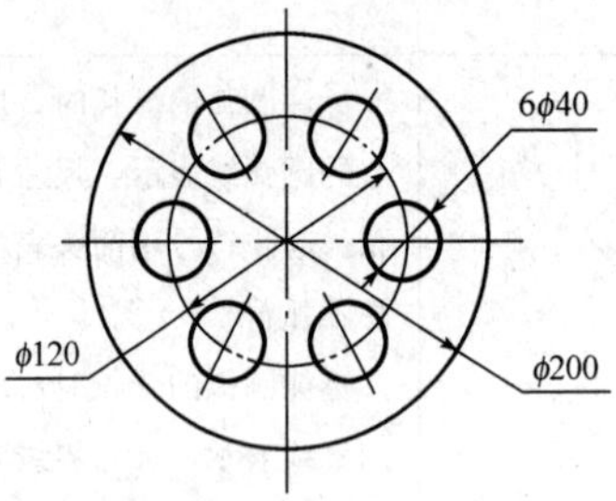

二、常用的制图工具和仪器

(一)绘图板、丁字尺、三角板

1. 绘图板

绘图板简称为图板，是专门用来固定图纸的长方形案板，一般四周用硬木做成边框，双面镶贴胶合板形成板面。图板的表面要求平整光洁，图板的左边为工作边，要求平直、光滑，以便使用丁字尺。

图板的大小选择一般应与绘图纸张的尺寸相适应，表 1-9 所示是常用的三种图板规格。

表 1-9　图板规格

mm

图板规格代号	0	1	2
图板尺寸(宽×长)	920×1 220	610×920	460×610

由于图板是木制品，使用后应妥善保存，既不能暴晒，也不能在潮湿的环境中存放，以免其翘曲变形。

2. 丁字尺

丁字尺由相互垂直的尺头和尺身两部分组成，尺身沿长度方向带有刻度，如图 1-14 所示。丁字尺主要用于画水平线，使用时左手握住尺头，将尺头内侧紧靠图板左侧工作边，然后上下推动到需要画线的位置，即可从左向右画水平线，丁字尺尺头不能靠图板的其他边缘滑动、画线。丁字尺在不用时应挂起来，不要随意靠在桌边、墙边，以免尺身变形。

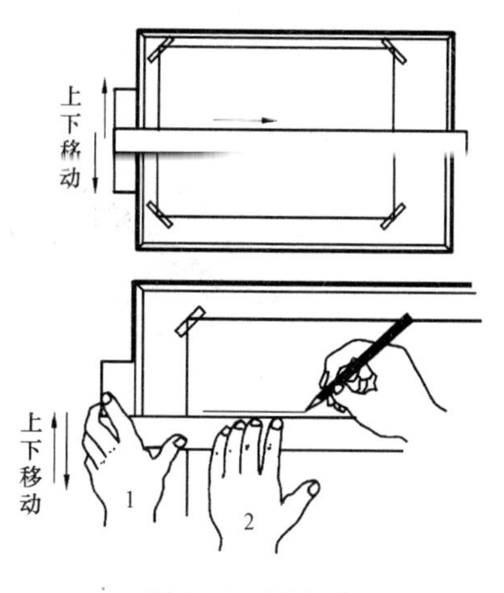

图 1-14　丁字尺

1，2—左手的放置位置

3. 三角板

绘图用的三角板，常用的是两块直角三角板，三角板可与丁字尺配合使用画垂直线及各种角度倾斜线，如图 1-15 所示。

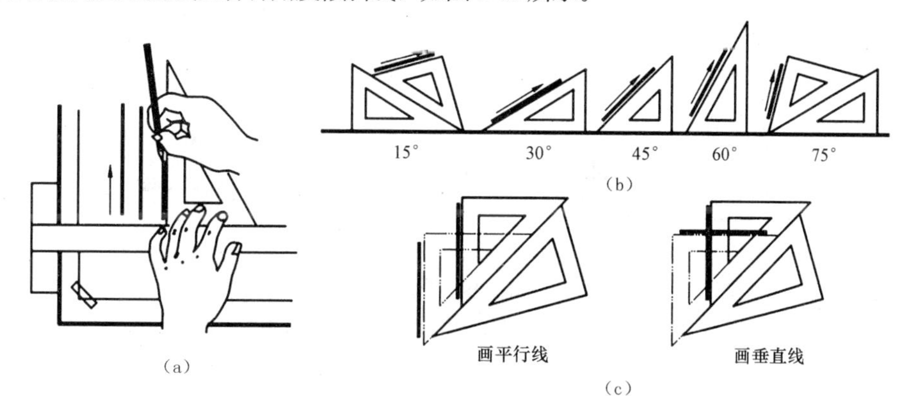

图 1-15　三角板的用法

(a)用三角板配合丁字尺画铅垂线；(b)三角板与丁字尺配合画各种不同角度的倾斜线；(c)画任意直线的平行线和垂直线

(二)比例尺

通常建筑物的形体较大，因此需要按一定比例将之缩小绘制到图纸上，比例尺就是用来缩小(也可以用来放大)图形用的绘图工具，常用的比例尺是三棱比例尺，比例尺上有六种刻度，即 1∶100、1∶200、1∶300、1∶400、1∶500、1∶600，如图 1-16 所示。比例尺只能用来度量尺寸，不能用来画线。比例尺上的数字以米(m)为单位。

(三)圆规和分规

1. 圆规

圆规是用来画圆及圆弧的工具。常用的圆规是组合式圆规，一条腿为固定钢针脚，另一条腿上有插接构造，可插接铅芯插腿、黑线笔插腿、钢针插腿或延伸杆，如图 1-17 所示。

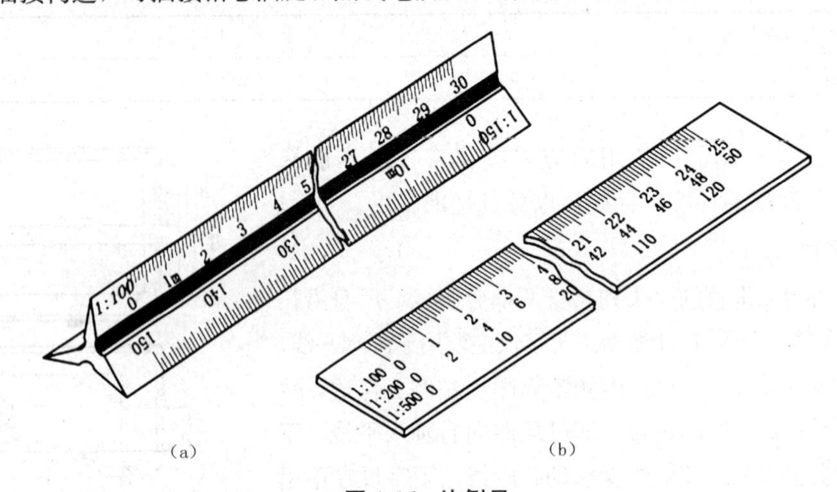

图 1-16　比例尺

(a)三棱比例尺；(b)比例直尺

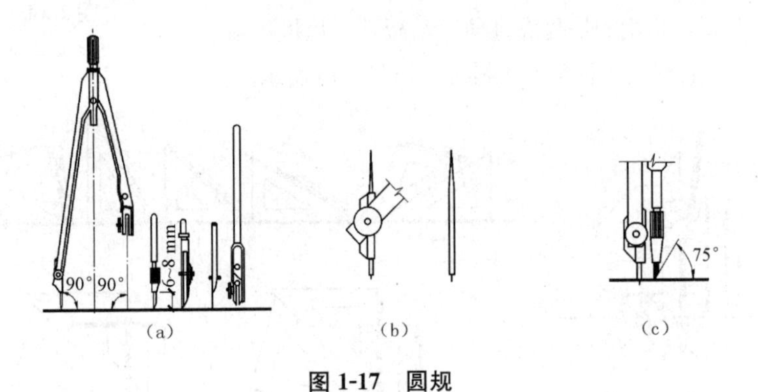

图 1-17　圆规

(a)圆规及其插脚；(b)圆规上的钢针；(c)圆心钢针略长于铅芯

2. 分规

分规是用来量取线段和等分线段的工具，如图 1-18 所示。它的形状与圆规相似，不同的是它的两肢端部均设有固定钢针。使用时，两针尖应调整到平齐，两针尖应保持尖锐。

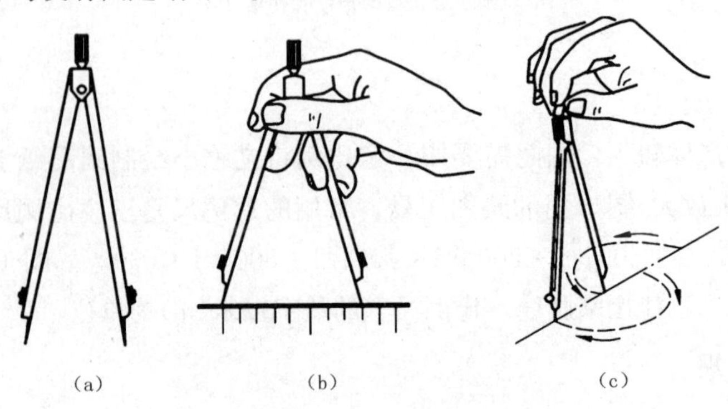

图 1-18　分规

(a)分规；(b)量取线段；(c)等分线段

(四)绘图笔

1. 铅笔

画图用的铅笔应选择专用的绘图铅笔，铅笔的铅芯有软硬之分，H 表示硬芯铅笔，分别有 H、2H……6H，数字越大表示铅芯越硬；B 表示软芯铅笔，分别有 B、2B……6B，数字越大表示铅芯越软；HB 表示软硬适中。通常用 H～3H 铅笔画底稿，用 B～2B 铅笔加深图线，用 HB 铅笔注写文字及数字等。

铅笔通常应削成锥形或扁平形，铅芯长 6～8 mm，画线时，从侧面看笔身要垂直，从正面看，笔身向运动方向倾斜 60°，如图 1-19 所示。

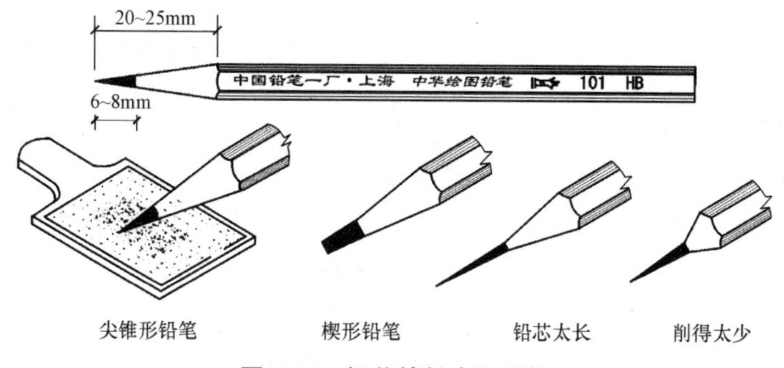

图 1-19 铅芯的长度和形状

2. 绘图墨线笔

绘图墨线笔由针管、通针、吸墨管和笔套组成，类似自来水笔，能吸存碳素墨水，使用起来非常方便，是目前绘制墨线图的主要工具。如图 1-20 所示，绘图墨线笔笔尖的直径有 0.1～1.2 mm 粗细不同的规格。画线时针管应略向画线方向倾斜，发现下水不通畅时，应上下晃动笔杆，使用通针将针管内的堵塞物穿通并清除。普通的绘图墨线笔在使用之后要及时清洗，以免墨水干燥堵塞笔头。

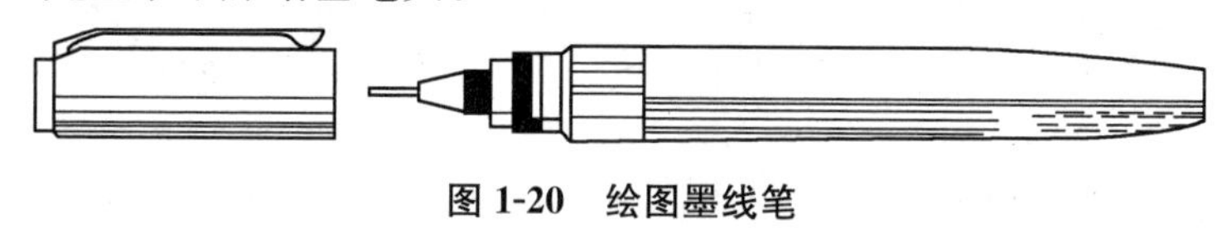

图 1-20 绘图墨线笔

(五)模板、曲线板和擦图片

1. 模板

为了提高制图的速度和质量，把图样上常用的符号、图例和比例等刻在有机玻璃的薄板上，做成模板，以方便使用。模板的种类有很多，如建筑模板、结构模板、给排水模板、装饰模板等，如图 1-21 所示。

2. 曲线板

曲线板是用来画非圆曲线的工具，如图 1-22 所示。

3. 擦图片

修改图线时，为了防止擦除错误图线时影响相邻图线的完整性而使用擦图片，它是用不锈钢板制成的薄片，薄片上刻有各种形状的模孔，如图 1-23 所示。

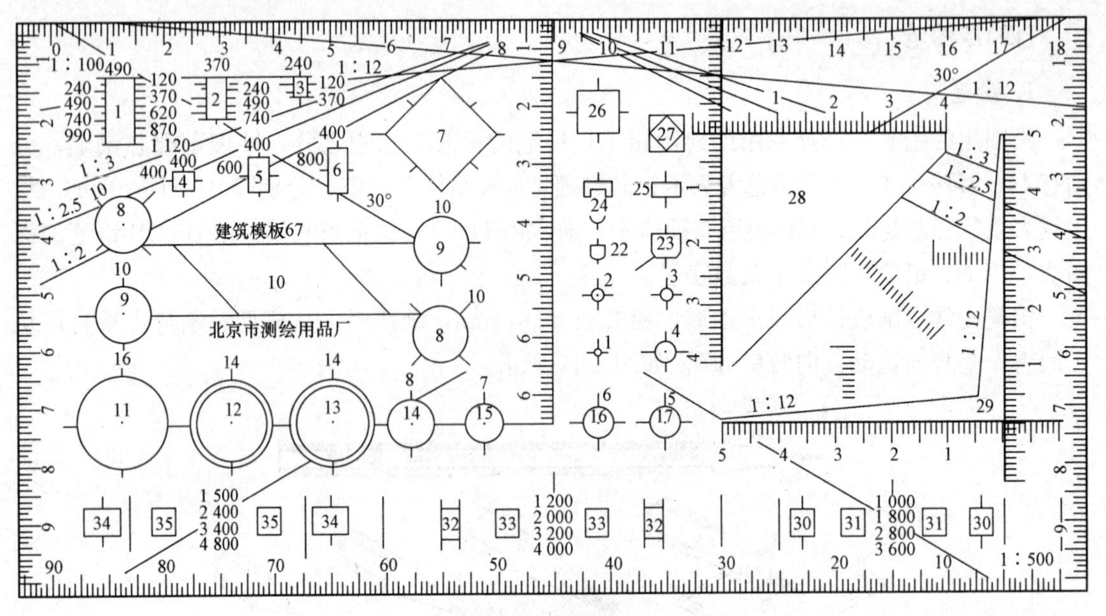

图 1-21　建筑模板

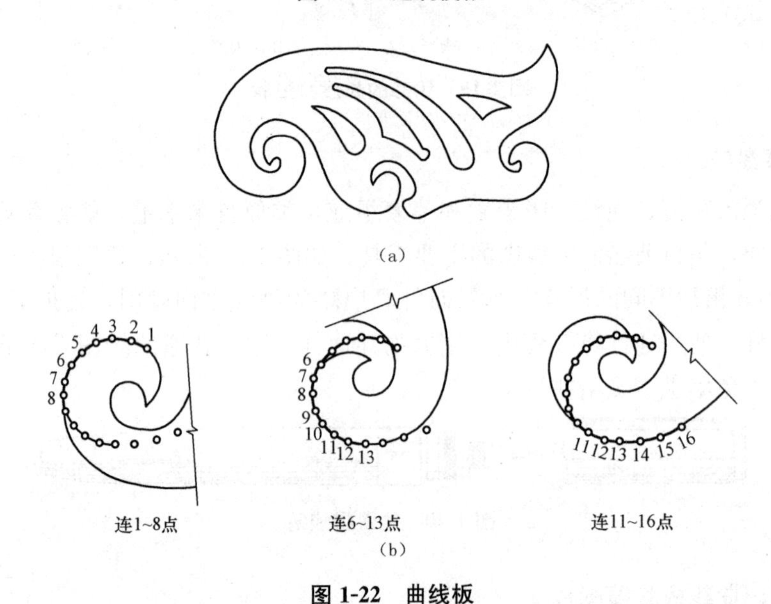

图 1-22　曲线板

(a)复式曲线板；(b)用曲线板连线

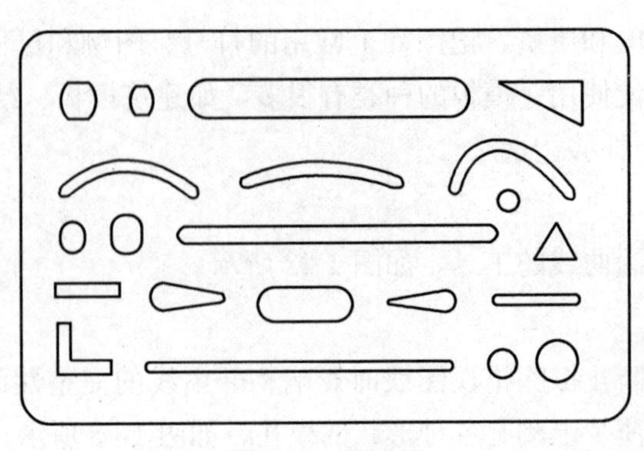

图 1-23　擦图片

使用时，应使要擦去的部分从槽孔中露出，再用橡皮擦拭，以免擦掉相邻其他部分的正确线条。

任务实施

一、任务情况

抄绘图 1-1。要求如下：

(1)按基本规格注写图名。

(2)目的。

1)了解并遵守制图基本规格(图幅、图线、字体、比例、尺寸注法、材料图例等)。

2)学习正确使用绘图工具和仪器的方法。

(3)图纸。A3 幅面绘图纸，铅笔加深。

(4)内容。按图中指定的比例和尺寸，抄绘图案、基础和材料图例。

(5)要求。严格遵守制图标准，正确使用工具和仪器，均匀布置图面，培养认真负责的工作态度和严谨细致的工作作风，做到作图准确，图线分明，字体工整，整洁美观。

(6)说明。

1)图形下的图名标注应与图 1-1 相同；图案和基础的尺寸、比例标注也应与图 1-1 相同。

2)对于图案应注意图线交接处的正确画法。

二、实施步骤

1. 准备工作

(1)收集阅读有关的文件资料，对所绘图样的内容及要求进行了解，在学习过程中，对作业的内容、目的、要求要了解清楚，在绘图之前做到心中有数。

(2)准备好必要的绘图仪器、工具和用品，并且把图板、丁字尺、三角板、比例尺等擦洗干净，把绘图工具、用品放在桌子的右边，但不能影响丁字尺上下移动。

(3)选好图纸，将图纸用胶带纸固定在图板上，位置要适当，此时必须使图纸上边对准丁字尺的上边缘，下移使丁字尺的上边缘对准图纸的下边。一般将图纸粘贴在图板的左下方，图纸左边至图板边缘 3～5 cm，图纸下边至图板边缘的距离略大于丁字尺的宽度。

2. 画底稿

(1)按国家制图标准的要求，首先画图纸外框，再画图框和标题栏。

图纸的图框和标题栏线，可采用表 1-10 所示的线宽。

表 1-10　图框线、标题栏线的宽度　　mm

幅面代号	图框线	标题栏外框线对中标志	标题栏分格线幅面线
A0、A1	b	0.5b	0.25b
A2、A3、A4	b	0.7b	0.35b

标题栏可选用学生作业标题栏，如图 1-24 所示。

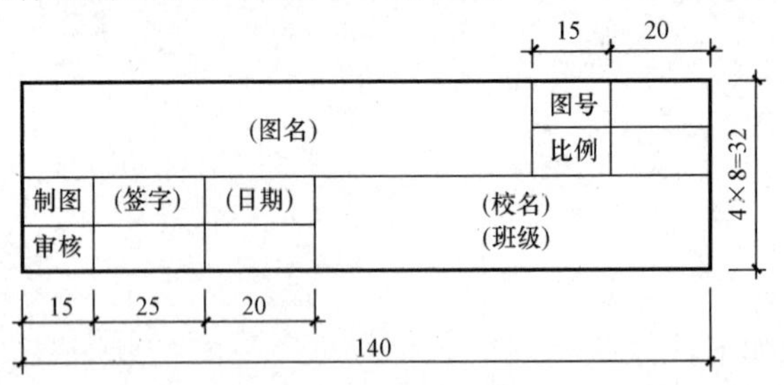

图 1-24　学生作业标题栏(单位：mm)

(2)根据所绘图样的大小、比例、数量进行合理的图面布置，确定图形的中心线，并注意给尺寸标注留出足够的位置。

(3)画图形的主要轮廓线，由大到小，由整体到局部，直至画出所有轮廓线。底图的图线应轻淡，能看清图形的形状大小即可。

(4)画尺寸界线、尺寸线、剖面符号以及其他符号。

(5)仔细检查底图，确定准确无误，擦去多余的底稿图线。

3. 铅笔图

(1)加深图样，按照水平线从上到下，垂直线从左到右的顺序一次完成，如有曲线与直线相连时，先画曲线，后画直线，加深后的同类图线，其粗细和深浅要保持一致。

(2)各类线型的加深顺序：中心线、粗实线、虚线、细实线。

(3)画尺寸起止符号和箭头，标注尺寸数字，写图名、比例及文字说明。

(4)检查全图，如有错误和缺点及时修正。

(5)加深图框线。

三、绘图时的注意事项

1. 绘制图线时的注意事项

(1)相互平行的图例线，其净间隙或线中间隙不宜小于 0.2 mm。

(2)虚线、单点长画线、双点长画线的线段长度和间隔宜各自相等。

(3)虚线与虚线相交或虚线与其他图线相交时，应是线段交接；虚线为实线的延长线时，不得与实线相接。

(4)单点长画线或双点长画线的两端，不应是点。

(5)点画线与点画线交接点或点画线与其他图线交接时，应是线段交接。

(6)图线不得与文字、数字或符号重叠、混淆，不可避免时，应首先保证文字的清晰，如图 1-25 所示。

2. 其他注意事项

(1)绘制底稿的铅笔用 H～3H 型号，所有的线条要轻而细，不可反复描绘，能看清即可。

(2)加深粗实线的铅笔用 HB 或 B，加深细实线的铅笔用 HB。写字的铅笔用 H 或 HB。

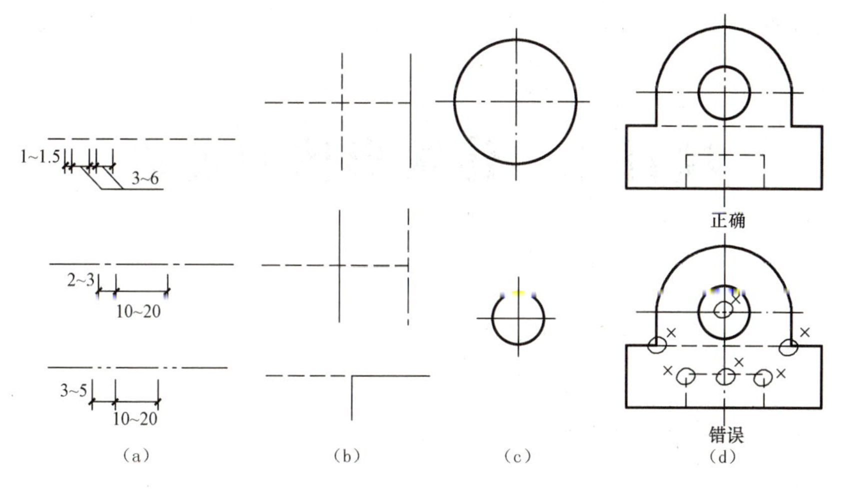

图 1-25　图线的画法及注意事项

(a)线的画法；(b)交接；(c)圆的中心线的画法；(d)举例

加深圆弧时所用的铅芯应比加深同类型直线所用的铅芯软一号。

(3)加深或描绘粗实线时，要以底稿线为中心线，保证图形的准确性。

(4)修图时，如果是铅笔加深图，可用擦图片配合橡皮进行，尽量缩小擦拭的面积。

练　习

1. 填空题。

(1)A2 的图纸幅面尺寸为(　　)mm×(　　)mm。

(2)国家制图标准规定重要的可见轮廓线用(　　)线表示。

(3)长仿宋体 7 号字的字高为(　　)mm。

(4)实际尺寸为 240 mm 的线段用 1∶50 绘图时，图样上的线段长度为(　　)mm。

(5)半径、直径、(　　)、(　　)的尺寸起止符号一般用箭头表示。

(6)绘图时，不论选用多大的比例所标注的尺寸数字均为图形的(　　)。

(7)坡度是指(　　)，符号为(　　)。

(8)标注水平尺寸时，尺寸数字的字头方向应(　　)；标注垂直尺寸时，尺寸数字的字头方向应(　　)。

(9)建筑制图中规定，在 0 号到 2 号图纸中，图框线离图纸左边缘的距离 a=(　　)mm，其余三边距离 c=(　　)mm。

(10)建筑制图尺寸标注的四要素是(　　)、(　　)、(　　)、(　　)。

(11)建筑工程图上标注的尺寸，除标高和总平面图以(　　)为单位外，其他一律以(　　)为单位。

2. 按不同字号练习长仿宋体字及字母、数字。

项目二　建筑形体的表达

知识目标

1. 掌握三面正投影图的形成及投影特性。
2. 掌握点、线、面的投影特性。
3. 掌握建筑中常见基本体的投影特性。
4. 了解组合体的构成方式，掌握组合体的识读方法。
5. 掌握平面体轴测图的画法，并能熟练绘制。
6. 掌握剖面图、断面图的画法及两者的区别。
7. 掌握透视图的基本做法。

能力目标

1. 能熟练识读、绘制建筑构件的投影图。
2. 能熟练识读、绘制建筑构件的剖面图和断面图。
3. 能绘制简单透视图。

任务一　形成三面投影图

任务介绍

图 2-1 所示为建筑物出入口处的室外台阶，应如何在施工图纸中将其表达清楚？

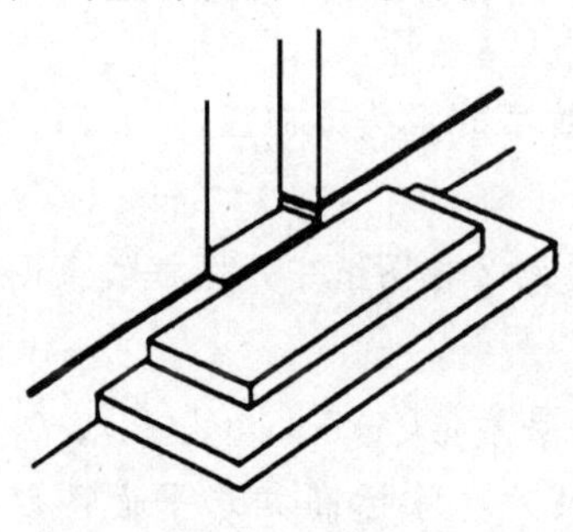

图 2-1　室外台阶

任务分析

本任务学习投影体系的建立，投影图的形成及其对应关系。

相关知识

一、投影法的分类

按投射线的不同情况，投影法可分为中心投影法和平行投影法两大类。

1. 中心投影法

中心投影法是由投影面和投射中心确定的。投射线从投影中心一点发出，在投影面上做出形体投影的方法称为中心投影法，所得投影称为中心投影，如图 2-2 所示。

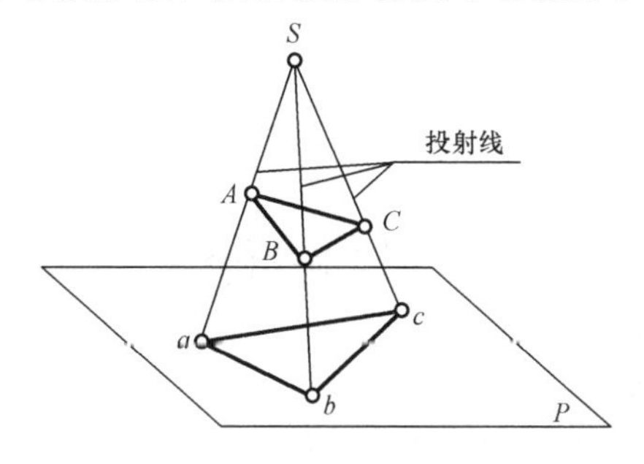

图 2-2 中心投影法

2. 平行投影法

投射线互相平行时的投影法称为平行投影法，所得投影称为平行投影。

平行投影法又分为以下两种：

(1)投射线与投影面倾斜时为斜投影法，所得投影称为斜投影，如图 2-3(a)所示。

(2)投射线与投影面垂直时为正投影法，所得投影称为正投影，如图 2-3(b)所示。

平行投影法是由投影面和投影方向确定的。物体沿着投影方向移动时，物体的投影大小不变。

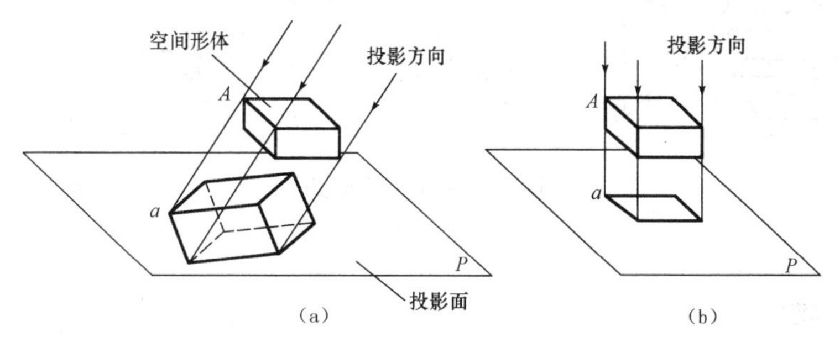

图 2-3 平行投影法

(a)斜投影；(b)正投影

二、三面正投影图

1. 建立三面投影体系

设置三个互相垂直的投影面 H、V、W，如图 2-4 所示。H 面水平放置，称为水平投影面；V 面立在正面，称为正立投影面；W 面立在侧面，称为侧立投影面；H、V、W 投影面两两相交，它们的交线称为投影轴，分别为 OX、OY、OZ，O 为原点。

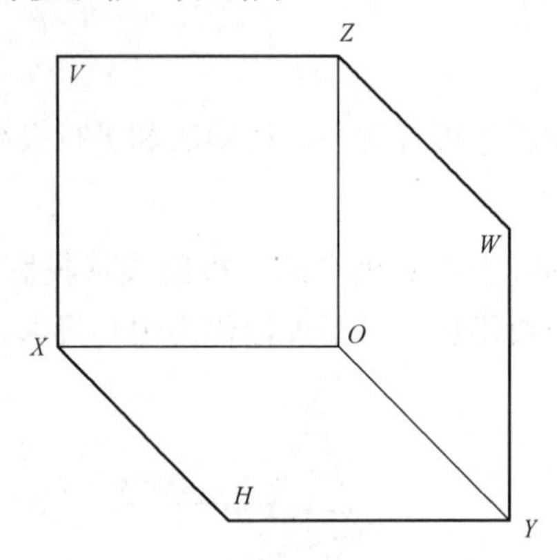

图 2-4　三面投影体系

2. 三面正投影图的形成

将物体置入三面投影体系中，放置物体时尽量让形体的各个表面与投影面平行或垂直。分别向三个投影面进行正投影，在 H、V、W 面上的投影图分别叫作水平投影图、正面投影图、侧面投影图。

为了方便作图，我们将互相垂直的三个投影面展开在一个平面上。规定：V 面不动，H 面绕 OX 轴向下旋转 90°，W 面绕 OZ 轴向右旋转 90°。这样，就得到了位于同一个平面上的三个正投影图，也就是物体的三面正投影图，如图 2-5 所示。

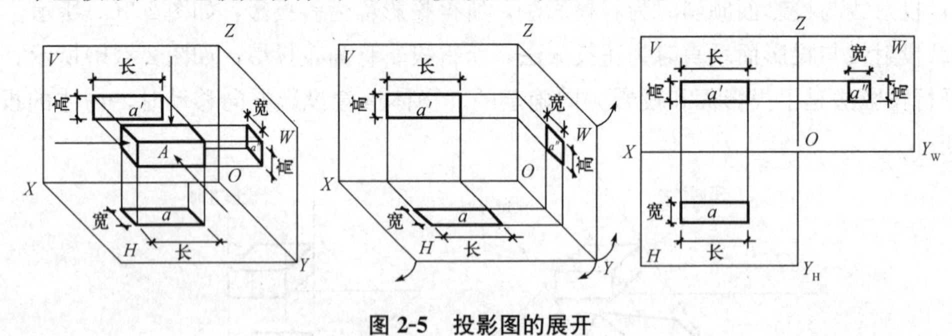

图 2-5　投影图的展开

任务实施

一、理解正投影的特性

正投影主要具有类似性、实形性和积聚性。类似性是指点的正投影仍然是点，直线的正投影一般仍为直线(特殊情况例外)，平面的正投影一般仍为平面(特殊情况例外)；实形性是指若线段或平面平行于投影面，则它们的正投影反映实长或实形；积聚性是指若直线或平面垂直于投影面，则直线的正投影积聚为一点，平面的正投影积聚为一直线，这样的投影叫作积聚投影。

【示例 2-1】 分析图 2-6 中的三个图形分别体现了正投影的哪些特性。

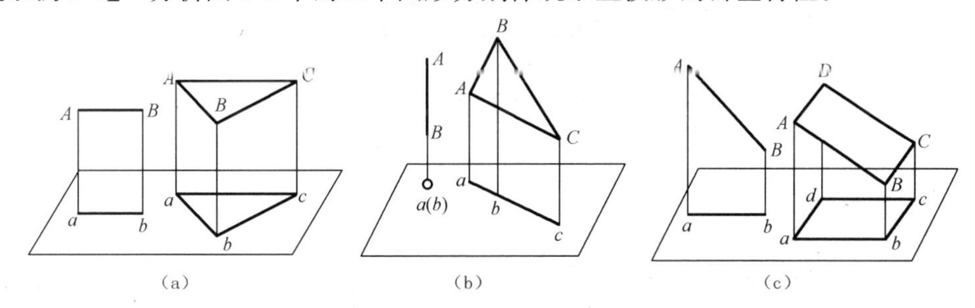

图 2-6　正投影的特性

通过分析，图 2-6(a)反映投影图的实形性，图 2-6(b)反映投影图的积聚性，图 2-6(c)反映投影图的类似性。

二、分析三面投影图的投影关系

三面投影图中存在以下关系：

(1)三等关系：三面正投影图中各个投影图之间是相互联系的。正面投影图与水平投影图左右对正，长度相等；正面投影图中侧面投影上下对齐，高度相等；水平投影图与侧面投影图前后对应，宽度相等。这一投影规律称为“三等”关系，即“长对正，高平齐，宽相等”。

(2)方位关系：正立面图反映形体的上、下和左、右方向；平面图反映形体的左、右和前、后方向；侧立面图反映形体的上、下和前、后方向。

【示例 2-2】 图 2-7(a)所示为物体放在三面投影体系中的立体图，绘出其三面投影并在三面投影图中标注各种关系。

三、熟悉工程中常用的投影图

1. 透视投影图

用中心投影法在投影面上绘制的投影图，一般称为透视投影图[图 2-8(a)]。透视投影图与人的眼睛在投射中心位置时所看到该物体的形象一样，十分逼真，但物体各部分的真实形状和大小都不能直接在图中反映和度量。透视投影图可作为表现房屋外貌、室内装饰与布置的视觉形象的效果图。

2. 轴测投影图

轴测投影图为单面平行投影。该图同样具有较强的立体感，但作图方法较复杂，度量性较差，只能作为工程图的辅助图样[图 2-8(b)]。通常使用轴测投影图来绘制给排水、采暖通风和空气调节等方面的管道系统图。

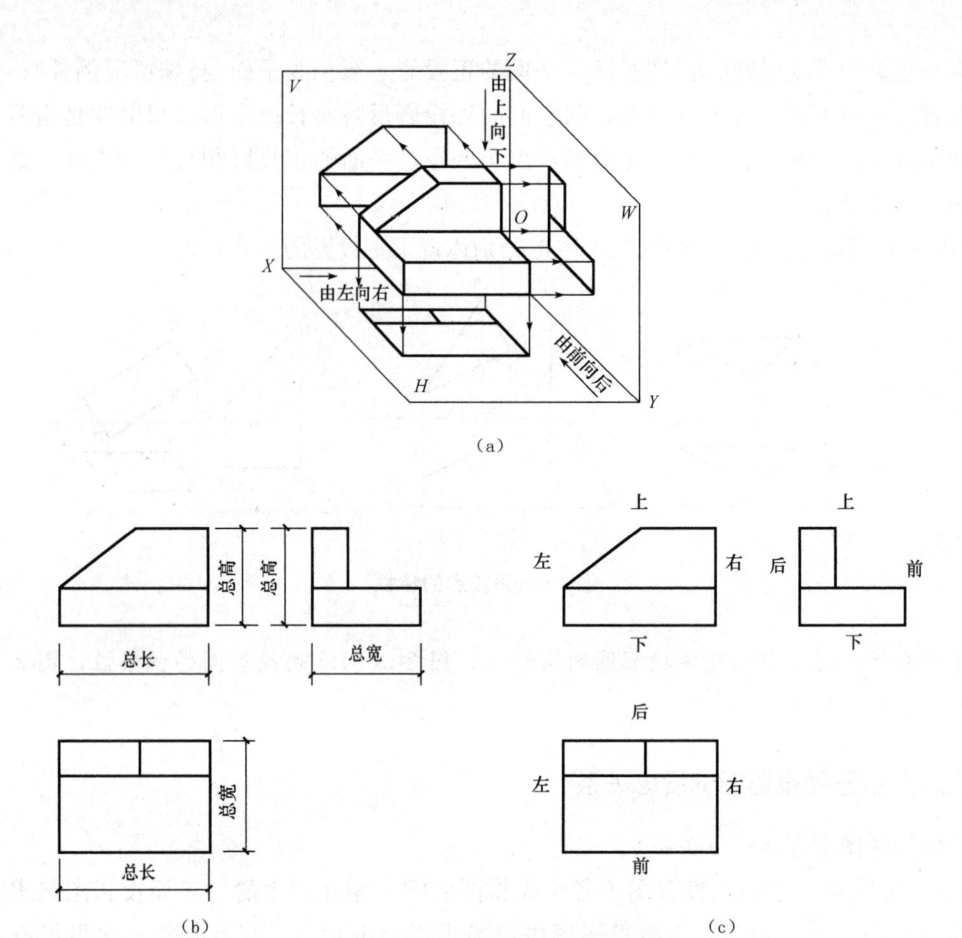

图 2-7　物体的三面投影图

(a)物体放在三面投影体系中；(b)三面投影图中的三等关系；

(c)三面投影图中的方位关系

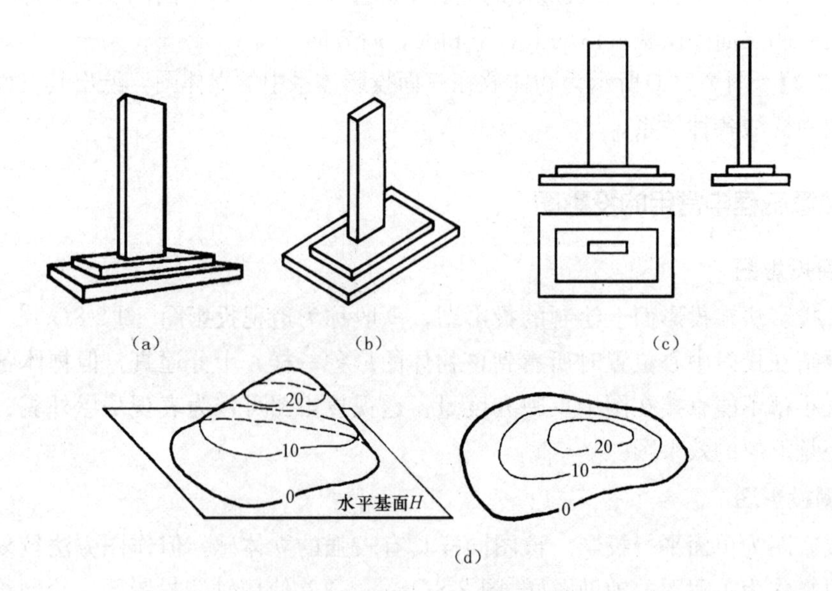

图 2-8　工程中常用的投影图

(a)透视投影图；(b)轴测投影图；(c)正投影图；(d)标高投影图

3. 正投影图

正投影图通常采用多面正投影图。首先要在空间建立一个投影体系(由若干个投影面组成)，然后把一个形体用正投影的方法画出其在各个投影面上的正投影图，称为多面正投影图[图 2-8(c)]。正投影图为平面图样，其直观性差，没有立体感，但作图方法简便，在投影图中能够很好地反映空间形体的形状、大小，度量性好。因此正投影图是工程图中主要的图示方法。

4. 标高投影图

标高投影图是一种带有高程数字标记的水平正投影图[图 2-8(d)]。它是一种单面投影。标高投影图常用来表示地面的形状，如地形图等。

练习

1. 填空题。

(1)投影可分为(　　)和(　　)两类。

(2)平行投影可分为(　　)和(　　)两类。

(3)平行投影的基本性质有(　　)、(　　)、(　　)。

(4)三面投影体系中投影的基本规律为(　　)、(　　)、(　　)。

2. 如图 2-9 所示，参考立体图补画三面投影图中遗漏的图线。

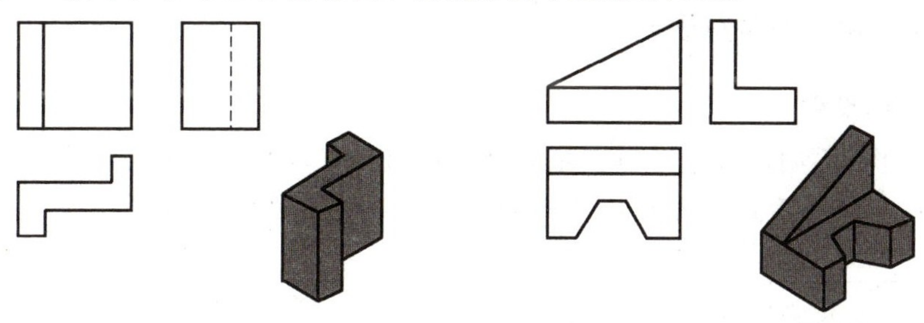

图 2-9　物体的立体图与三视图

3. 绘制图 2-1 的三面投影图。

任务二　点、直线、平面的投影

任务介绍

图 2-10 所示为某平面的立体图和三视图，该图是按照什么投影方法形成的，有什么特点，应如何识读该图？

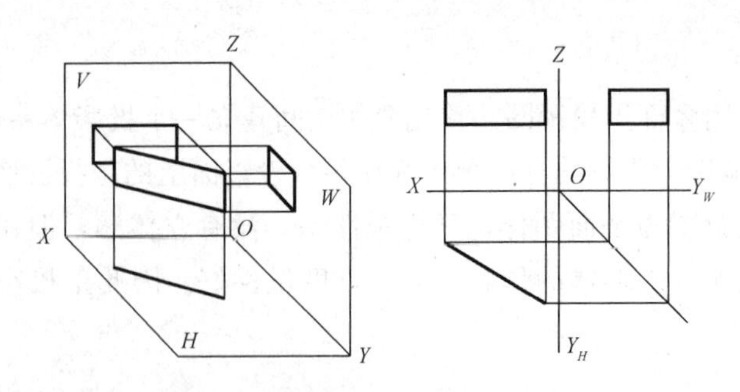

图 2-10　某平面的立体图和三视图

任务分析

本任务学习点、直线、平面的投影规律，认识建筑物、建筑构件局部在施工图上的表示方法。

相关知识

点、线(直线或曲线)、面(平面或曲面)是构成任何工程结构物最基本的三种几何元素。本任务研究点、线、面的投影原理，为在平面上图示各种工程结构物和解决某些空间几何问题打下理论基础。

一、点的三面投影及其规律

1. 点的三面投影

在三面投影体系中，做出 A 点三面正投影 a、a'、a''，并将三个投影面展开在一个平面上，如图 2-11 所示。空间点 A 与其三面投影具有一一对应的关系。

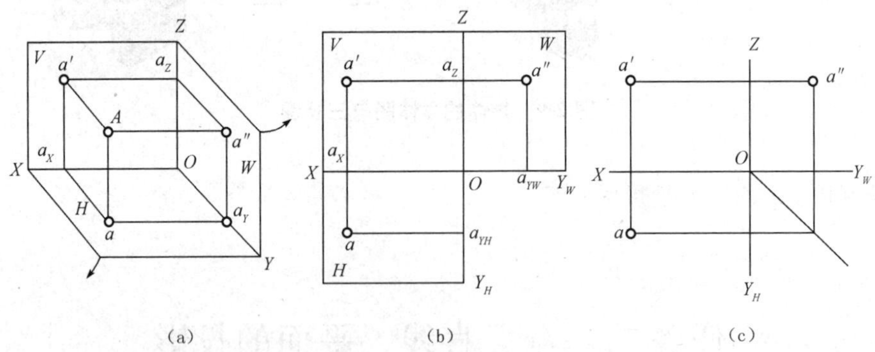

图 2-11　点的三面正投影

2. 点的三面投影规律

如图 2-11(a)所示，投影线 Aa 和 Aa' 构成的平面 Aaa_Xa' 垂直于 H 面和 V 面，则必垂直于 OX 轴，因而 $Aa \perp OX$，$a'a_X \perp OX$。当 a 随 H 面绕 OX 轴旋转与 V 面平齐后，a、a_X、a' 三点共线，且 $a'a \perp OX$，如图 2-11(c)所示。同理可得，点 A 的正面投影与侧面投影的连

线垂直于 OZ 轴，即 $a'a'' \perp OZ$。

点 A 的水平投影 a 到 OX 轴的距离和侧面投影 a'' 到 OZ 轴的距离均反映该点到 V 面的距离，$aa_X = a''a_Z =$ 点 A 到 V 面的距离。

综上所述，点的三面投影规律如下：

(1)点的正面投影 a' 与水平投影 a 的连线垂直于 OX 轴。

(2)点的正面投影 a' 与侧面投影 a'' 的连线垂直于 OZ 轴。

(3)点的水平投影 a 到 OX 轴的距离等于侧面投影 a'' 到 OZ 轴的距离。

二、直线投影

一般情况下，直线的投影仍为直线。由于两点决定一直线，因而只要做出直线上任意两点(通常为直线段的端点)的投影，并将其同面投影用粗实线连线，即可确定直线的投影。根据直线对投影面的相对位置，直线可分为一般位置直线、投影面平行线、投影面垂直线，后两者统称为特殊位置直线。

1. 一般位置直线的投影

对三个投影面均不平行又不垂直的直线称为一般位置直线。如图 2-12 所示，直线 AB 为一般位置直线，其三面投影的投影特性：直线的三面投影相对于各投影轴而言均为斜线，直线的投影长度均小于直线实长且没有积聚性，直线的投影不反映直线对投影面倾角的真实大小。

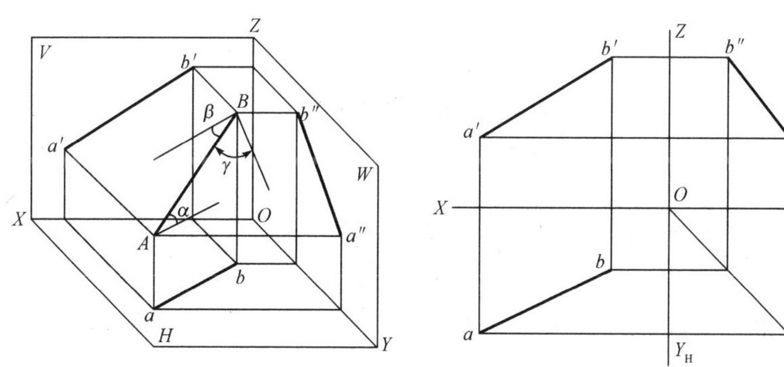

图 2-12　直线的投影

2. 投影面垂直线的投影

在三面投影体系中，与某一个投影面垂直的直线统称为投影面垂直线，投影面垂直线与另两个投影面平行。

(1)垂直于 V 面的直线称为正平面垂直线，简称正垂线，如图 2-13(a)所示。

(2)垂直于 H 面的直线称为水平面垂直线，简称铅垂线，如图 2-13(b)所示。

(3)垂直于 W 面的直线称为侧平面垂直线，简称侧垂线，如图 2-13(c)所示。

投影面垂直线的投影特点：一个投影积聚成点，另两个投影垂直于相应的投影轴，且反映实长。

3. 投影面平行线的投影

在三面投影体系中，与某一个投影面平行的直线统称为投影面平行线。

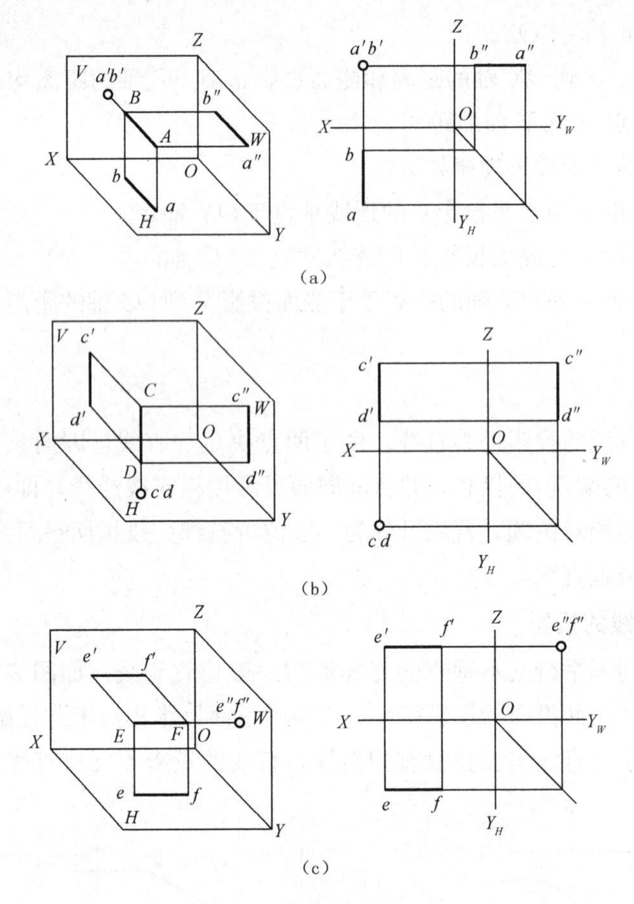

图 2-13　投影面垂直线

(a)正垂线；(b)铅垂线；(c)侧垂线

(1)平行于 H 面，倾斜于 V、W 面的直线称为水平面平行线，简称水平线，如图 2-14(a)所示。

(2)平行于 V 面，倾斜于 H、W 面的直线称为正立面平行线，简称正平线，如图 2-14(b)所示。

(3)平行于 W 面，倾斜于 H、V 面的直线称为侧立面平行线，简称侧平线，如图 2-14(c)所示。

投影面平行线的投影特点：一个投影反映实长并反映两个倾角的真实大小，另两个投影平行于相应的投影轴。

三、平面的投影

工程结构物的表面与投影面的相对位置，归纳起来有投影面垂直面、投影面平行面和一般位置平面三种。前两种统称为特殊位置平面。

1. 一般位置平面

一般位置平面对三个投影面都倾斜，一般位置平面的三个投影都没有积聚性，而且是平面图形的类似形状，但比原平面图形本身的实形小，如图 2-15 所示。

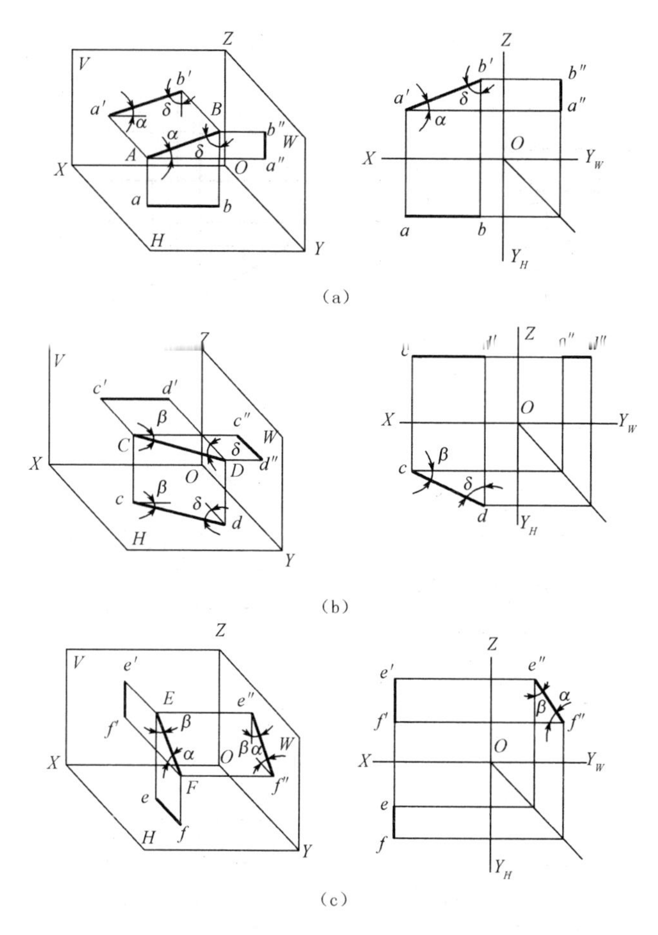

图 2-14　投影面平行线

(a)水平线；(b)正平线；(c)侧平线

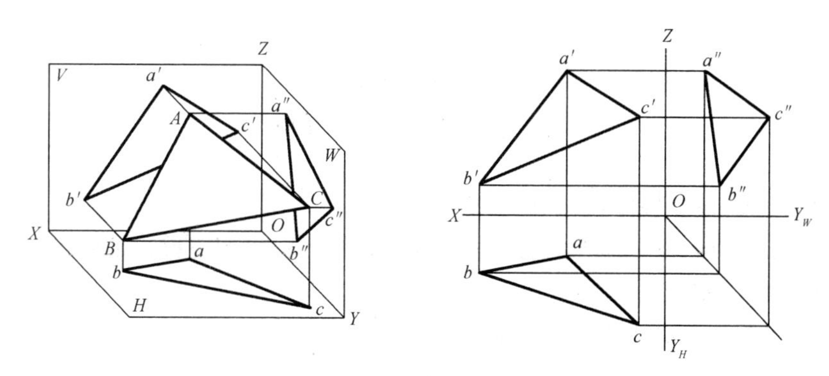

图 2-15　一般位置平面

2. 投影面垂直面

投影面垂直面是垂直于某一投影面的平面，对其余两个投影面倾斜。投影面垂直面分为铅垂面、正垂面和侧垂面。

铅垂面是垂直于水平投影面的平面[图 2-16(a)]；正垂面是垂直于正立投影面的平面[图 2-16(b)]；侧垂面是垂直于侧立投影面的平面[图 2-16(c)]。

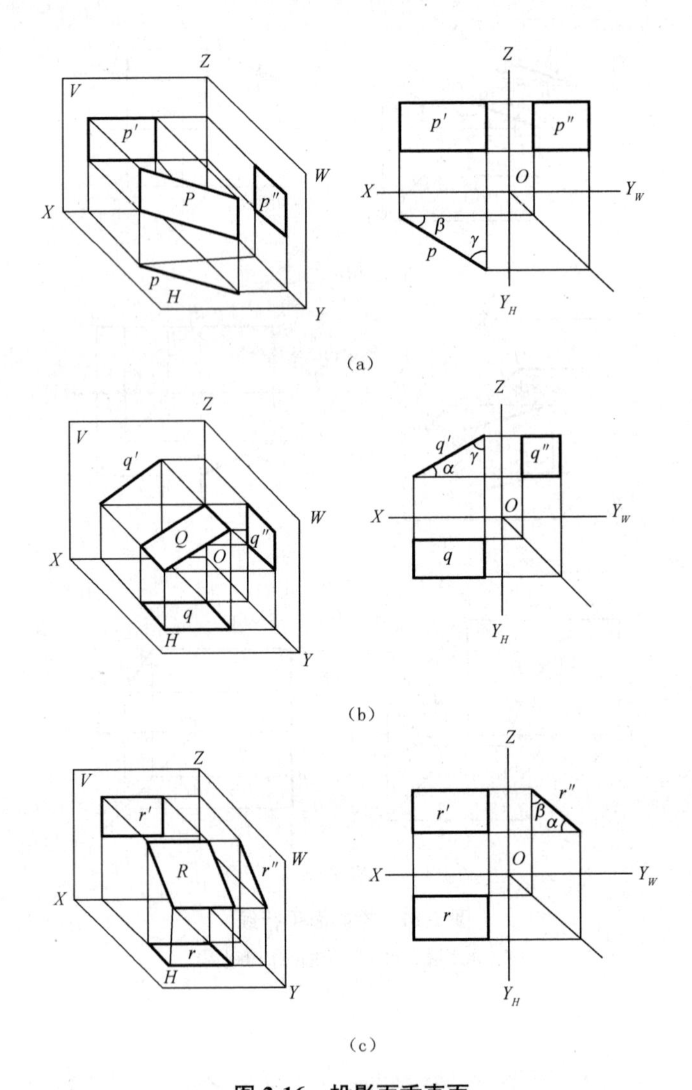

图 2-16　投影面垂直面

(a)铅垂面；(b)正垂面；(c)侧垂面

投影面垂直面的投影特性：

(1)平面在所垂直的投影面上的投影积聚成一直线，它与相应投影轴所成的夹角，即该平面对其他两个投影面的倾角。

(2)其他两投影是类似图形，并小于实形。

3. 投影面平行面

投影面平行面是平行于某一投影面的平面，同时也垂直于另外两个投影面。投影面平行面可分为水平面、正平面和侧平面。水平面是平行于水平投影面的平面[图 2-17(a)]；正平面是平行于正立投影面的平面[图 2-17(b)]；侧平面是平行于侧立投影面的平面[图 2-17(c)]。

投影面平行面的投影特性：

(1)平面在它平行的投影面上的投影反映实形；

(2)平面的其他两个投影积聚成线段，并且平行于相应的投影轴。

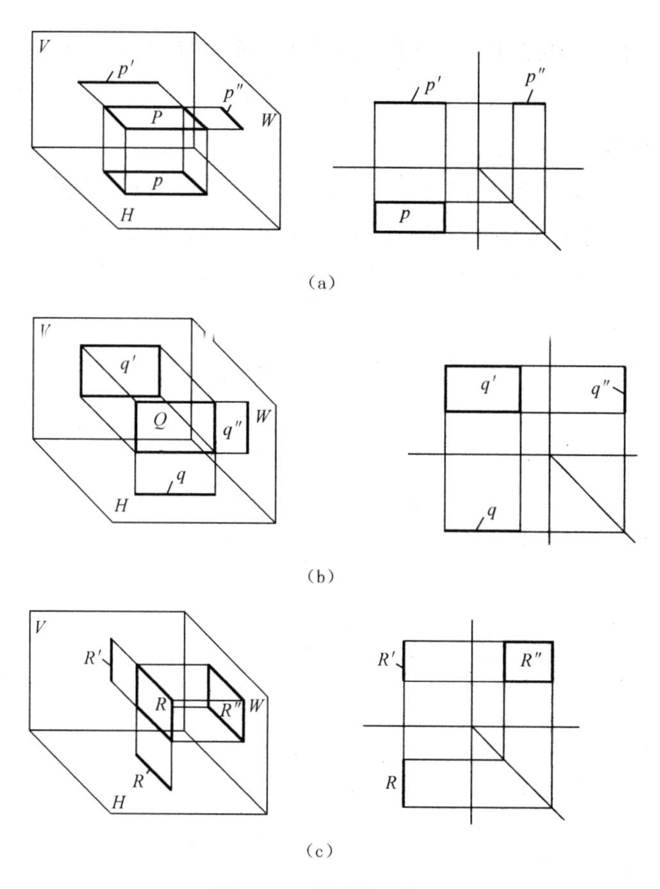

图 2-17　投影面平行面

(a)水平面；(b)正平面；(c)侧平面

任务实施

一、理解运用点的投影规律

1. 点的投影作图

【示例 2-3】 已知图 2-18 中 A 点的水平投影 a 和正面投影 a'，求侧面投影 a''。

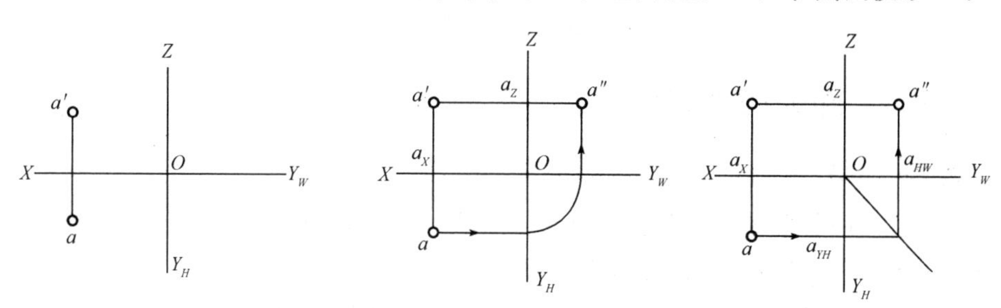

图 2-18　求 A 点的第三面投影

分析：(1)过 a' 引 OZ 轴的垂线 $a'a_Z$。

(2)为了作图方便，一般在 Y_H 轴和 Y_W 轴间画一条45°的斜线，在 $a'a_Z$ 的延长线上截取 $a''a_Z=aa_X$，a''即所求。

2. 重影点和可见性

(1)如果空间两点的某两个坐标相同，这两点就位于某一投影面的同一条射线上，且这两点在该投影面上的投影重合为一点，这两点就称为该投影面的重影点。

(2)若两个点为重影点，假定观察者沿投射线方向去观察两点，则势必会有一点看得见，另一点看不见，这就是重影点的可见性问题。

【示例 2-4】 根据图 2-19 中给出的点的投影，判断点的位置。

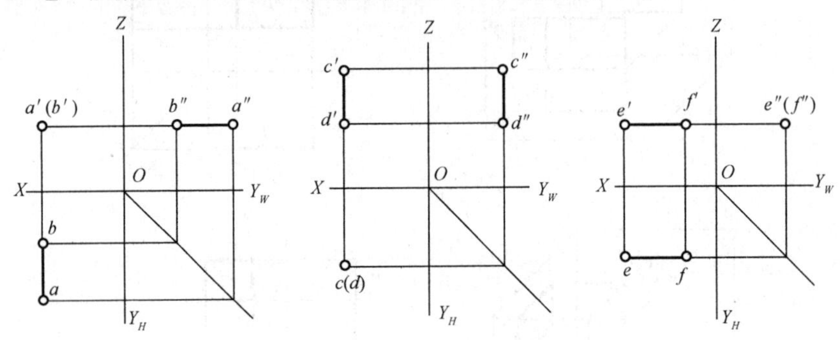

图 2-19 重影点

分析：(1)点 A 的 V 面投影可见，点 B 的 V 面投影不可见，并且 V 面投影是从前向后的投影，投影点 A 在点 B 正前方。

(2)同理，点 C 在点 D 的正上方，点 E 在点 F 的正左方。

(3)图 2-20 中的立体图可帮助理解。

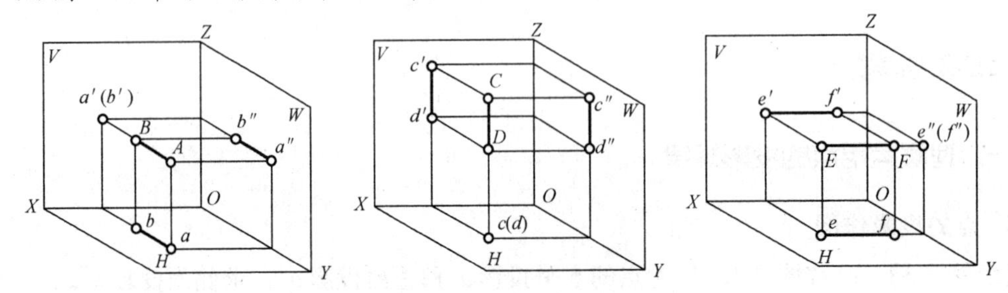

图 2-20 重影点立体图

二、理解运用直线的投影规律

1. 直线相对位置

【示例 2-5】 判断图 2-21 中各直线对投影面的相对位置。

分析：从图 2-21 可知，图示投影为 V 面、H 面的两面投影。

$a'b'$ 与 ab 两个投影均倾斜于投影轴 OX，根据投影特性和读图判断条件，AB 一定是一般位置直线。

$c'd' \perp OX$，$cd \perp OX$，即 $c'd' /\!/ OZ$、$cd /\!/ OY$，根据投影特性和读图判断条件，CD 一定是侧平线。

$e'f'$在V面积聚为一点，根据投影特性和读图判断条件，EF一定是正垂线。

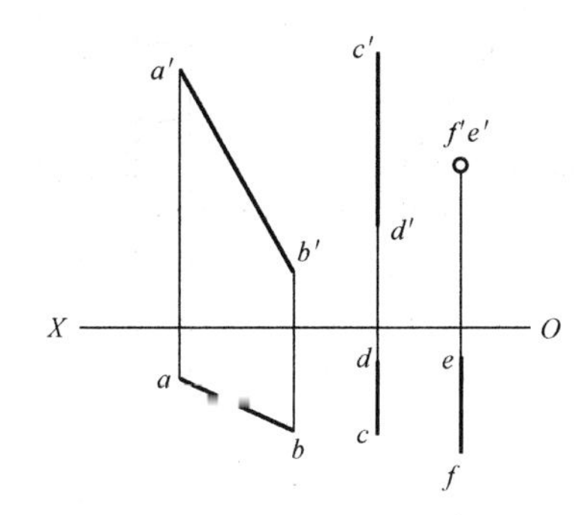

图 2-21 判断各直线对投影面的相对位置

2. 直线上的点

直线上的点具有两个特性：

(1)从属性。若点在直线上，则点的各个投影必在直线的各同面投影上。利用这一特性可以在直线上找点，或判断已知点是否在直线上。

(2)定比性。属于线段上的点分割线段之比等于其投影之比。

【示例 2-6】 图 2-22 中点C在直线AB上，写出$AC:CB$与投影的关系。

分析：(1)根据直线上的点的从属性，可知c'、c''分别在$a'b'$、$a''b''$上。

(2)根据直线上的点的定比性，可知$AC:CB=ac:cb=a'c':c'b'=a''c'':c''b''$。

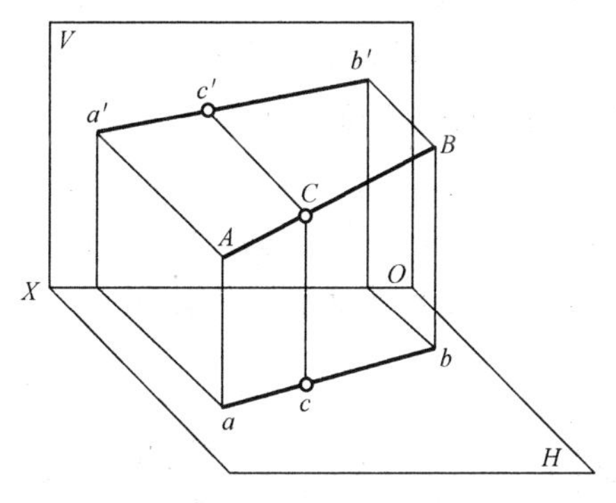

图 2-22 直线上的点

三、理解运用平面的投影规律

1. 平面的投影作图

【示例 2-7】 如图 2-23(a)所示，求侧垂面的H面投影。

分析：由图示平面为侧垂面可知，该平面的W面投影为倾斜于坐标轴的一条直线，H、V面投影为小于实形的类似形。所以H面投影与V面投影相似，先根据点的投影规律做出各点的H面投影，然后依次连接各点即可做出H面投影，如图 2-23(b)所示。

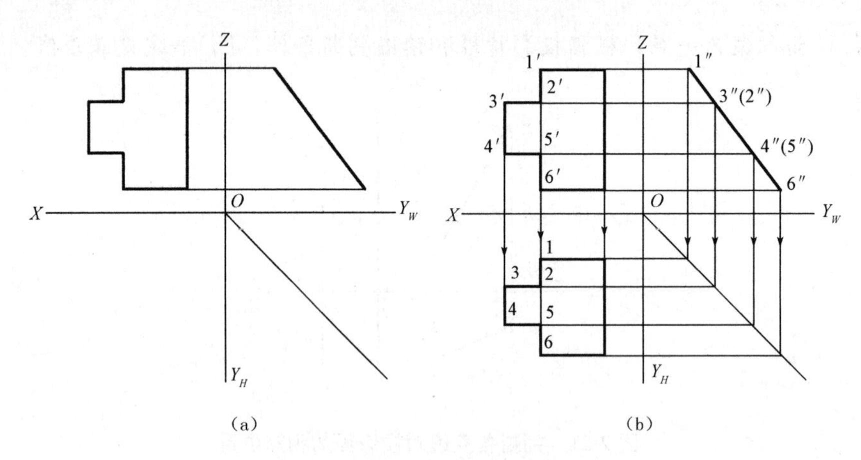

图 2-23　求侧垂面的第三面投影

2. 平面上的点和直线

(1)平面上的点，必在该平面的直线上。

(2)平面上的直线必通过平面上的两点，或通过平面上的一点，且平行于平面上的另一直线。

在投影图中作平面上的点和直线，以及检验点和直线是否在平面上的作图方法，都是以上述条件为依据的。

【示例 2-8】 如图 2-24(a)所示，已知平行四边形 $ABCD$ 的水平投影 $abcd$ 以及两边 AB、BC 的正面投影 $a'b'$、$b'c'$，完成该四边形的正面投影。

分析：解此题时，首先把 A、B、C 三点看成是一个三角形 ABC，而 D 点是三角形平面上的一个点。再用平面内作辅助线的办法，求出 D 点的正面投影。最后连线完成四边形的正面投影。

作图过程如图 2-24(b)所示。连 ac、$a'c'$、bd，ac 与 bd 交于 1，过 1 作其正面投影 $1'$；从 b' 过 $1'$ 作辅助线，与 d 的投影连线相交得 d'；连接 $a'd'$、$c'd'$ 即完成四边形 $ABCD$ 的正面投影。

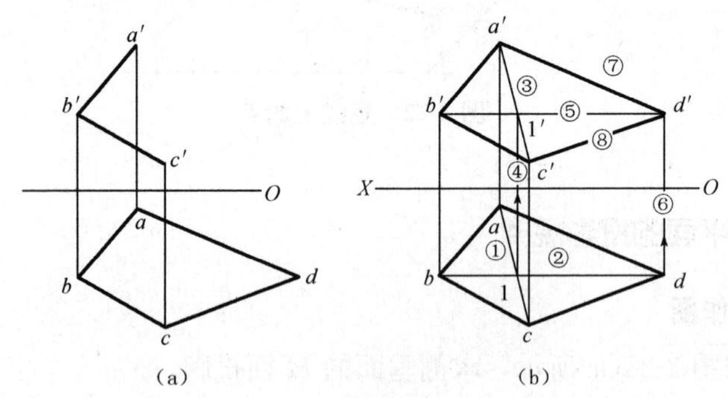

图 2-24　作四边形的投影

练　习

1. 如图 2-25 所示，对照立体图在三面投影图中注明 A、B、C 三点的三面投影图。

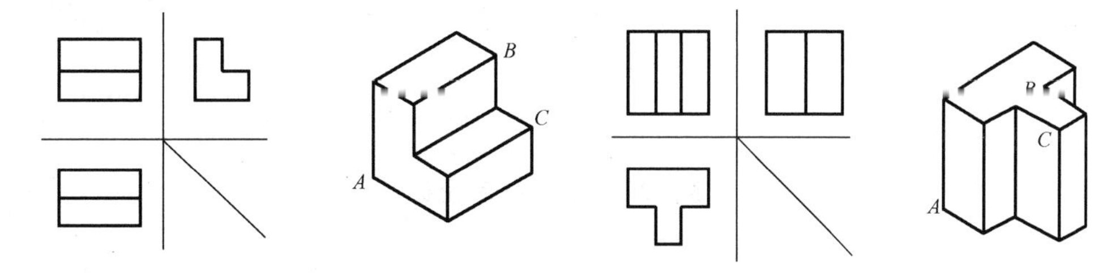

图 2-25　标注点的投影

2. 已知三棱锥的立体图及三面投影(图 2-26)，判断直线的类型。

SA 是(　　)线，SB 是(　　)线，SC 是(　　)线，AB 是(　　)线，BC 是(　　)线，AC 是(　　)线。

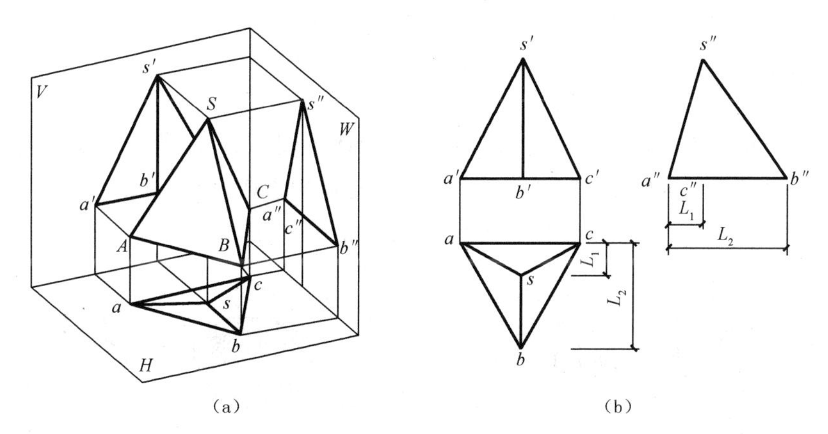

图 2-26　三棱锥的投影

3. 求图 2-27 中平面的第三面投影并判断平面的类型。

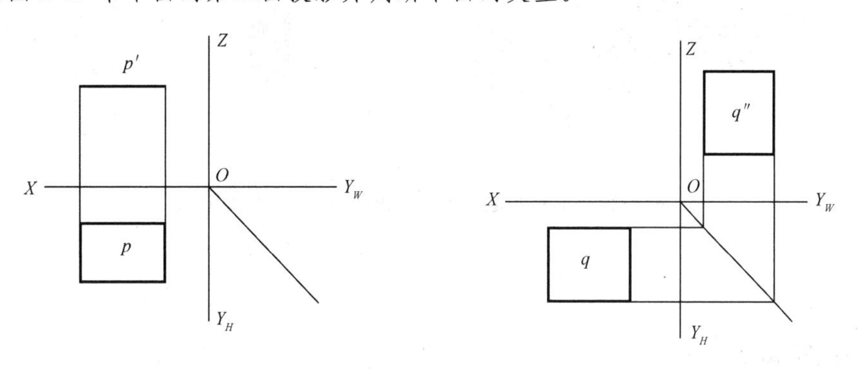

图 2-27　求平面的第三面投影

4. 在图 2-28 所示的投影图中试标出立体图上所注平面的三面投影，并判断其空间位置。

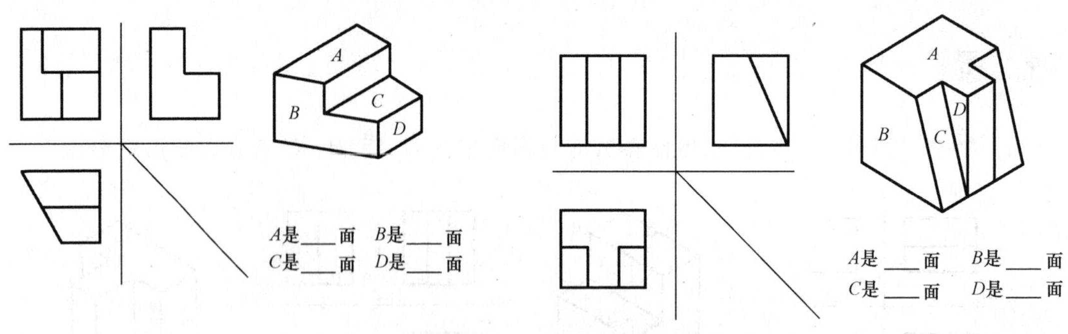

图 2-28 平面的三面投影

任务三 建筑形体的投影

子任务一 基本体的投影

任务介绍

建筑工程中的立体，常可分解为若干基本几何体。图 2-29(a)所示的纪念碑，可分解为一个四棱锥 1 和三个四棱柱 2、3、4。图 2-29(b)所示的水塔，可分解为一个圆锥 1 和两个圆柱 2、5 以及两个圆台 3、4。绘出分解后的每一部分的投影图。

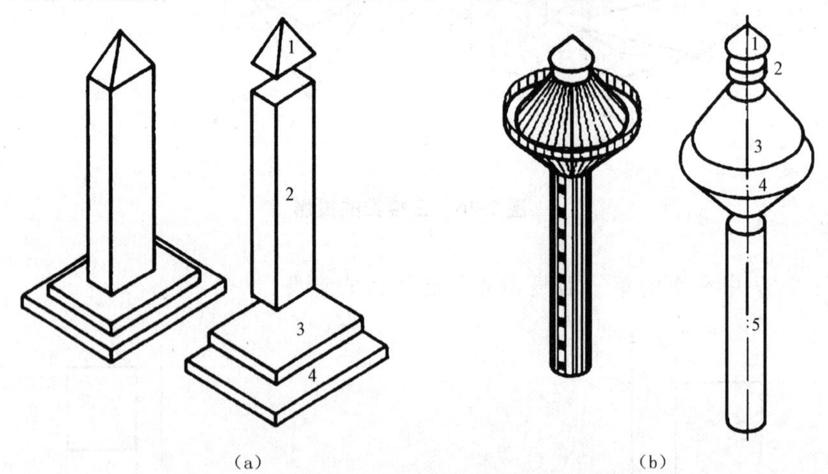

图 2-29 工程中的立体可分解为若干基本体示例

(a)纪念碑；(b)水塔

任务分析

图 2-29 分解后的每一部分都为基本体，需学会绘制基本体的投影。

相关知识

基本体是由各种面围成的。根据面的性质，立体可分为平面立体和曲面立体两大类。围成立体的所有表面是平面，称为平面立体，如棱柱、棱锥。围成立体的所有表面是曲面或曲面与平面，称为曲面立体，如圆柱、圆锥、圆球和圆环等。这些常见的曲面立体也叫作回转体。

一、平面立体的投影

由于平面立体的各个表面都是平面，因此，绘制平面立体的投影可归结为绘制其各表面的投影。各表面的交线称为棱线，棱线的交点称为顶点。

表示平面立体主要是画出立体的棱线(轮廓线)以及顶点的投影。

平面立体有棱柱、棱锥、棱台等。

1. 棱柱的投影

图 2-30(a)所示的正三棱柱，后侧棱面平行于 V 面，前两个侧棱面为铅垂面，上、下两底面平行于 H 面。

由于上、下底面为水平面，所以其水平投影为重合的正三角形实形。它们的正面投影和侧面投影分别积聚为水平线段。后侧棱面为正平面，其正面投影反映实形并重合，水平投影积聚成水平线段，侧面投影积聚成铅垂线段。前两个侧棱面均为铅垂面，它们的水平投影积聚成直线段，重合在正三角形的边上，正面和侧面投影均为矩形的类似形。因此，正三棱柱的水平投影为一正三角形，正面投影为三个可见的矩形，侧面投影为一个可见的矩形，如图 2-30(b)所示。

同理，可作出正五棱柱的投影，如图 2-31 所示。

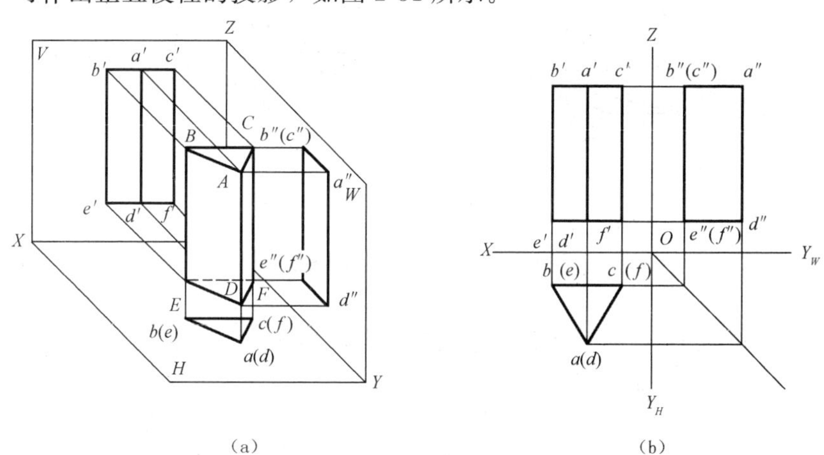

图 2-30　正三棱柱的投影

2. 棱锥的投影

由一个底面和若干个侧棱面围成的实体称为棱锥体。其底面为多边形，各个侧棱面为三角形，所有棱线都汇交于锥顶。与棱柱类似，棱锥也有正棱锥和斜棱锥之分。下面以正棱锥为例来说明棱锥体投影的作法以及正棱锥的投影规律。

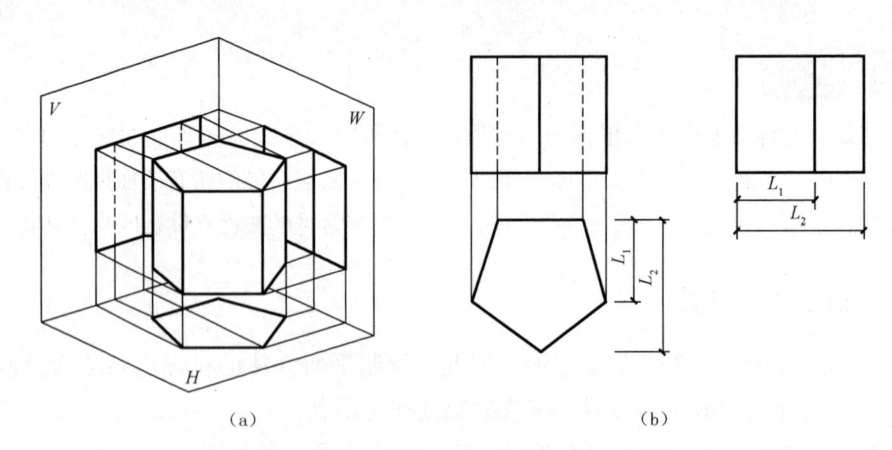

图 2-31　正五棱柱的投影

为方便作棱锥体的投影，常使棱锥的底面平行于某一投影面。通常使其底面平行于 H 面，图 2-32(a)中三棱锥底面 ABC 为水平面，水平投影反映实形(为正三角形)，另外两个投影为水平的积聚性直线。侧棱面 SAC 为侧垂面，侧面投影积聚为直线，另外两个棱面是一般位置平面，三个投影呈类似的三角形。棱线 SA、SC 为一般位置直线，棱线 SB 是侧平线，三条棱线通过棱锥顶点 S。作图时，可以先求出底面和棱锥顶点 S，再补全棱锥的投影。其作图结果如图 2-32(b)所示。

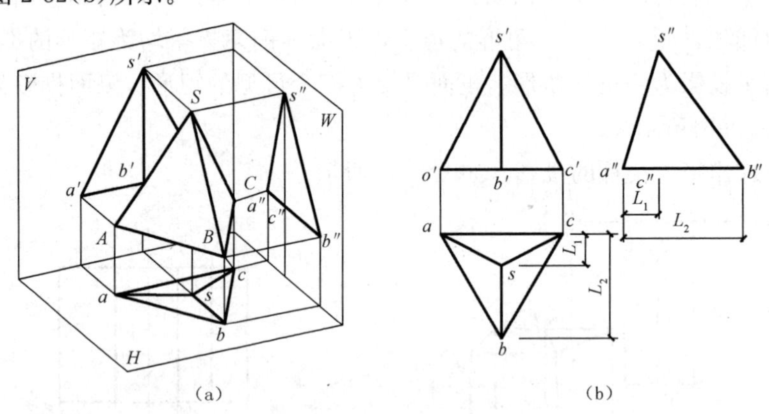

图 2-32　正三棱锥的投影

同理，可以作出正六棱锥、正四棱锥的投影图，如图 2-33 所示。

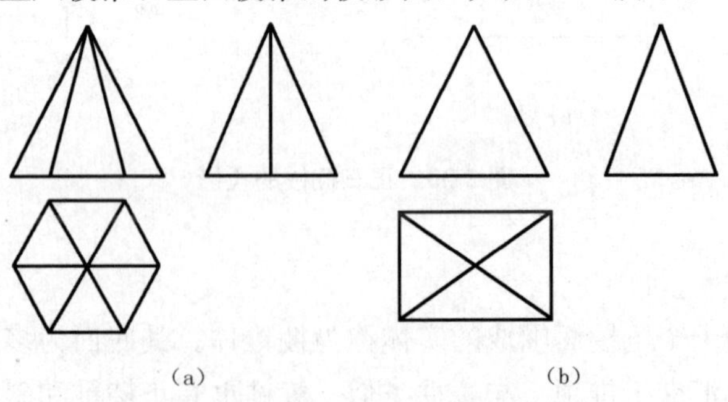

图 2-33　正六棱锥、正四棱锥的投影

(a)正六棱锥；(b)正四棱锥

3. 棱台的投影

用平行于棱锥底面的一个平面切割棱锥后，底面与截面之间的中间部分称为棱台体。其特征是两底面相互平行，各侧面均为梯形。同样，棱台也有正棱台和斜棱台之分。下面以正棱台为例来说明棱台体投影的作法以及正棱台的投影规律。

为方便作棱台体的投影，常使棱台的底面平行于某一投影面。通常使其底面平行于 H 面，如图 2-34(a)所示。根据正投影原理，作正四棱台体的三面投影，如图 2-34(b)所示。图 2-35 所示为正三棱台的三面投影。棱台的上下表面为相似多边形，多边形的边数反映棱台的棱数。

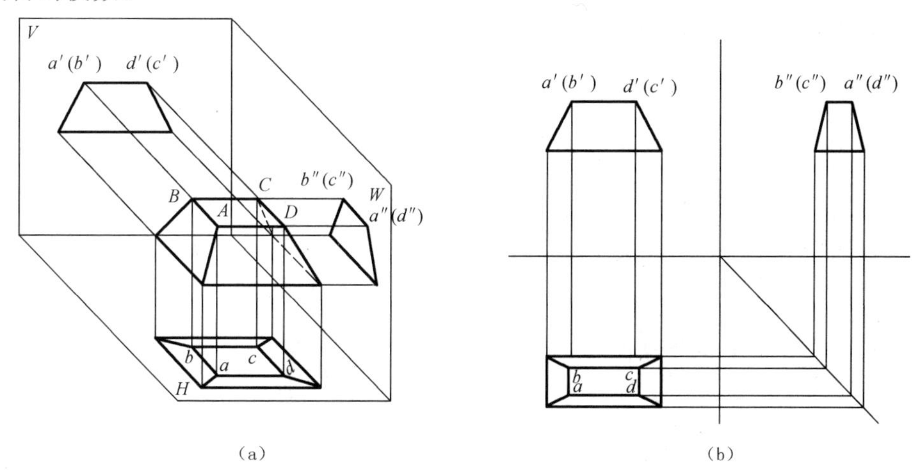

图 2-34 正四棱台的三面投影

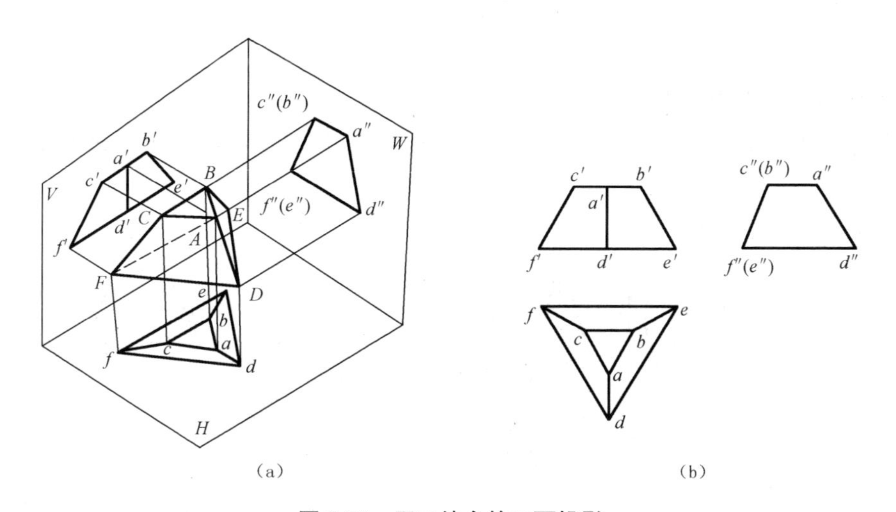

图 2-35 正三棱台的三面投影

二、曲面立体的投影

曲面立体(回转体)由回转面或回转面和平面围成。回转面就是一动线(母线)绕一定线(轴线)旋转一周而形成的。母线在回转面上的任意位置，叫作素线，母线上任意点的轨迹就是垂直于轴线的圆，称为纬圆。

1. 圆柱的投影

如图 2-36(a)所示，圆柱体的轴线垂直于 H 面，两端圆平面平行于 H 面，圆柱面垂直于 H 面，故两端圆平面的水平投影反映实形，圆柱面的水平投影积聚为一圆周，且与两端面圆周轮廓线重合。圆柱体的正面投影为矩形，上、下两条边为两端圆平面的正面投影；左、右两条边为圆柱面上最左和最右两条素线的正面投影。圆柱的侧面投影是与正面投影完全相同的矩形，上、下两条边为圆柱两端圆平面的投影，前、后两条边是圆柱面上最前和最后两条素线的投影。

在作回转体的投影时，必须先画出轴线和对称中心线。因此，在作圆柱的三面投影时，应先画出圆投影的中心线和轴线的各投影，再画反映两端圆平面实形的投影和另外两个投影，最后画圆柱面的另外两个投影的外形轮廓线，如图 2-36(b)所示。

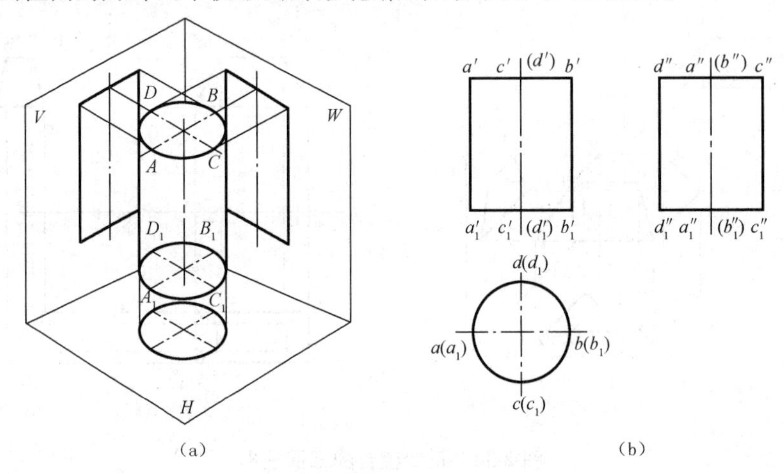

图 2-36　圆柱的投影

2. 其他曲面立体的投影

圆锥由圆锥面和底面围成，它的投影图由圆锥面和底面的投影组成，如图 2-37 所示。

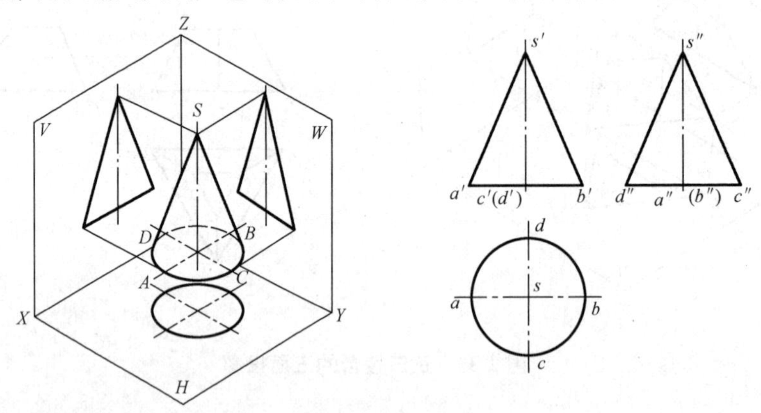

图 2-37　圆锥的投影

用平行于底面的平面切割圆锥，截面和底面的中间部分称为圆台。为方便作圆台的投影，常使圆台的底面平行于某一投影面。图 2-38 所示为底面平行于 H 面的圆台的投影。

球是球面围成的回转体。它的投影图就是球面的投影图，如图 2-39 所示。

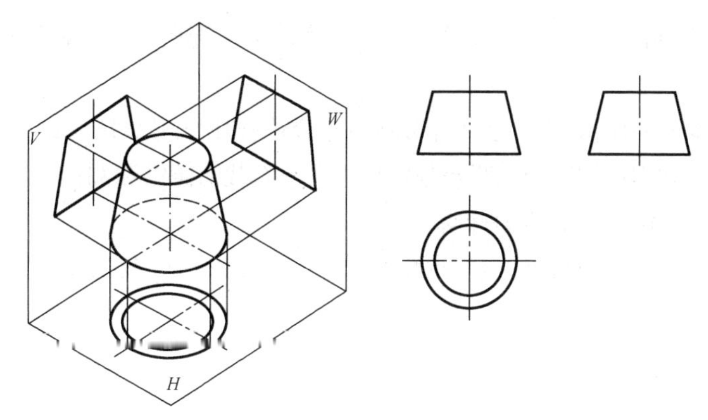

图 2-38　圆台的投影

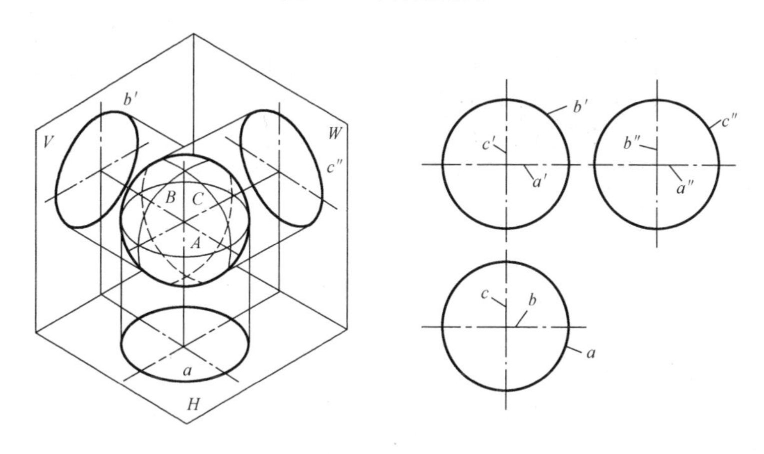

图 2-39　球的投影

任务实施

(1)了解基本体在不同放置情况下的投影图。

【示例 2-9】　绘制在不同放置情况下的三棱柱和四棱锥的投影图，加深对基本体投影图的理解，如图 2-40 所示。

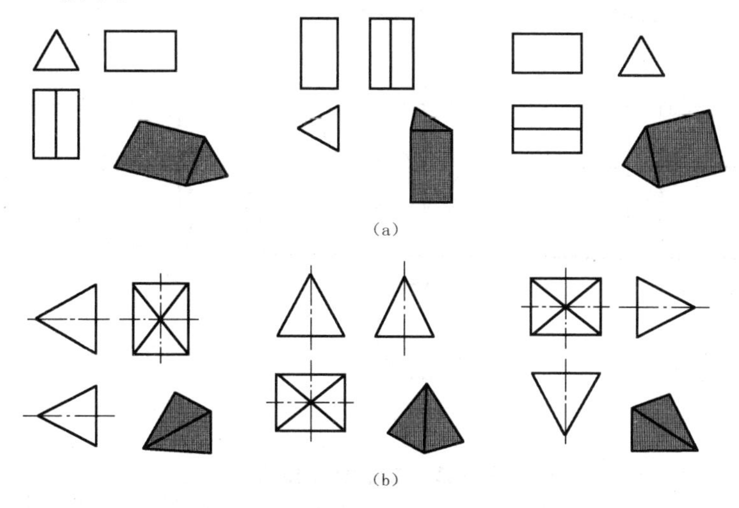

图 2-40　在不同放置情况下基本体的投影

(a)三棱柱；(b)四棱锥

【示例 2-10】 绘制图 2-29 中工程实例的每一部分的三视图，因各基本体在相关知识中已讲，图略。

(2)理解基本体被平面截切，为后面切割型组合体投影学习奠定基础。

通过前面的相关知识可知棱台和圆台分别是用水平面截切棱锥和圆锥而成，通过示例 2-11、示例 2-12 加深对平面截切基本体的理解。

【示例 2-11】 如图 2-41 所示，已知四棱柱的三面投影图以及切割立体的正垂面 P，求截断面的投影图。

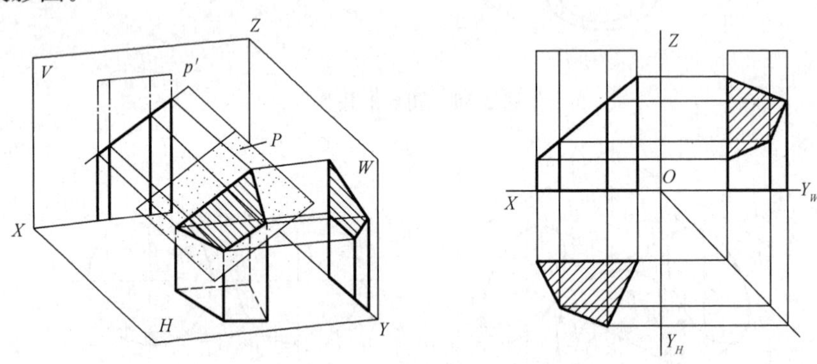

图 2-41　平面斜截四棱柱

分析： 截平面 P 与四棱柱的四个棱面相交，截交线是四边形，四边形的四个顶点分别是平面 P 与四棱柱四条棱线的交点。由于 P 为正垂面，所以截交线的正面投影与 p' 重合。四棱柱的各棱面为铅垂面，截交线的水平投影与其水平投影重合。根据截交线的两面投影即可作出它的 W 面投影。

【示例 2-12】 了解曲面立体被截切后的截断面形状，如图 2-42 所示。

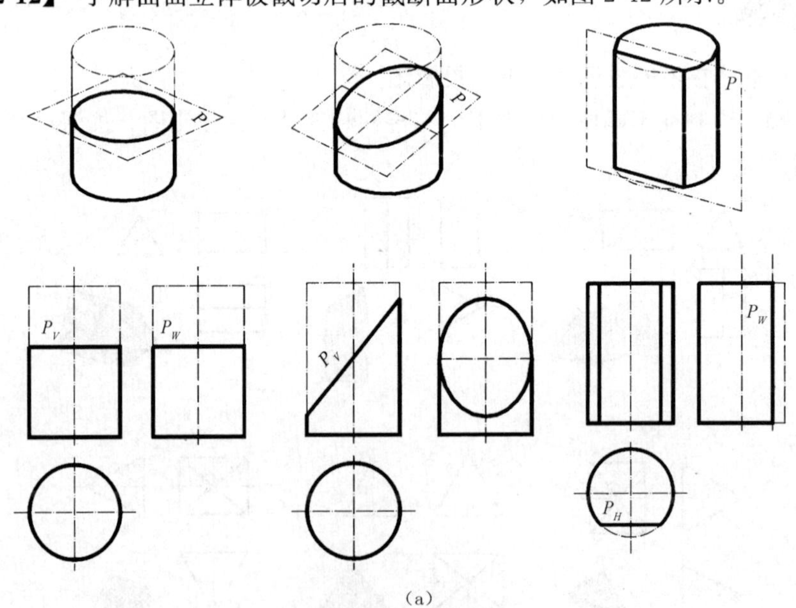

图 2-42　曲面立体的截切

(a)圆柱被平面截切

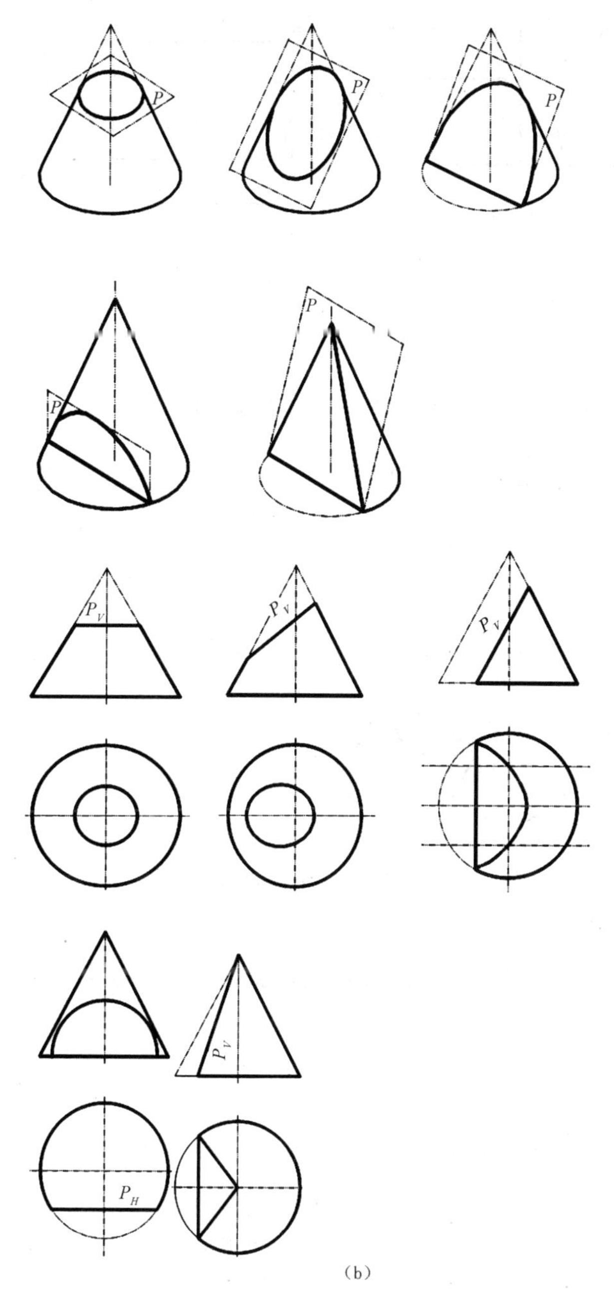

(b)

图 2-42　曲面立体的截切(续)

(b)圆锥被平面截切

练　习

1. 如图 2-43 所示，补绘基本体的第三面投影[图 2-43(b)的答案不唯一]。

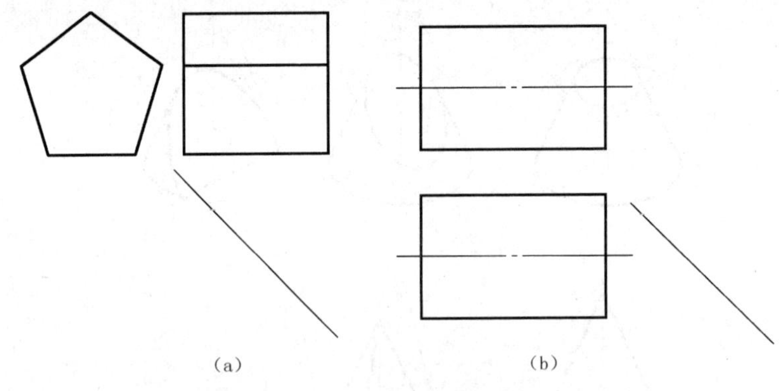

图 2-43　补绘第三面投影

2. 如图 2-44 所示，画出四棱台的 V 面投影，并补全四棱台的 W 面投影。

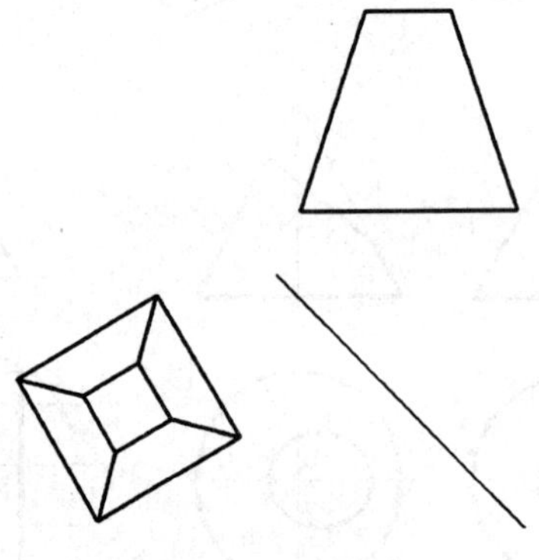

图 2-44　补绘投影

子任务二　组合体投影图的画法

任务介绍

图 2-45 所示为台阶模型轴测图，箭头表示正面方向，应如何按所标注尺寸绘制其投影图？

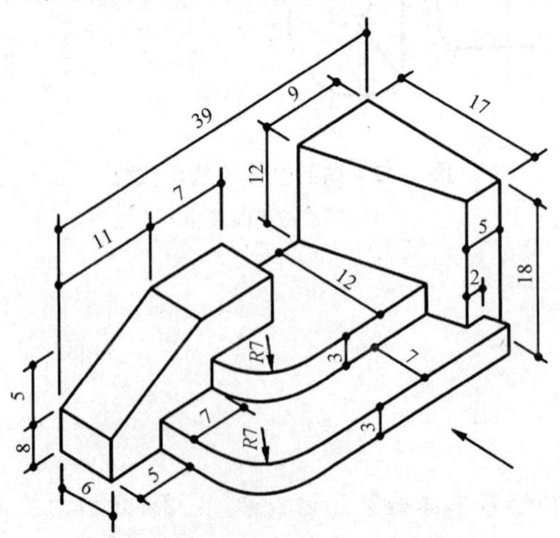

图 2-45　台阶模型立体图(轴测图)

任务分析

绘制组合体投影图需要了解尺寸标注、比例含义，对组合体进行分析，选择合适的投影方向按要求绘图。

相关知识

组合体由若干个基本几何体组合而成。常见的几何体有棱柱、棱锥、圆柱、圆锥、球等。由于组合体的形状、结构都比较复杂，且与工程形体十分接近，所以对组合体的研究是学习各种专业图样的基础。

一、组合体的构成方式

组合体的形状、结构之所以复杂，是因为它由几个基本体组合而成。根据其各部分之间的组合方式的不同，组合体通常可分成以下几类：

(1)叠加型组合体：把组合体看成是由若干个基本形体叠加而成的，如图 2-46(a)所示。

(2)切割型组合体：由一个大的基本形体经过若干次切割而成，如图 2-46(b)所示。

(3)混合型组合体：既有叠加又有切割所组成的组合体，如图 2-46(c)所示。

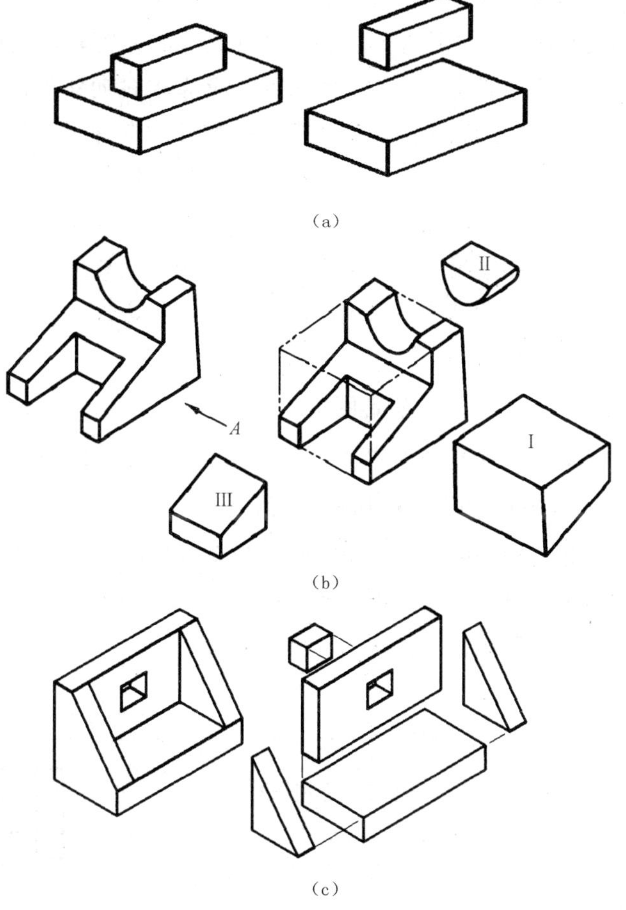

图 2-46　组合体的构成方式

二、组合体投影的画法

绘制组合体的视图应按照先分析、再画图的步骤进行。

1. 视图分析

视图分析是绘制组合体视图的首要步骤，从形体分析开始。

(1)形体分析。为了作出图 2-47 所示的台阶投影图，必须先对其进行形体分析，由图 2-47 可知，它由三大部分叠加而成。其中两边的边墙可看成两个棱线水平的六棱柱；中间的三级踏步则可看成一个横卧的八棱柱。

(2)投影图的选择。

1)形体摆放位置的确定。形体的摆放位置是指物体相对于投影面的位置，该位置的选取应以表达方便为前提，即应使物体上尽可能多的线(面)为投影面的特殊位置线(面)。对一般物体而言，这种位置也即物体的自然位置，所以常说的要使物体“摆平放正”也就是这个意思。但对于建筑形体，首先应该考虑的却是它的工作位置。图 2-47 所示为台阶的正常工作位置。

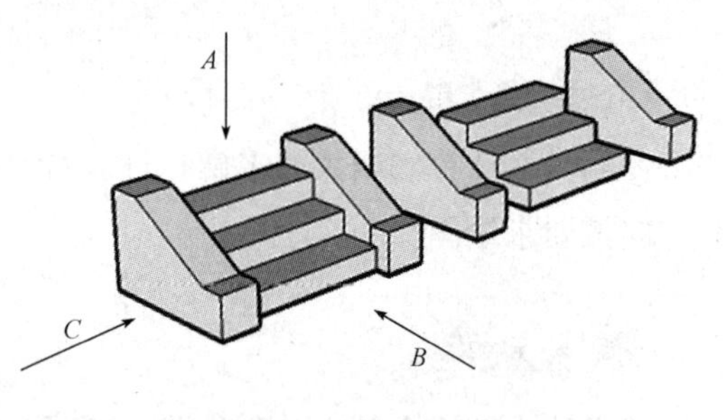

图 2-47　台阶的形体分析

2)正立面图投影方向的选择。正立面图投影方向的选择，就是要确定形体从哪个方向投影作为正立面图，使之能较多地反映形体的总体形状特征，并使视图上的虚线尽可能少一些，还要合理利用图纸的幅面。对图 2-47 所示的台阶，如果选择 C 向投影为正视图，它能较清晰地反映台阶踏步与两边墙的形状特征。但为了能同时满足虚线少的条件，应选择 B 向作为正视图的投影方向。

3)投影图数量的选择。投影图数量的选择，就是要考虑选用哪几个投影图，才能完整清楚地表达出形体的形状。在保证完整、清楚地表达出形体各部分形状和相对位置的情况下，应使投影图的数量最少。图 2-47 所示的台阶需用三个投影图，才能确定其形状。有的形体通过加注尺寸和文字说明，可以减少投影图，如球体就可以只用一个投影图。如果形体各个立面的结构差异大，就需要多个投影图。因此，投影图数量的选择，应在对具体形体进行分析后确定。

2. 选定比例、确定图幅

根据形体的大小和复杂程度，选择合适的比例，再根据所需投影图的数量确定图幅。

3. 布置视图、画作图基准线

布置视图时应使视图之间及视图与图框之间间隔匀称并留有标注尺寸的空隙。为了方便定位，可先画出各视图所占范围(一般用矩形框表示)，然后目测并调整其间距，使布图均匀，最后画出各视图的对称轴线或基准线，如图 2-48(a)所示。

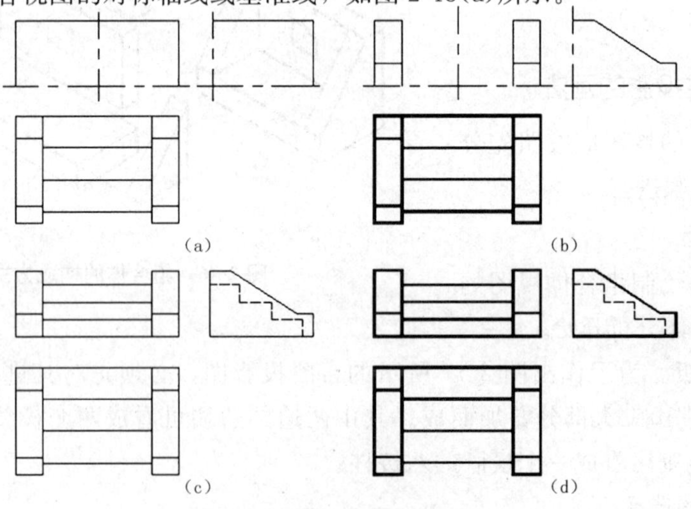

图 2-48　台阶的画图步骤

4. 画投影图的底稿

根据形体分析的结果，按照先画边墙再画踏步的顺序逐个绘制出它们的三视图，如图 2-48(b)、(c)所示。

5. 检查、加深、加粗图线

经检查修正底稿无误后，擦去多余线条[图 2-48(d)]。因为形体分析是假定的，故按此法解题时，将可能在物体的各组成部分之间产生一些实际并不存在的交线。是否存在交线与物体表面是平齐还是相错有关，一般按以下三种情况进行分析处理。

(1)当两部分叠加时，对齐共面组合处表面无线，如图 2-49(a)所示。

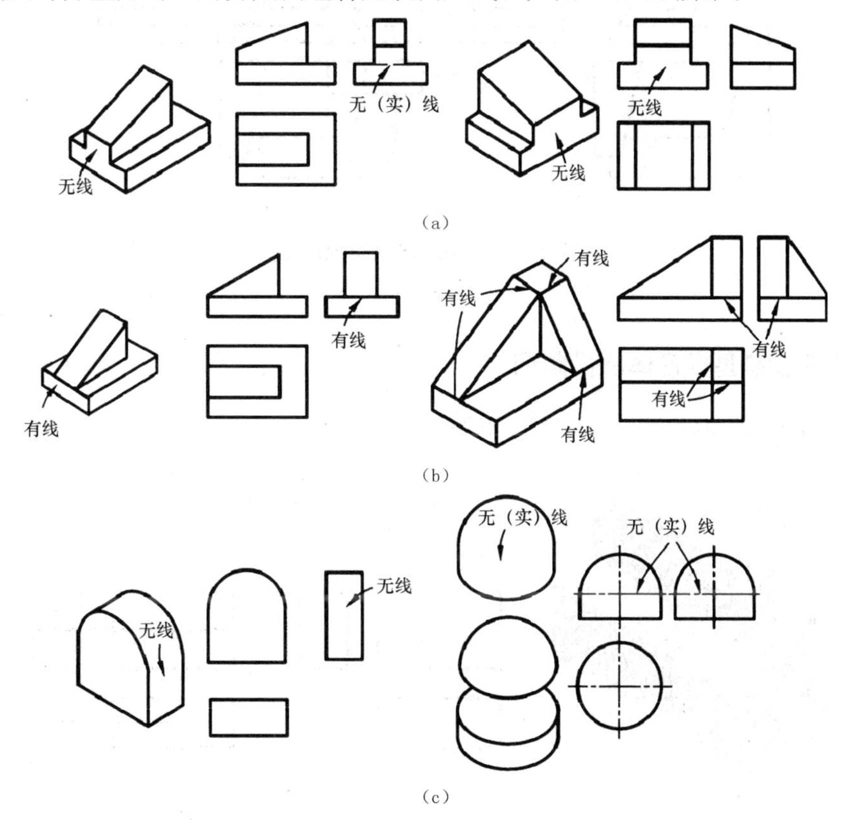

图 2-49 组合处的图线分析

(2)当两部分叠加，对齐但不共面时，组合处表面应有线，如图 2-49(b)所示。

(3)当组合处两表面相切，即光滑过渡时，组合处表面无线，如图 2-49(c)所示。

任务实施

一、按比例绘制叠加型组合体投影图

【示例 2-13】 按比例绘制图 2-45 中台阶模型的投影图，比例自定，不需标注尺寸。

分析： 绘制方法同相关知识，略。具体绘图过程如图 2-50 所示。

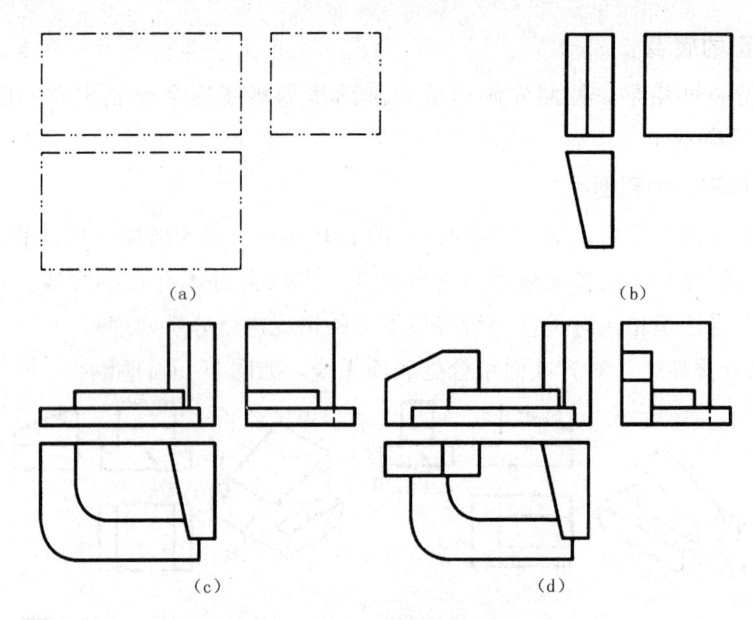

图 2-50　台阶模型投影图绘制

(a)确定视图范围；(b)画右侧栏板；(c)画台阶；(d)画左后栏板

二、绘制切割型组合体的投影图

【示例 2-14】 绘制如图 2-51(a)所示物体的投影图。

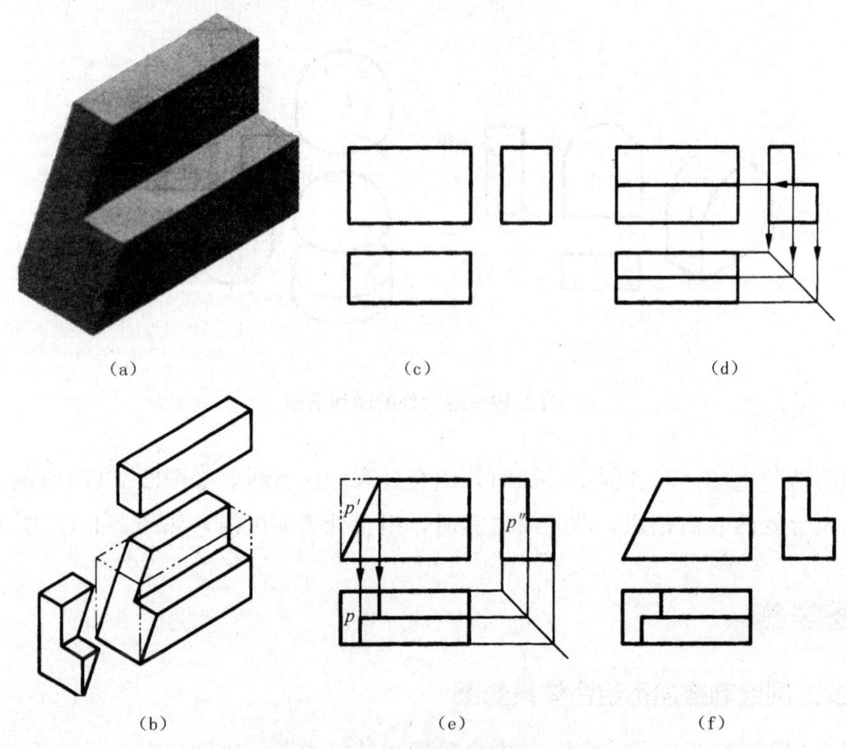

图 2-51　切割型组合体投影图画法

分析：(1)该组合体可看成由长方体切割而成，如图 2-51(b)所示。

(2)绘图时，可先画出原始基本体的投影，然后从切割平面的积聚性入手，逐个画出被切割部分的投影，如图 2-51(c)、(d)、(e)、(f)所示。

(3)绘制切割体投影图时应注意：要利用线、面投影特性分析被切割后所产生的新表面的投影。由图可知新表面 P 为正垂面，即垂直于 V 面，与 H 面、W 面不平行。

练　习

绘制组合体的三面投影(图 2-52)，尺寸直接从图上量取，比例自选。

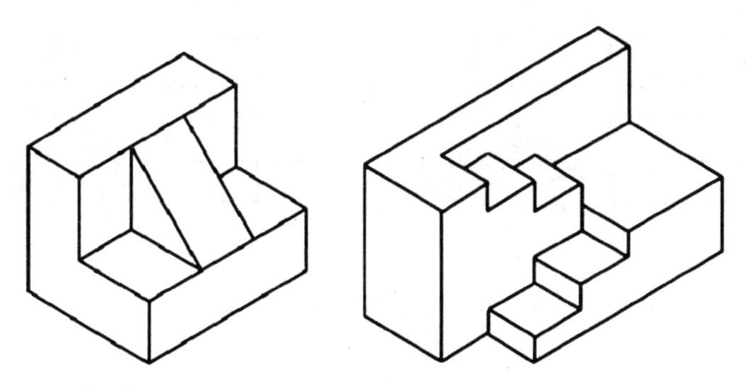

图 2-52　绘制组合体的三面投影

子任务三　组合体投影图的识读

任务介绍

图 2-53 所示为某挡土墙的三视图，应如何识读其空间结构？

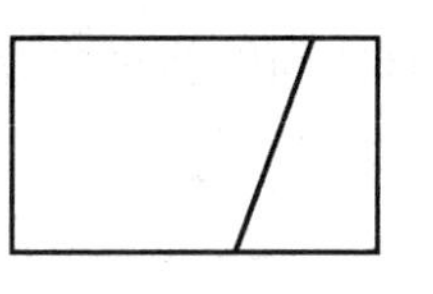

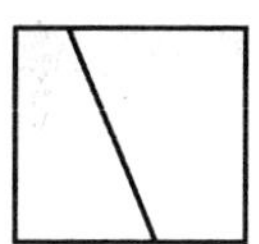

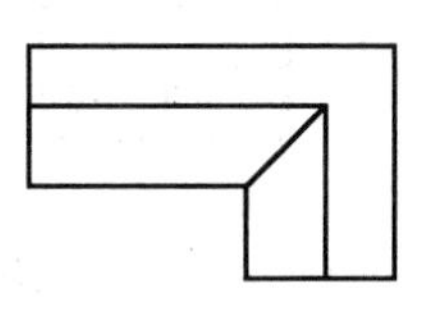

图 2-53　某挡土墙的三视图

任务分析

识读建筑形体的投影图需要掌握正确的识读方法，识读过程中注意相关事项，多培养自己的空间想象能力。

相关知识

一、读图时的注意点

识读投影图，就是根据已画出的正投影图来想象物体的空间形状及大小，这个过程就叫作读图。能够运用投影特性及规律，从投影图上去分析、判断组合体的空间形象，将为识读建筑工程图打下良好的基础。

1. 三个视图同时看

如果读图时仅仅集中观看一个投影图是不能判定形体的形状、大小及方位的，而要把各个投影图联系起来看，用投影特点及“三等”关系，找出各图的内在联系及对应关系。

如图 2-54 所示，四个组合体的正面投影都是由三个并排的矩形线框组成，如果不联系其他投影进行分析，是无法想象出该组合体的正确形状的。

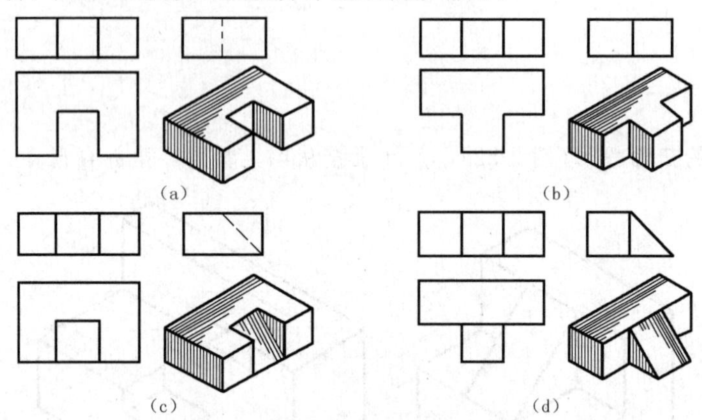

图 2-54 正立面相同的组合体

2. 分析线框

在读图时应分析投影图中线框及图线的由来(如平行、倾斜或积聚等)。对投影图进行线面分析时，应分析线框(或叫作作面)，因为每一个线框表现了形体上一个侧面的投影。

如果出现疑难问题，再进行图线的分析。

由图 2-55(a)所示的三面投影图，想象出形体的立体形状。先看总体的大概形状，然后分析、判定各细部形状，即先从投影图的最外轮廓线入手，再分析内部线框或图线，同时分析判定各细部之间的相对位置，最后综合明确总的形状。

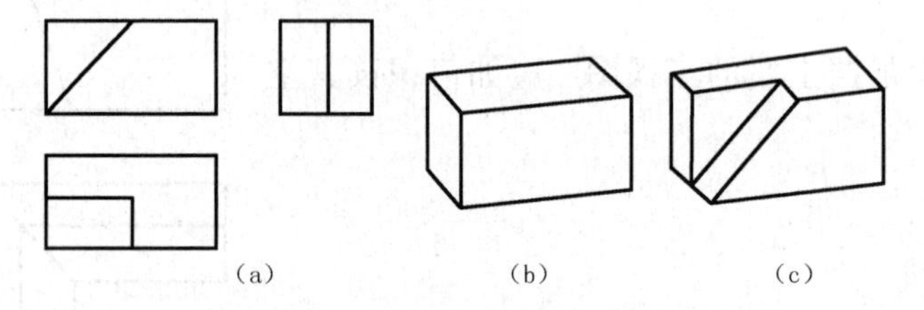

图 2-55 由三视图想象物体的形状

3. 善于构思空间物体的形状

要达到熟练识图的目的，就要多看多想，多培养自己丰富的空间想象力，这样才能正确和迅速地看懂视图。

二、投影图的识读

1. 拉伸法

拉伸法读图一般用于柱体或由平面截割柱体而成的简单体，如图 2-56 所示为一棱柱被一侧垂面切割后形成的柱状体。该物体可把反映立体形状特性的投影线线框沿其投影方向并结合相邻投影拉伸为柱状体，如图 2-56(b)、(c)、(d)所示。这种读图的方法即拉伸法。

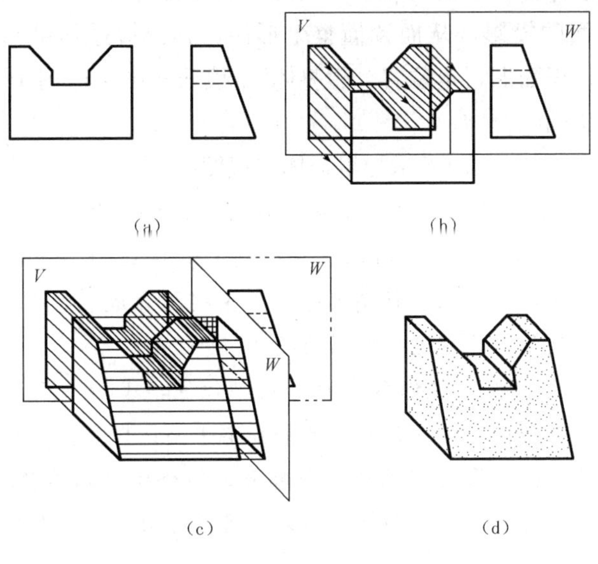

图 2-56　拉伸法读图

2. 形体分析法

形体分析法是最基本和最常用的读图方法。用形体分析法读图，就是在读图时，首先从反映物体形状特征明显的视图入手，按形体特征把视图分解为若干部分，根据三等关系，找出每一部分的有关投影，然后根据各基本形体的投影特性，想象出每一部分的形状，再根据整体投影图，找出各部分之间的相互位置关系，最后综合起来想象出物体的整体形状。该读图方法可总结为，抓特征，分部分，对投影，识形体，辨位置，明关系，综合起来想象整体。形体分析法适用于投影图的基本形体视图特征较明显，以叠加方式形成的组合体。

【示例 2-15】 识读图 2-57(a)所示的组合体三视图。

分析： 如图 2-57(a)所示，将物体的左视图按线框分解为 a''、b''和 c''，根据左视图可以判定：底板 A 在最下面；B 板在 A 板的后上方；而 C 板则在 A 板的上方，同时在 B 板的前方。再由正视图补充得到：B 板的下底边与 A 板长度相等，而 C 板左右居中放置。

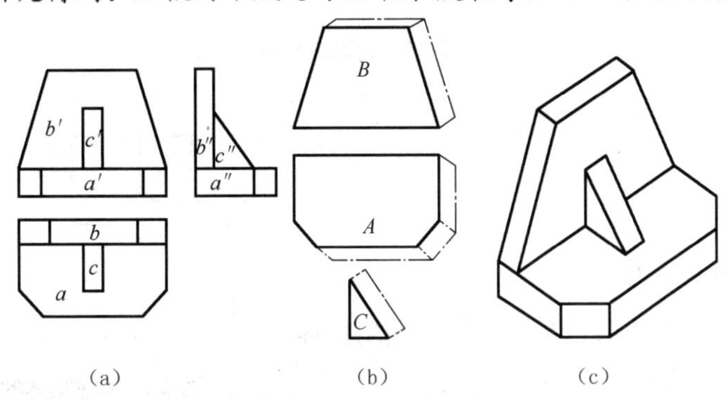

图 2-57　形体分析法读图

3. 线面分析法

线面分析法是在形体分析法的基础上，对于形体上难于读懂的部分，运用线、面的投影特性，分析形体表面的投影，从而读懂整个形体。其分析过程可归纳成一句话："按线框、找投影，明投影、识面形，定位置、想整体"。线面分析法适用于形成形体斜线和斜面较多，以截切方式形成的组合体。

【示例 2-16】 识读图 2-58(a)所示的组合体三视图。

分析：从图 2-58(a)所示的组合体三视图可以看出，该组合体表面全部是平面多边形，且三个视图外轮廓是由矩形变来的，所以，可以想象其原始形体是一个长方体经正垂面、铅垂面分别截切后得到的形体。从主视图入手，将主视图分成 1′、2′、3′、4′、5′五个线框或线段，由投影关系找到俯、左视图中的对应投影。

根据各线框的对应投影想出它们各自的形状和位置：Ⅰ——正垂位置的六边形平面；Ⅱ——铅垂位置的梯形平面；Ⅲ——侧平位置的矩形平面；Ⅳ——一水平面。

由上述分析的表面，按各自投影位置组合起来的组合体可以看作一个完整的长方体被正垂面Ⅰ和两个前后对称的铅垂面Ⅱ截切。所以，其最终整体形状如图 2-58(d)所示。

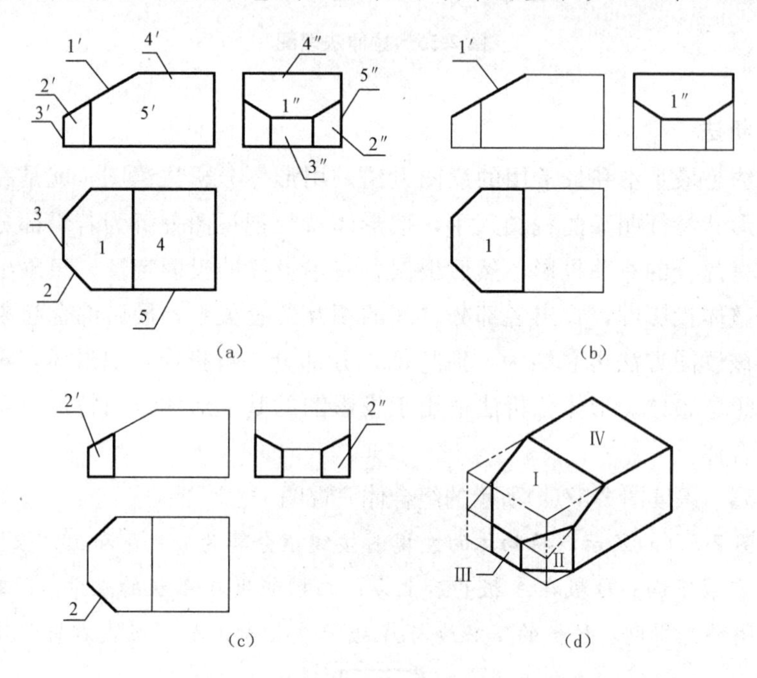

图 2-58 线面分析法

任务实施

一、采用拉伸法读图

【示例 2-17】 图 2-59 所示为柱状体，使用拉伸法读图。

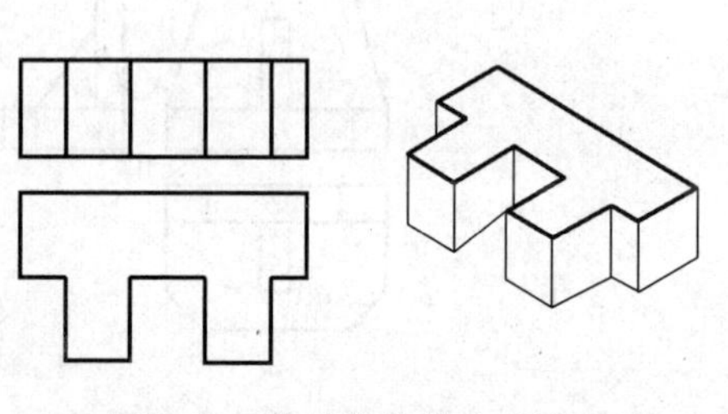

图 2-59 柱状体的拉伸法读图

二、采用形体分析法读图

【示例 2-18】 已知组合体的两面投影，求第三面投影[图 2-60(a)]。

分析： 在一个视图中，要确定面与面的相对位置，必须通过其他视图的投影来分析。

如图 2-60(b)所示，正面图有四个封闭线框 A'、B'、C'、D'，对照平面图，这四个线框所表示的面，可能分别对应 A、B、C 三条水平线和一个线框 D。并且按投影关系对照正立面和平面图可见，该形体中间是三步台阶，左右各为一个斜面，可以想象出，这个转角台阶是由 A、B、C 三块板及两块三棱柱叠加而成。它的整体形状如图 2-60(c)所示。

根据正面图和侧面图的"高平齐"关系，平面图和侧面图的"宽相等"关系，按图 2-60(d)中箭头所示，逐步补绘侧面图。

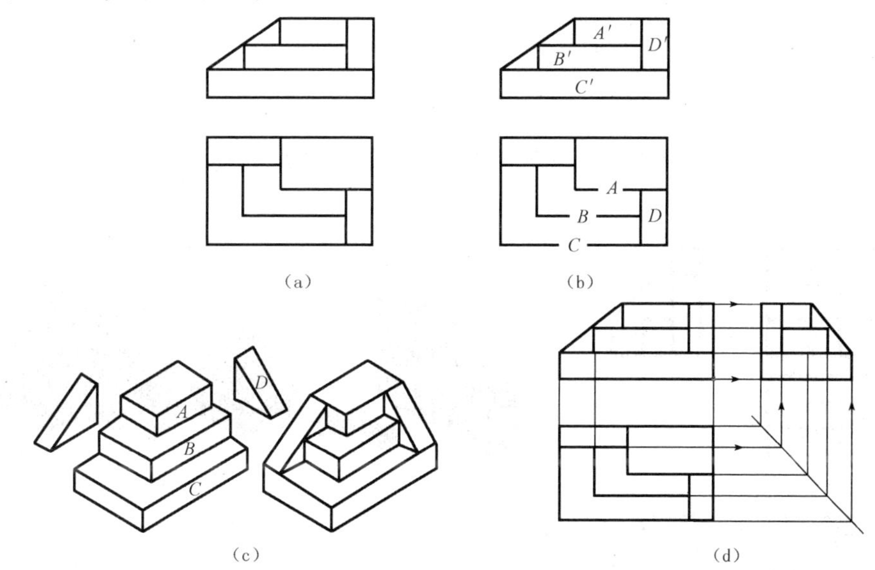

图 2-60 采用形体分析法补绘第三面投影

(a)已知条件；(b)初步分析；(c)想象的转角台阶；(d)补绘第三面投影

三、采用线面分析法读图

【示例 2-19】 采用线面分析法识读图 2-61 中挡土墙的三视图。

分析： 根据三面投影图可以看出[图 2-61(a)]，挡土墙的大致形状是由梯形块组成，具体形状可用线面分析法进行分析。

如图 2-61(b)所示，在特征视图(水平投影)上可划分出 1、2、3 三个线框，分别找出它们在另外两个面上的对应投影，根据平面的投影特性，可知Ⅰ面为水平面，Ⅱ面为侧垂面，Ⅲ面为正垂面。

由以上分析可知，该挡土墙的原始形状为一长方体，用侧垂面Ⅱ和正垂面Ⅲ切去左前角而成[图 2-61(c)]。

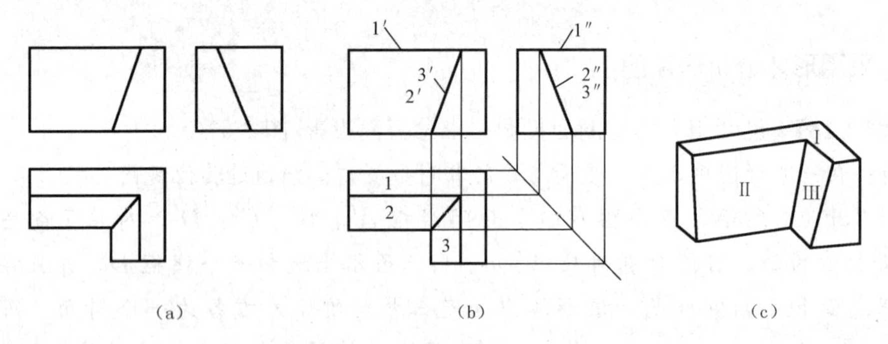

图 2-61　挡土墙的投影及线面分析

(a)三视图；(b)分线框；(c)立体图

练　习

图 2-62 所示为三个组合体的投影图和立体分析图，读者可互相对照，运用前面讲解的方法进行读图练习。

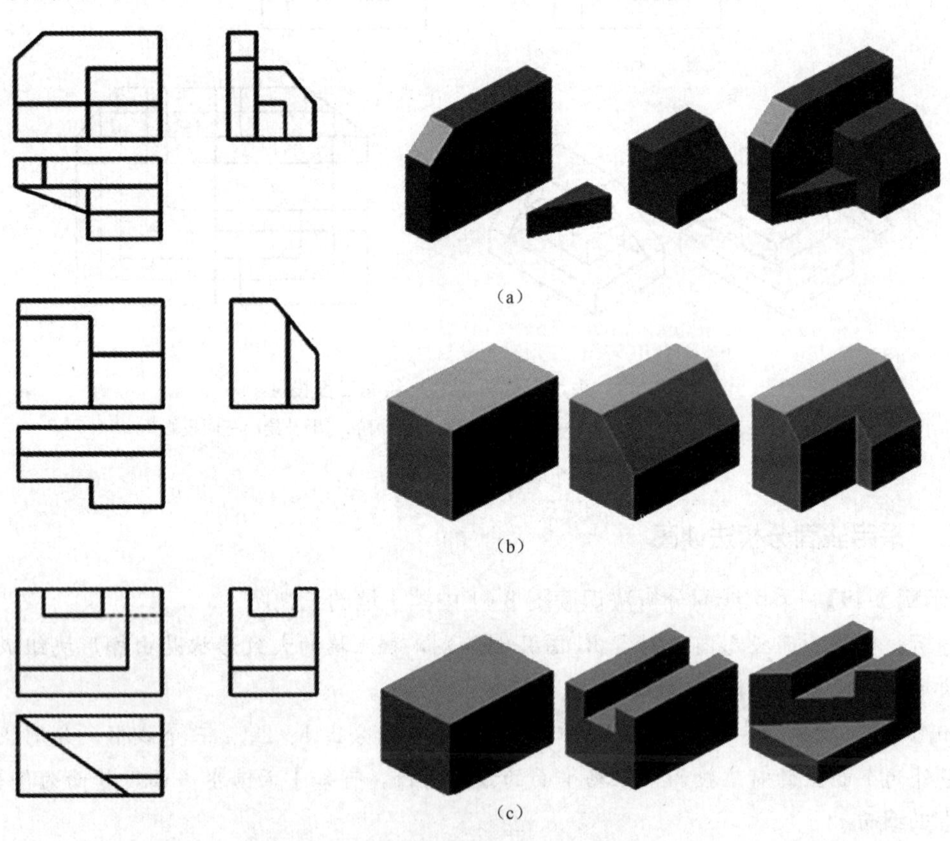

图 2-62　三个组合体的投影图和立体分析图

任务四　轴测图

任务介绍

图 2-63 所示为由楼板、次梁、主梁和柱组成的楼盖节点模型的正投影图和轴测图。正投影图能确定物体的形状和大小，且作图方便，度量性好，但它缺乏立体感，直观性较差。轴测图形象、逼真、富有立体感，但其一般不能反映出物体各表面的实形，因而度量性差，同时作图较复杂。在工程上常把轴测图作为辅助图样。本任务主要学习轴测图的绘制。

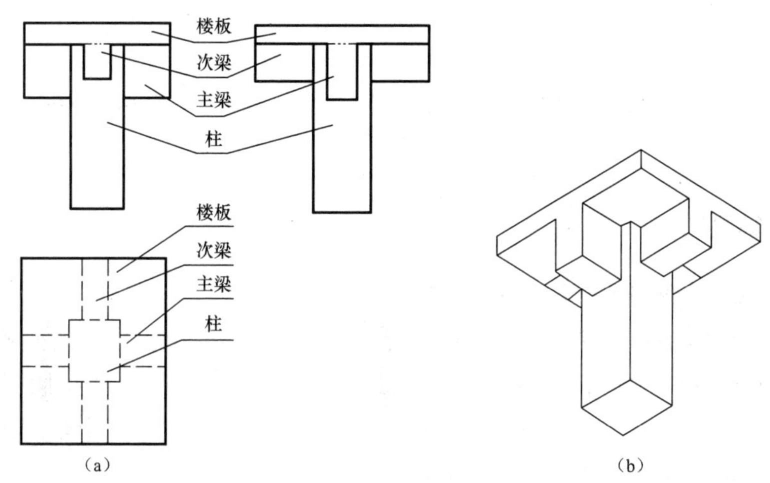

图 2-63　楼盖节点模型的正投影图和轴测图

任务分析

绘制轴测图需掌握轴测图的分类、基本参数、绘制方法等。

任务知识

一、轴测投影的基本知识

轴测投影是采用正投影或斜投影的方法，以单面投影的形式所得到的一种图示方法。它可分为两类：一类是正轴测投影图，简称正轴测图；另一类是斜轴测投影图，简称斜轴测图(图 2-64)。

在轴测投影中，投射方向 S_1(或 S_2)称为轴测投射方向，它与形体的相对位置对轴测投影图的表达效果有较大影响。两相邻轴测轴之间的夹角$\angle X_1O_1Z_1$、$\angle X_1O_1Y_1$、$\angle Y_1O_1Z_1$称为轴间角。轴测轴上某段长度与它在空间直角坐标轴上的实际长度之比称为该轴的轴向

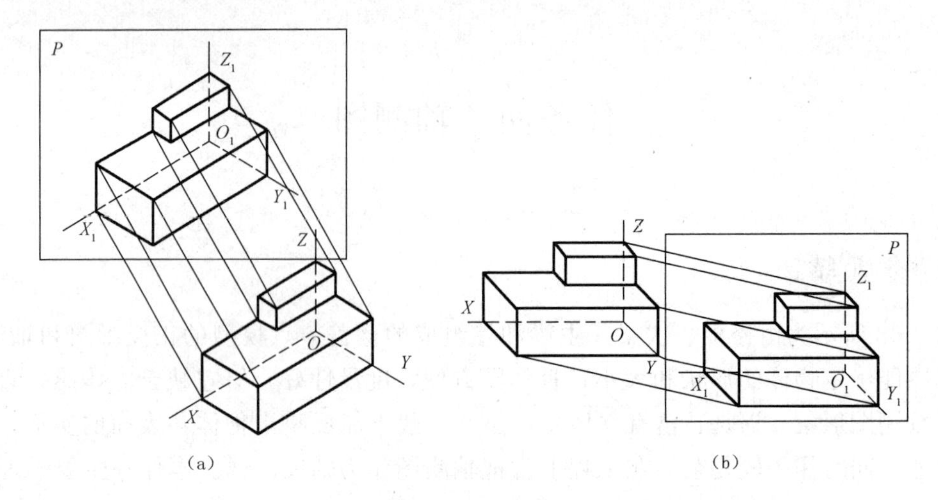

图 2-64 轴测投影

(a)正轴测投影图；(b)斜轴测投影图

伸缩系数，则 X、Y、Z 轴的轴向伸缩系数分别为 $p=O_1X_1/OX$、$q=O_1Y_1/OY$、$r=O_1Z_1/OZ$。

二、正等轴测图

1. 正等轴测图的轴间角和轴向伸缩系数

正等轴测投影简称正等测，使空间形体的三个坐标轴与轴测投影面的倾角相等，则三个轴的轴向伸缩系数也就相等。经计算得到：$p=q=r=0.82$，在实际应用中常将轴向伸缩系数由 0.82 简化为 1。简化后的轴向变化率称为简化系数。同时，三个轴间角相等，即均为 120°。正等测轴及正等轴测图如图 2-65 所示。

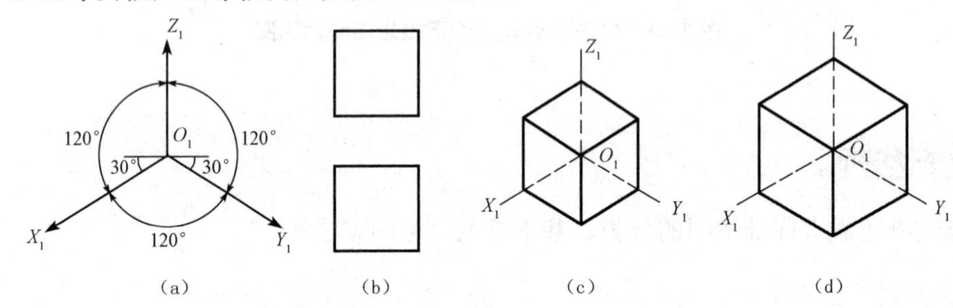

图 2-65 正等测轴及正等轴测图

(a)正等测的轴测轴；(b)正投影图；(c)$p=q=r=0.82$；(d)$p=q=r=1$

2. 正等轴测图的画法

画轴测图应遵循的基本作图步骤如下：

(1)读懂正投影图，进行形体分析并确定形体上的直角坐标轴的位置，坐标原点一般设在形体的角点或对称中心上，且放在顶面或底面处，这样有利于作图；

(2)选择合适的轴测图种类与合适的投影方向，确定轴测轴及轴向伸缩系数(或简化系数)；

(3)根据形体特征选择合适的作图方法，常用的作图方法有坐标法、装箱法、叠加法、切割法、特征面投影法、包络法等；

(4)画底稿，作图时应先确定形体在轴测轴上的点和线位置，并充分利用平行投影特性作图；

(5)检查底稿无误后，加深图线，为保持图形的清晰性，轴测图中的不可见轮廓线(虚线)一般不画，但为了使有些基本形体的立体感更好，也可根据需要适当画上虚线或阴影线。

【示例 2-20】 如图 2-66(a)所示，根据正投影图画出正六棱柱的正等轴测图。

分析：由正投影图可知，正六棱柱的顶面、底面均为水平的正六边形。在轴测图中，顶面可见，底面不可见，宜从顶面画起，且使坐标原点与正六边形的中心重合，作图步骤如下：

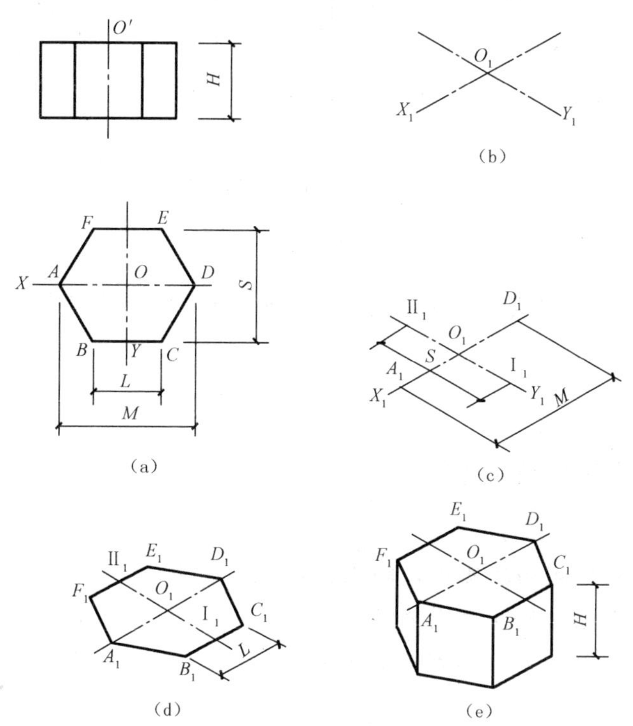

图 2-66 作正六棱柱的正等轴测图

(1)在视图上确定坐标原点及坐标轴，如图 2-66(a)所示。

(2)在适当位置作轴测轴 O_1X_1、O_1Y_1，如图 2-66(b)所示。

(3)点 A、D、Ⅰ、Ⅱ的轴测图：沿 O_1X_1 量取 M，沿 O_1Y_1 量取 S，得到点 A_1、D_1、$Ⅰ_1$、$Ⅱ_1$，如图 2-66(c)所示。

(4)点 B、C、E、F 的轴测图：过 $Ⅰ_1$、$Ⅱ_1$ 两点作 O_1X_1 轴的平行线，并截取 L 得到点 B_1、C_1、E_1、F_1，顺次连线，即完成了顶面的轴测图，如图 2-66(d)所示。

(5)完成全图：过 A_1、B_1、C_1、F_1 各点向下作平行于 O_1Z_1 轴的直线，分别截取棱线的高度为 H，定出底面上的点，并顺次连线，擦去作图线，加深轮廓线，完成作图，如图 2-66(e)所示。

上面作正六棱柱的正等轴测图的方法可以概括为坐标法。

三、正面斜二测投影

斜二测投影是将形体放置成使它的 XOZ 坐标面平行于轴测坐标面，再用斜投影的方法向轴测投影面进行投影，用这种方法画出的轴测图称为正面斜二测轴测图。正面斜二测轴测轴 O_1X_1 与 O_1Z_1 的轴向伸缩系数均为 1，其轴间角 $\angle X_1O_1Z_1=90°$，$\angle X_1O_1Y_1=\angle Y_1O_1Z_1=135°$，$p=r=1$，$q=0.5$，如图 2-67 所示。

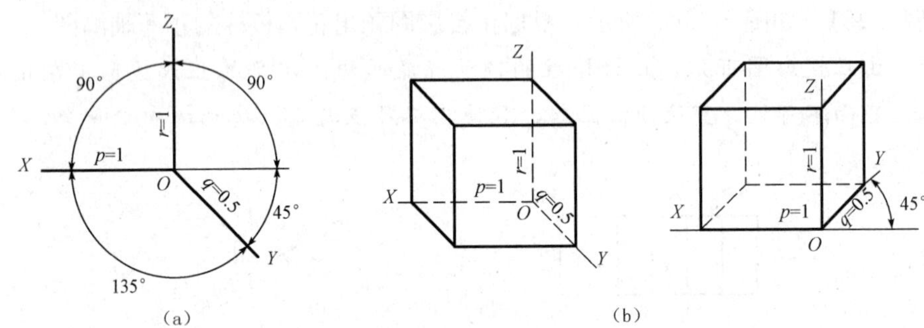

图 2-67　轴测轴及轴测图

(a)正面斜二测的轴测轴；(b)$p=r=1$，$q=0.5$

正面斜二测投影的绘图方法及步骤与正等测轴测投影画法基本相同。

任务实施

一、采用特征面法绘制轴测图

【示例 2-21】 已知台阶的正投影，如图 2-68(a)所示，作其正面斜二测轴测图。

分析： 在正面斜二测轴测图中，轴测轴 OX、OZ 分别为水平线和铅垂线，OY 轴根据投射方向确定。如果选择由右向左投射，如图 2-68(b)所示，台阶的有些表面被遮挡或显示不清楚，而选择由左向右投射，台阶的每个表面都能表示清楚，如图 2-68(c)所示。

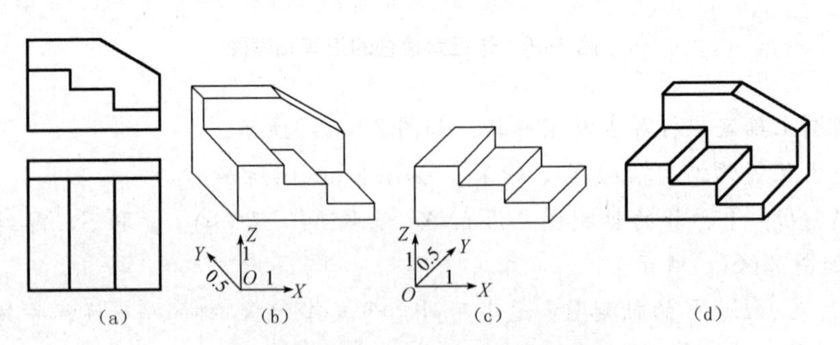

图 2-68　台阶的正面斜二测轴测图

作图： 对于该台阶正立面为其特征面，作图时先绘制该面的轴测图。具体绘制步骤如图 2-68(c)、(d)所示，画出轴测轴 OX、OZ、OY，然后画出台阶的正面投影实形，过各顶点作 OY 轴平行线，并量取实长的一半($q=0.5$)画出台阶的轴测图，再画出矮墙的轴测图。

【示例 2-22】 根据所给三视图，绘制正等测轴测图[图 2-69(a)]。

分析：从三视图可以看出，两个物体的正立面、水平面为其特征面，绘制轴测图时先绘制特征面的轴测图，然后绘制另一方向，结果如图 2-69(b)所示。

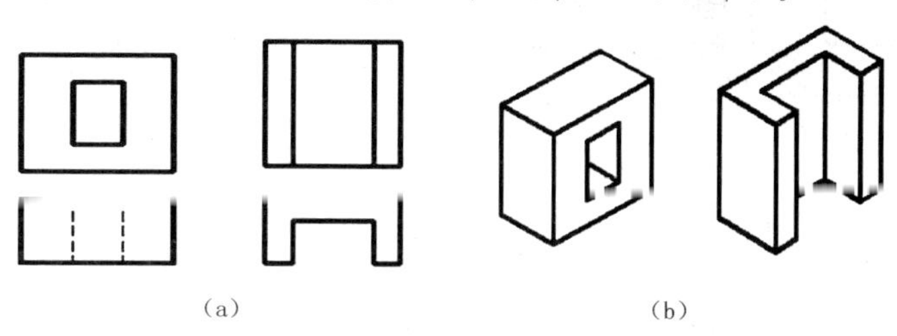

图 2-69 采用特征面法绘制轴测图

二、采用叠加法绘制轴测图

【示例 2-23】 根据图 2-70(a)楼盖节点模型的正投影图绘制其仰视正等测轴测图。

分析：按形体分析法读懂三视图，了解这个节点模型的组成部分和形状。在读图和分析过程中，假想楼板与下面的梁、柱分开，于是在正立面和左侧立面中添加了用双点画线表示的假想投射线。按题目要求画仰视图，即选择从下向上的投射方向，这能把梁、柱、板相交处的构造表达清楚。

作图：(1)如图 2-70(b)所示，画出楼板以及梁、柱与楼板底面的交线。

(2)如图 2-70(c)所示，画出板下柱的正等测图。

(3)如图 2-70(d)所示，画出右前方可见的主梁、次梁的轴测图，从图 2-70(c)中楼板底面与梁、柱交线左前方的 A、B 等端点向下引垂线，在正立面图或侧立面图中分别量取主梁与次梁的高度尺寸后，在诸垂线上分别截取它们的高度尺寸，并将截得的点连成底面的轮廓线，即得出左方主梁、前方次梁的正等测图。

(4)如图 2-70(e)所示，用同样的方法，对称地画出右后方可见的主梁和次梁的正等测图，就将梁、板、柱中可见的轮廓线全部画出。校核后，擦去辅助的作图线和不可见轮廓线，清理图面，加深图线，楼盖节点模型的仰视正等测轴测图就完成了。

三、采用切割法绘制轴测图

【示例 2-24】 用切割法绘制物体的正等测轴测图(图 2-71)。

分析：通过对图 2-71(a)所示的物体进行形体分析，可以把该形体看作由一长方体斜切左上角，再在前上方切去一个六面体而成。画图时可先画出完整的长方体，然后再切去一斜角和一个六面体。

作图：(1)确定坐标原点及坐标轴，如图 2-71(a)所示。

(2)画轴测轴，根据给出的尺寸作出长方体的轴测图，然后作出斜面的投影，如图 2-71(b)所示。

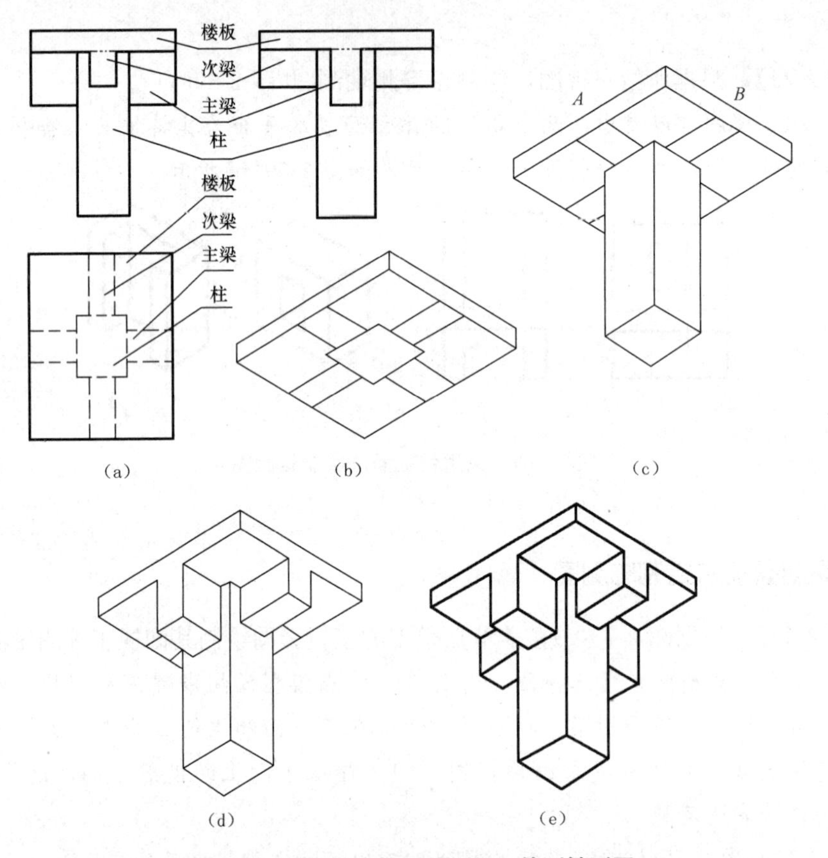

图 2-70 楼盖节点模型的仰视正等测轴测图

(a)已知条件和分析；(b)画出楼板以及梁、柱的交线；(c)画柱；

(d)画出右前方可见的主梁、次梁；(e)画完全部图形，校核，清理图面，加深

(3)沿 Y 轴量尺寸 15 作平行于 XOZ 面的平面，并由上往下切，沿 Z 轴量尺寸 16 作 XOY 面的平行面，并由前往后切，两平面相交切去一角，如图 2-71(c)所示。

(4)擦去多余的图线，并加深图线，即得物体的正等轴测图，如图 2-71(d)所示。

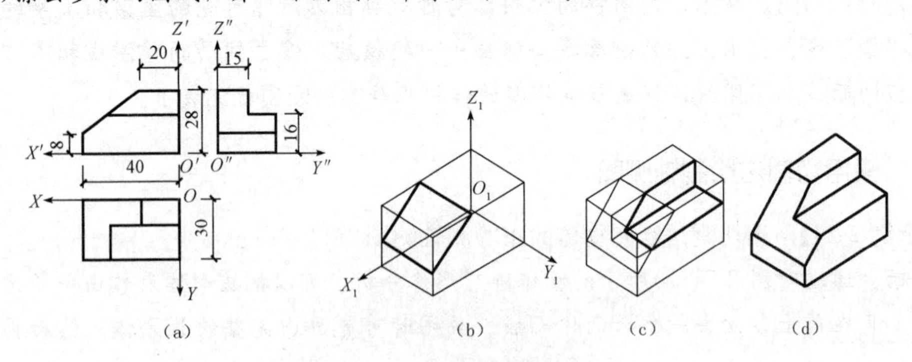

图 2-71 用切割法作轴测图

练　习

根据所给视图(图 2-72)绘制轴测图，类型自定。

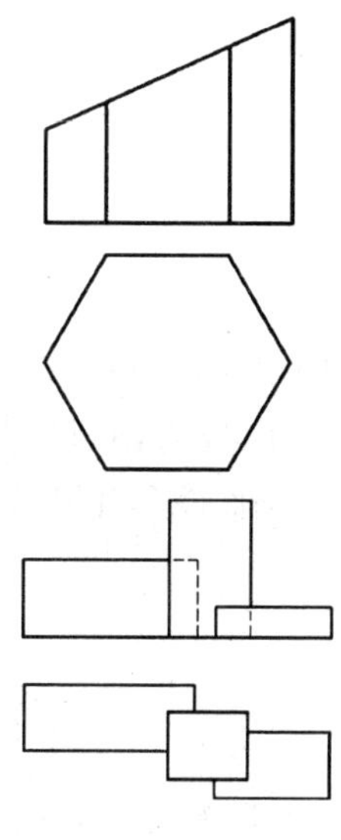

图 2-72　作轴测图

任务五　剖面图、断面图

任务介绍

图 2-73 所示为一杯形基础及其三面正投影图，其中正立面图和侧立面图中存在虚线，应如何能够更清楚地表达该形体的内部形状、构造及材料？

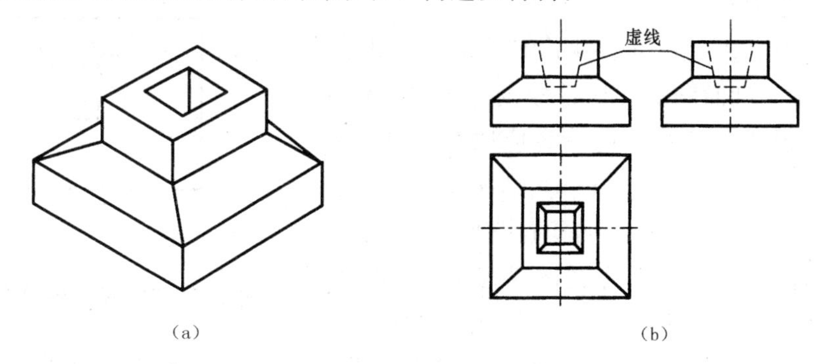

图 2-73　杯形基础轴测图及其三面正投影图

(a)基础轴测图；(b)基础三视图

任务分析

为了清楚地表达该形体的内部形状、构造及材料，可以用一个面将其假想剖开，让它的内部显露出来，使物体的不可见部分变成可见部分。

相关知识

一、剖面图

1. 剖面图的形成

为能直接表达清楚形体内部的结构形状，可假想用剖切面剖开形体，将处在观察者和剖切面之间的部分移去，而将其余部分向投影面进行投影，并在截断面上画出材料图例，所得到的投影图称为剖面图(图 2-74)。剖面图是工程上广泛用于表达形体内部结构的一种图样。

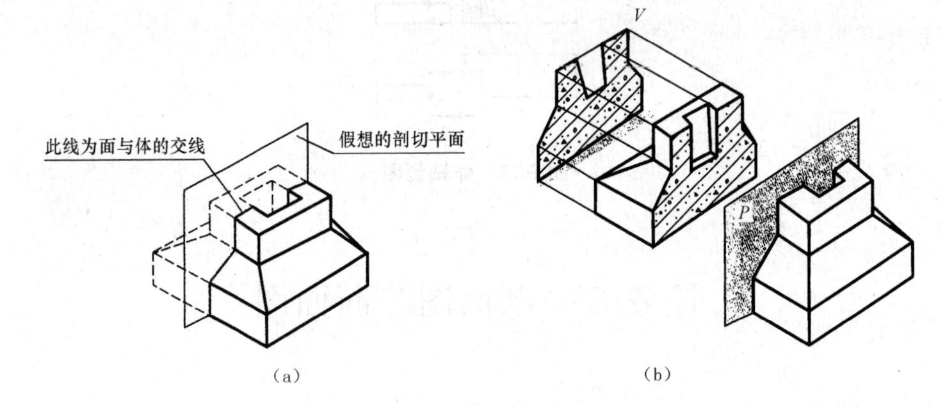

图 2-74 剖面图的形成

(a)基础的剖切；(b)基础剖面图

2. 剖面图的标注

剖面图的标注由剖切符号及其编号组成，其形式如图 2-75 所示。剖面图的剖切符号应由剖切位置线、剖视方向线及其编号组成，前两者应以粗实线绘制。剖切位置线的长度宜为 6～10 mm，剖视方向线应与剖切位置线垂直，长度应短于剖切位置线，宜为 4～6 mm，剖切符号不应与图形上的图线相接触。剖切符号的编号宜采用阿拉伯数字，按剖切顺序由左到右，由下到上依次编排，并应注写在剖视方向线的端部。需要转折的剖切位置线，应在转角的外侧加注与该符号相同的编号。

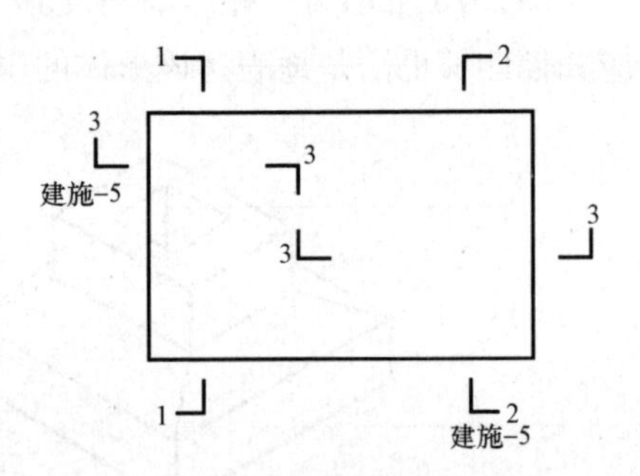

图 2-75 剖面图的剖切符号与编写

在剖面图的下方正中或一侧应标注图名，并在图名下绘制一粗横线，其长度等于注写文字的长度。剖面图以剖切符号的编号命名，如剖切符号的编号为 1，则绘制的剖面图命名为"1—1 剖面图"，也可将图名简写成"1—1"。其他剖面图的图名，也应同样依次命名和标明，如图 2-76 所示。

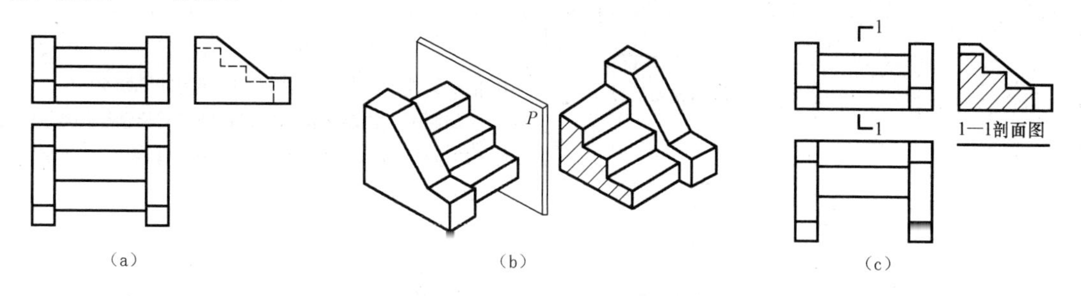

图 2-76　剖面图的标注方法

(a)台阶投影图；(b)剖开后的台阶；(c)剖面图

剖面图中包含了形体的断面，在断面图上必须画上表示材料类型的图例。如果没有指明材料，可在断面处画上相互平行且等间距的 45°细实线为替代材料图例，如图 2-76 所示，其称为剖面线。

《房屋建筑制图统一标准》(GB 50001—2017)中规定的常见建筑材料图例见表 2-1。

表 2-1　常见建筑材料图例

序号	名称	图例	备注
1	自然土壤		包括各种自然土壤
2	夯实土壤		—
3	砂、灰土		—
4	石材		—
5	毛石		—
6	实心砖、多孔砖		包括普通砖、多孔砖、混凝土砖等砌体，断面较窄不易绘出图例线时，可涂红，并在图纸备注中加以说明，画出该材料图例
7	空心砖、空心砌块		包括空心砖、普通或轻骨料混凝土小型空心砌块等砌体
8	饰面砖		包括铺地砖、玻璃马赛克、陶瓷锦砖、人造大理石等
9	焦渣、矿渣		包括与水泥、石灰等混合而成的材料

续表

序号	名称	图例	备注
10	混凝土	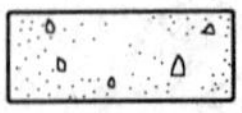	1. 包括各种强度等级、骨料、添加剂的混凝土； 2. 在剖面图上绘制表达钢筋时，则不需绘制图例线； 3. 断面图形较小，不易绘制表达图例线时，可填黑或深灰(灰度宜70%)
11	钢筋混凝土		
12	多孔材料	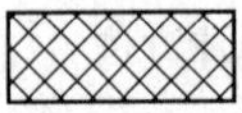	包括水泥珍珠岩、沥青珍珠岩、泡沫混凝土、软木、蛭石制品等
13	纤维材料	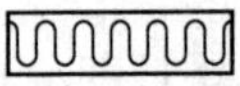	包括矿棉、岩棉、玻璃棉、麻丝、木丝板、纤维板等
14	泡沫塑料材料	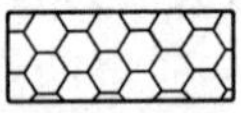	包括聚苯乙烯、聚乙烯、聚氨酯等多聚合物类材料
15	木材	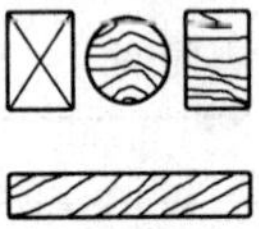	上图为横断面，左上图为垫木、木砖或木龙骨；下图为纵断面
16	石膏板	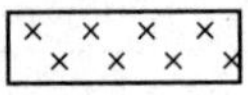	包括圆孔或方孔石膏板、防火石膏板、硅钙板、防水石膏板等
17	金属	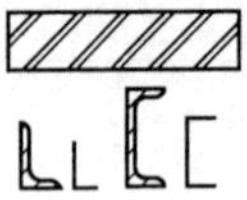	包括各种金属；图形较小时，可填黑或深灰(灰度宜70%)
18	玻璃		包括平板玻璃、磨砂玻璃、夹丝玻璃、钢化玻璃、中空玻璃、夹层玻璃、镀膜玻璃等
19	防水材料		构造层次多或绘制比例大时，采用上面的图例
20	粉刷	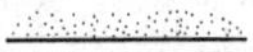	本图例采用较稀的点

3. 绘制剖面图时应注意的事项

(1)由于剖面图是假想将形体切开后投影所得到的，实际上形体并没有被切开，所以把一个投影画成剖面图后，其他投影仍按完整形体画出。图2-76(c)所示的正立面图取1—1剖面图不影响其平面图的完整性。

(2)在绘制剖面图时，被剖切平面切到的部分(即截面)，其轮廓线用粗实线绘制，剖切平面没有切到，但沿投射方向可以看到的部分(即剩余部分)，用中实线绘制。

(3)绘制剖面图时，在剖切面以后的可见轮廓线都应画出，不能遗漏，但用来表达不可见轮廓的虚线一般可省略。

(4)剖面图的位置一般按投影关系配置，必要时也允许配置在其他适宜位置。剖面图可以用来代替原有带虚线的立面图，如图 2-76 所示。

二、断面图

1. 断面图的形成

假想用剖切平面将形体剖切后，仅将剖到断面向与平行的投影面投影，所得到的投影图称为断面图。

断面图常用于表达建筑工程中梁、板、柱的某一部分的断面形状，也用于表达建筑形体的内部构造。断面图常与基本视图的剖面图互相配合，使建筑形体的图样表达更加完整、清晰和简明。

2. 剖面图与断面图的区别

(1)剖面图除应画出剖切面切到部分的图形外，还应画出沿投射方向看到的部分；断面图则只需(用粗实线)画出剖切面切到部分的图形。

(2)断面图与剖面图的剖切符号不同。断面图的剖切符号只画出剖切位置线，用编号所在位置的一侧表示断面图的投射方向；而剖面图的剖切符号由剖切位置线和剖视方向线组成。

以上两点区别如图 2-77 所示。

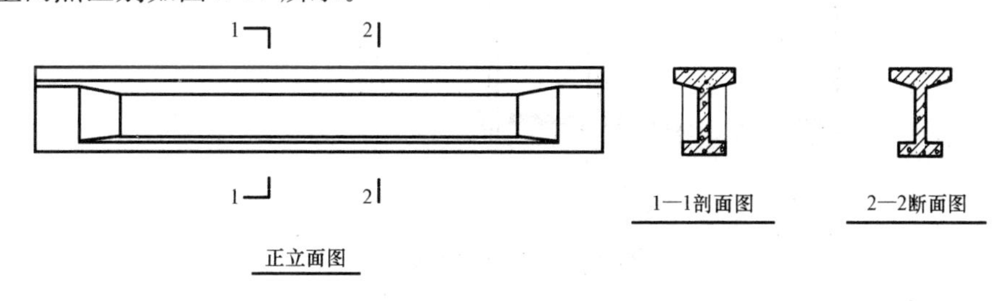

图 2-77　剖面图与断面图的区别

任务实施

一、熟悉各种剖面图

1. 全剖面图

用一个剖切面将形体全部剖开所得到的剖面图称为全剖面图。全剖面图常用于外形比较简单，需要完整地表达内部结构的形体。

【示例 2-25】 对图 2-78 所示的房屋，表达其内部布置情况。

分析： 假想用一个水平剖切面将房屋沿窗台以上、窗顶以下某个位置全面剖开，移去剖切面及其以上部分，将剩下部分投影到 H 面上，得到房屋的水平全剖面图，这种剖面图在建筑施工图中称为平面图。

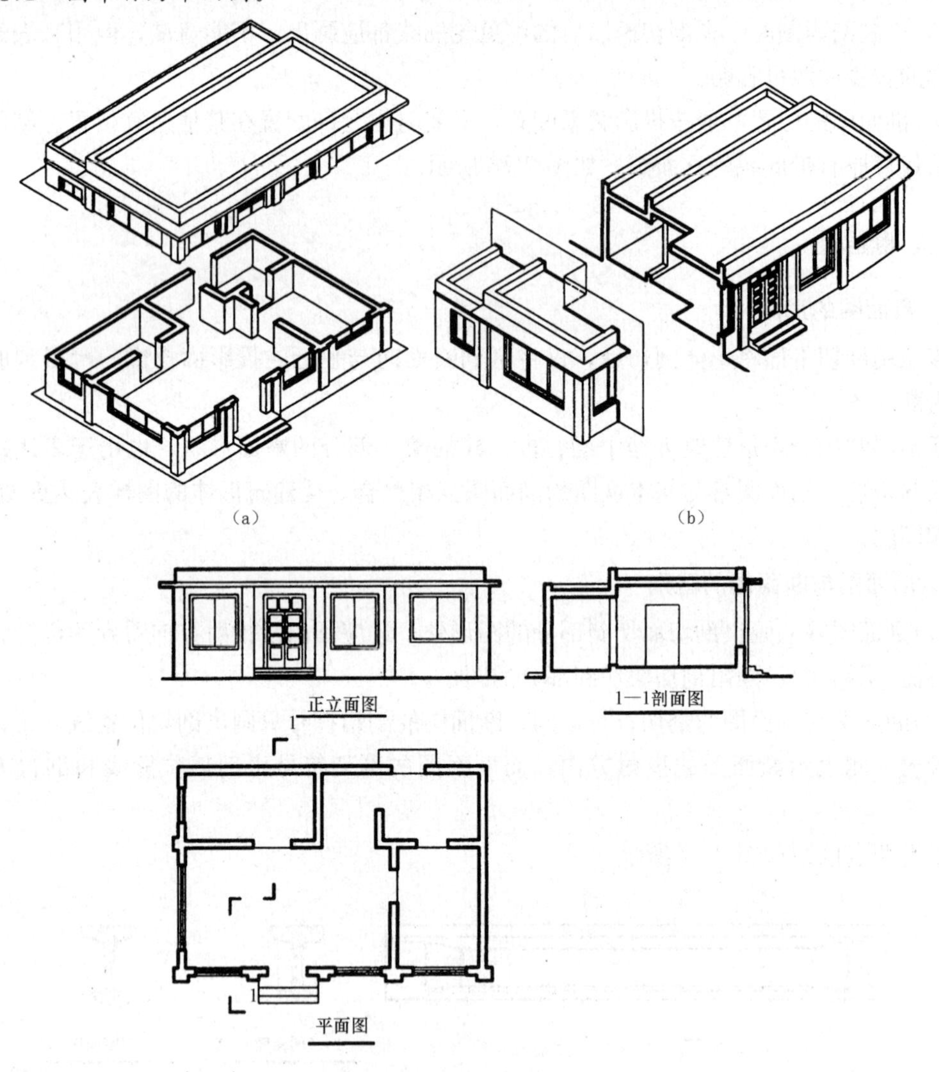

图 2-78 房屋的剖面图

2. 半剖面图

当形体对称且内外形状都需要表达清楚时，可假想用一个剖切面将形体剖开，在同一个投影图上以对称线为界画出半个外形投影图与半个剖面图，这种组合而成的图形称为半剖面图。半剖面图适用于结构对称，且内外形状都需要表达的形体。

【示例 2-26】 表达图 2-79 中杯形基础的内部情况。

分析：图 2-79 中的杯形基础结构对称，内外部形状都需要表达，选用半剖面图绘制。在半剖面图中，剖面图和投影图之间，规定用形体的对称中心线(细单点长画线)为分界线。当对称轴线铅垂时，习惯上将剖面图画在轴线的右侧；当对称线水平时，剖面图则画在水平线的下方。若剖切平面与形体的对称平面重合，且半剖面图又处于平面图的标准位置，则可不予标注。当剖切面不与形体的对称平面重合时，应按国家制图标准的规定标注。

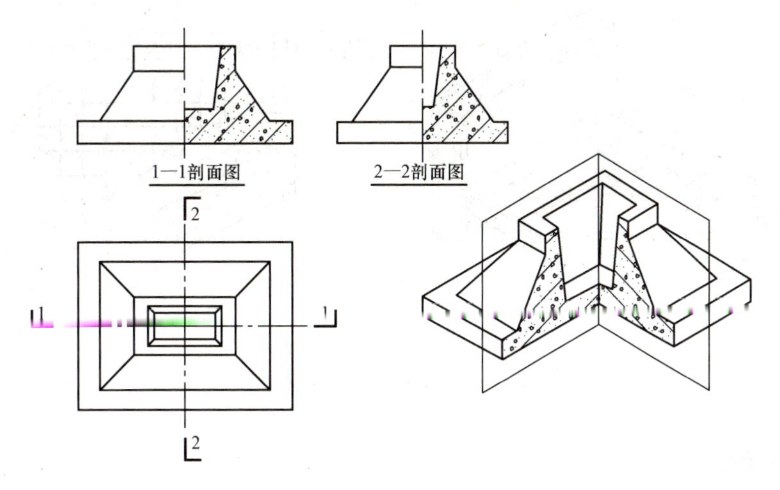

图 2-79　杯形基础的半剖面图

3. 局部剖面图

用剖切平面局部地剖开形体后所得到的剖面图，称为局部剖面图。局部剖面图常用于没有对称面，且外部形体比较复杂，仅仅需要表达局部内形的建筑形体。

【示例 2-27】 表达钢筋混凝土基础底部配筋的情况，如图 2-80 所示。

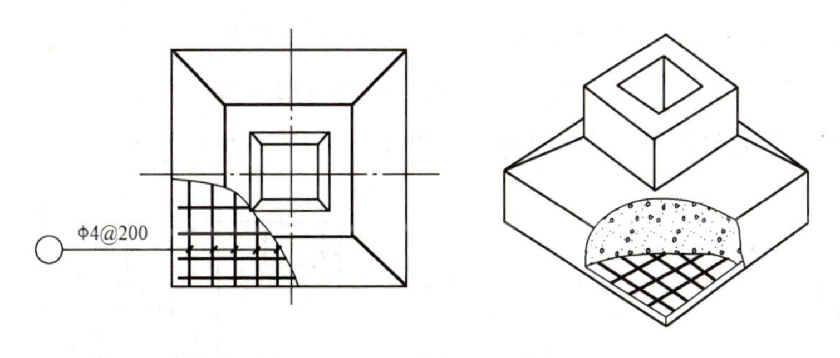

图 2-80　局部剖面图

通常局部剖面图画在物体的视图内，且用细的波浪线将其与视图分开。波浪线表示物体断裂处边界线的投影，因而波浪线应画在物体的实体部分，非实体部分(如孔洞处)不能画，同时也不得与轮廓线重合。因为局部剖面图就画在物体的视图内，所以它通常无须标注。

4. 分层剖面图

用几个互相平行的剖切平面分别将物体局部剖开，把几个局部剖面图重叠画在一个投影图上，用波浪线将各层的投影分开，这样的剖切称为分层剖切，分层剖切得到的剖面图称为分层剖面图。

【示例 2-28】 表示某地面的分层剖面图(图 2-81)。

分层剖切的剖面图，应按层次以波浪线将各层隔开，波浪线不应与任何图线重合。在建筑工程和装饰工程中，常使用分层剖切法来表达物体各层不同的构造做法。

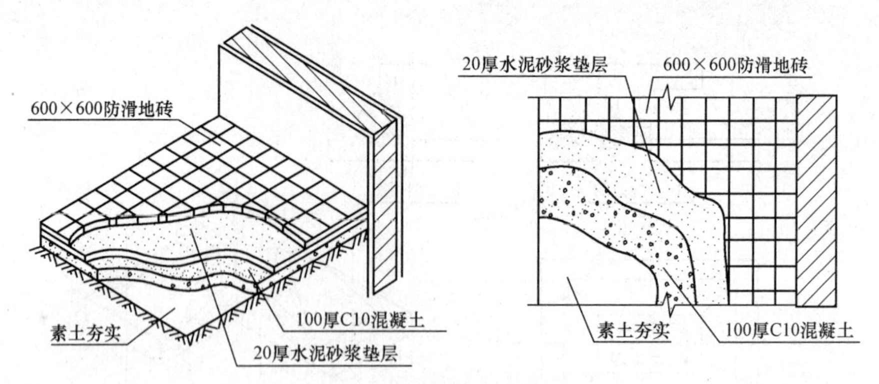

图 2-81　楼地面分层剖面图

5. 阶梯剖面图

有的物体内部结构层次较多，用一个剖切平面剖开物体不能将物体内部全部显示出来，可用两个或两个以上相互平行的剖切平面剖切。几个互相平行的平面可以看成将一个剖切平面转折成几个互相平行的平面，因此这种剖切也称为阶梯剖切。

【示例 2-29】　图 2-82(a)所示的物体有三个不同形状和不同深度的孔，采用阶梯剖面图表示其内部情况。

分析：标注剖切符号时，为使转折的剖切位置线不与其他图线发生混淆，应在转折处的外侧加注与该符号相同的编号，如图 2-82(b)中的平面图所示。

画剖面图时，应把几个平行的剖切平面视为一个剖切平面，在图中，不可画出平行的剖切平面所剖到的两个断面在转折处的分界线，图 2-82(b)所示为正确的画法，图 2-82(c)所示为错误的画法。

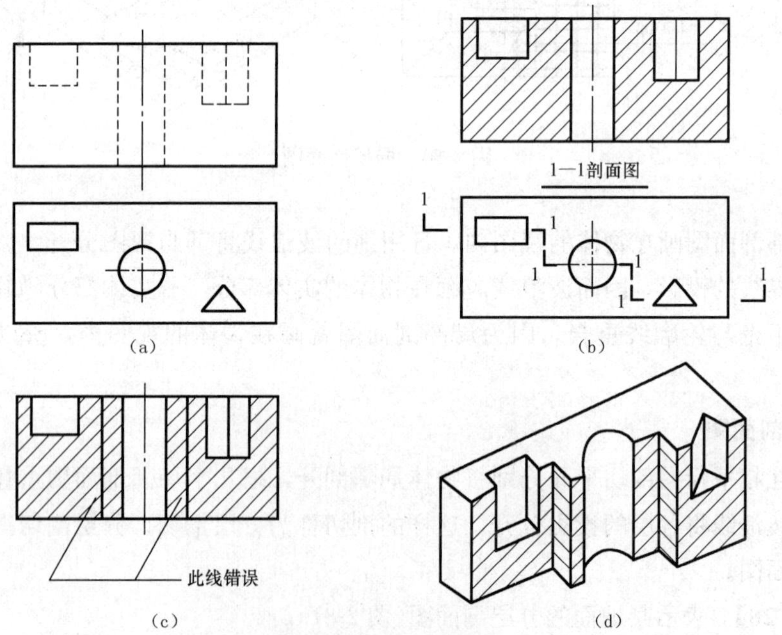

图 2-82　阶梯剖面图

(a)形体两面视图；(b)形体平行剖切的剖面图；
(c)平行剖切剖面图错误示例；(d)平行剖切轴测图

6. 旋转剖面图

采用两个或两个以上相交的剖切平面将形体剖开(其中一个剖切平面平行于一投影面，另一个剖切平面则与这个投影面倾斜)，假想将倾斜于投影面的断面及其所关联部分的形体绕剖切平面的交线(投影面垂直线)旋转并与这个投影面平行，再进行投影，所得到的剖面图称为旋转剖面图。

【示例 2-30】 识读图 2-83 所示的楼梯旋转剖面图。

分析：图 2-83 中楼梯上两个楼梯段的轴线是斜交的，采用相交于楼梯轴线的正平面 P 和铅垂面 Q 作为剖切面，沿两个楼梯段的轴线把楼梯切开，如图 2-83(b)所示；再将右边铅垂剖切平面 Q 剖到的图形(截面及其相联系的部分)，绕楼梯铅垂轴线旋转到正平面 P 的位置，并与左侧用正平面 P 剖切得到的图形再进行投影，这样楼梯上两个楼梯段的内部结构就表达清楚了。

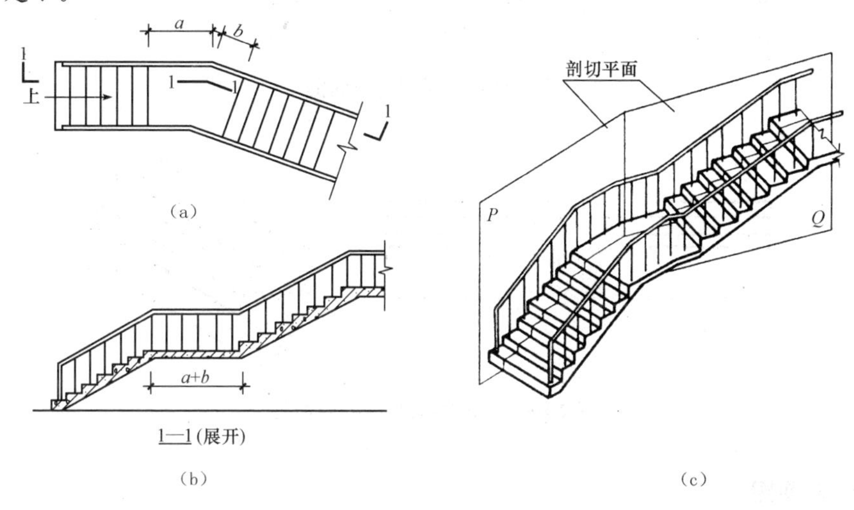

图 2-83 楼梯旋转剖面图

二、熟悉各种断面图

1. 移出断面图

布置在形体投影图形以外的断面图称为移出断面图。移出断面图的轮廓线用粗实线绘制。移出断面图应尽量配置在剖切位置线的延长线上，必要时也可以将移出断面图配置在其他适当的位置。

【示例 2-31】 图 2-84 所示为单层工业厂房中的牛腿柱，其为变截面柱，采用移出断面图表示不同位置截面。

2. 中断断面图

有些构件较长且断面图形对称的，可以将断面图的形状画在投影图的中断处，这种断面图称为中断断面图。中断断面图的轮廓线用粗实线绘制，投影图的中断处用波浪线或折断线绘制，用这种方法表达时不画剖切符号。

【示例 2-32】 图 2-85 所示的梁较长，绘出其中断断面图。

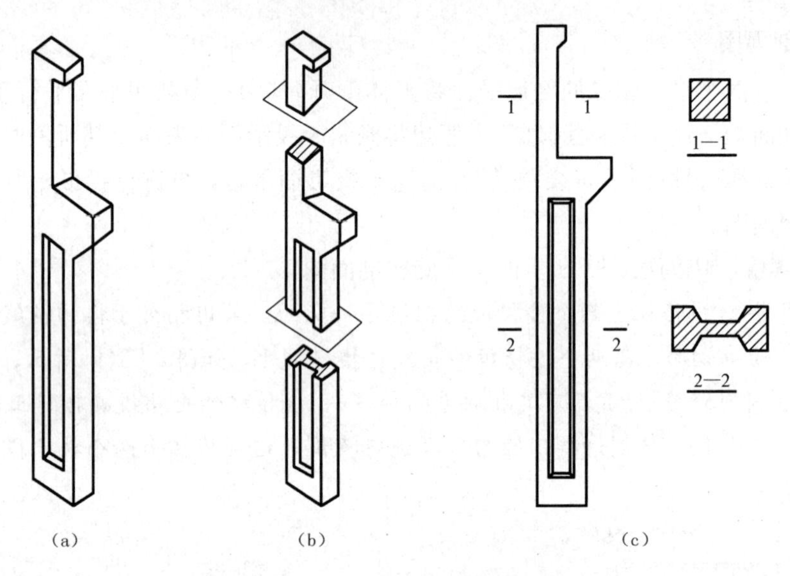

图 2-84　牛腿柱的断面图

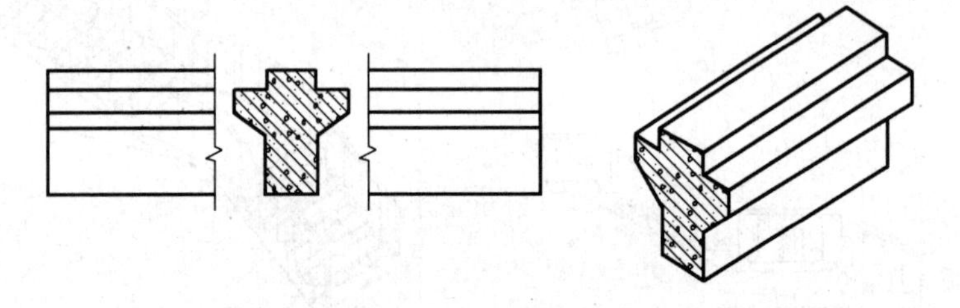

图 2-85　断面图画在梁的中断处

3. 重合断面图

有些投影图为了便于读图，在不引起误解的情况下，也可以直接将断面图画在视图内，称为重合断面图。重合断面图的轮廓线用细实线画出，当投影图的轮廓线与断面图的轮廓线重叠时，投影图的轮廓线仍需要完整地画出，不可以间断。

重合断面图不需标注剖切符号。

【示例 2-33】 绘出图 2-86 所示的梁板重合断面图。

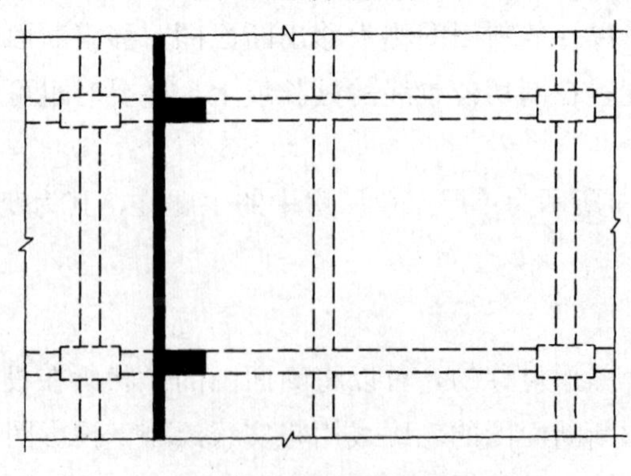

图 2-86　梁板重合断面图

分析：因梁板断面较窄，不易画出材料图例，故按国家制图标准予以涂黑表示。

练　习

1. 作杯形基础的1—1剖面图(图2-87)。

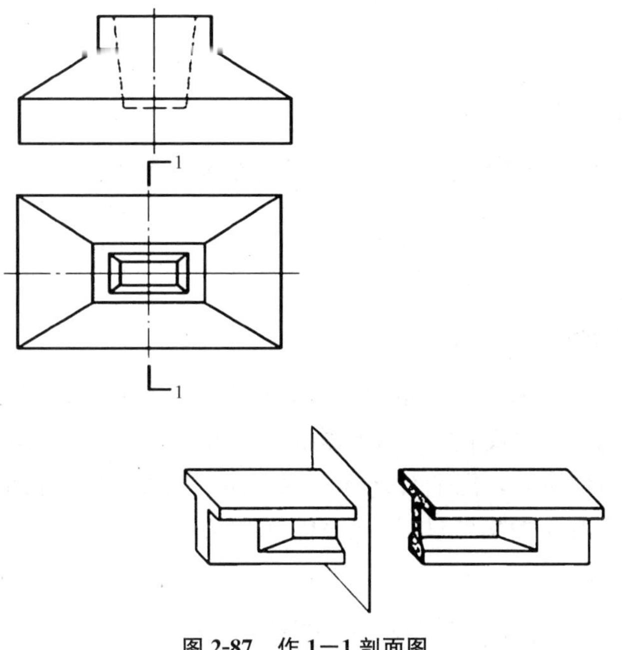

图2-87　作1—1剖面图

2. 作指定位置的剖面图、断面图(图2-88)。

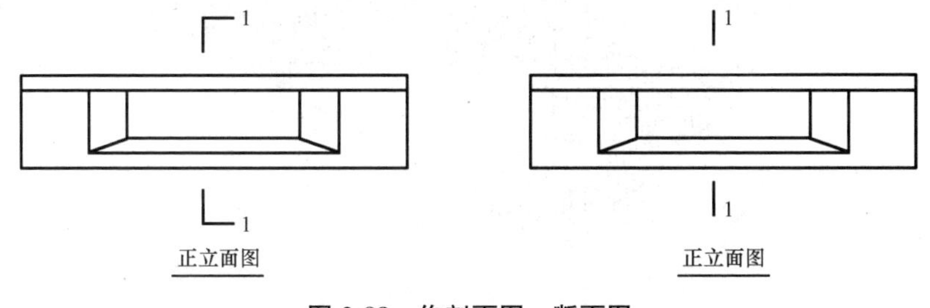

图2-88　作剖面图、断面图

任务六　透视图

任务介绍

已知建筑的平面图、侧立面图如图2-89所示，选取合适的角度，绘制该建筑的一点透视图、两点透视图。

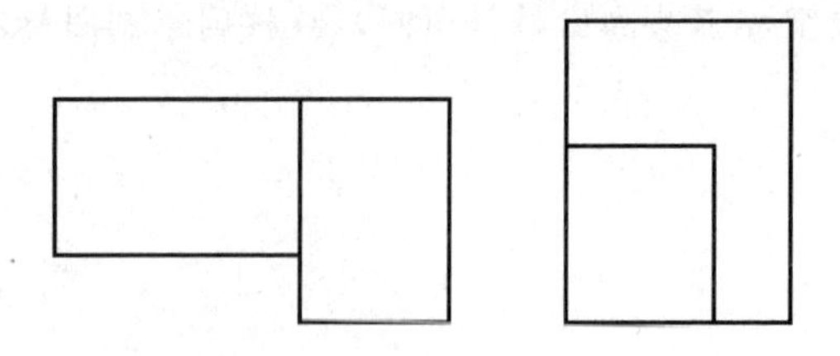

图 2-89　某建筑的平面图、侧立面图

任务分析

完成本任务要了解透视图的建立方式和透视图的绘制方法。

相关知识

一、透视图的形成

如图 2-90 所示，设想透过一个透明平面 P 观看建筑物，把建筑物的各个轮廓描绘到该平面上，就可以得到一幅反映这一建筑物的平面图像。这样描绘的平面图像，相当于把人的眼睛处作为投影中心，把平面 P 作为投影面，把视线作为投射线，将建筑物投影到平面 P 上，这就是中心投影的过程。这种以人眼为中心的中心投影，通常称为透视图，简称透视。

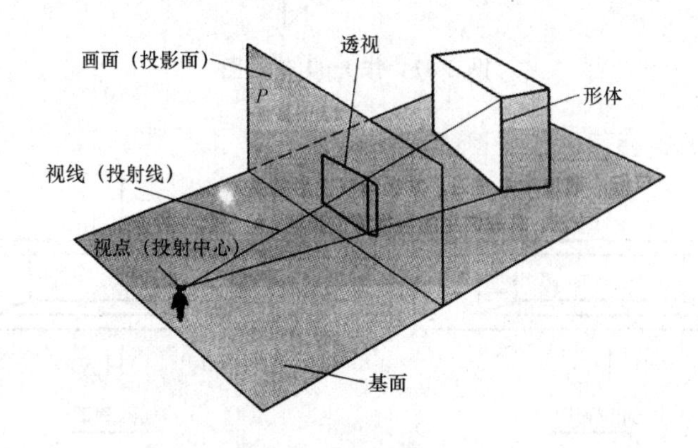

图 2-90　透视图的形成

由于透视图具有形象逼真的特点，使人看后有身临其境的真实感，因而被人们广泛应用于艺术创作、工程设计以及日常生活。

二、透视图的特点

(1)透视图的直观性较好，立体感较强。正投影图虽能准确地反映出物体的形状和大小，但不易看懂，不直观。轴测投影虽然立体感较强，但跟人的视觉感觉仍差距较大。而透视投影完全符合人观察物体的实际感觉。

(2)度量性较差。透视图不能直接反映出三个方向的长度和形状。

(3)物体上相等的长度在透视图中变成“透视长度”，近高远低，近大远小。

(4)物体上互相平行的线条，在透视图中不平行了。这些线条的透视在图中是交于一点的，这个点叫作“灭点”。

三、透视图中的术语及符号

透视图中的术语及符号如图 2-91 所示。

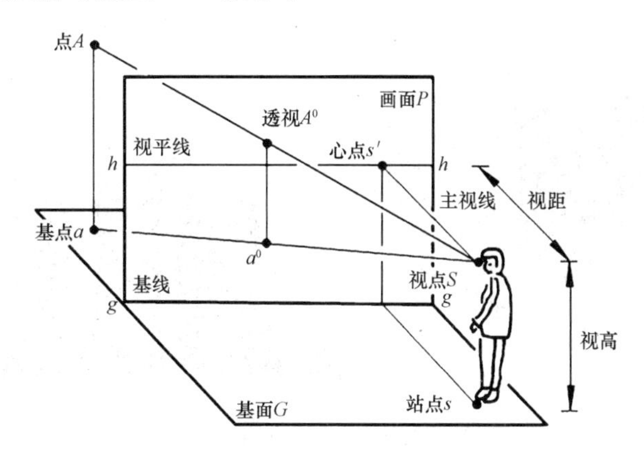

图 2-91　透视图中的术语及符号

基面 G——建筑物所在的平面称为基面，一般把基面理解为地面。

画面 P——透视图所在的平面，一般使画面垂直于基面。

基线 gg——基面 G 和画面 P 的交线。

视点 S——观看者眼睛所在的空间位置，相当于透视投影的投影中心。

站点 s——视点 S 在基面 G 上的正投影，相当于观看者的站立点。

心点 s'——视点 S 在画面 P 上的正投影。

视高——视点 S 与站点 s 之间的高度。

视距——视点 S 与画面 P 的距离 Ss'。

视平面——通过视点 S 所作的水平面。

视平线 hh——水平视平面与画面 P 的交线。心点 s' 必然在视平线 hh 上。视平线 hh 与基线 gg 之间的距离等于视高。

主视线 Ss'——视点 S 与心点 s' 的连线。

视线——由视点 S 至空间点之间的连线，如图中的 SA。

基点——空间点在基面上的投影，如图中的 a。

基透视——基点的透视，如图中的 a^0。

透视——连接视点与空间点的视线与画面的交点。连接视点 S 与空间点 A 的视线 SA 与画面 P 的交点 A^0 称为点 A 的透视。点的透视用表示点的字母加上上标“0”表示。

画面、视点、建筑形体是形成建筑透视图的三个基本要素。

四、透视图的分类

根据形体上的三个向量与画面 P 的相对位置的不同，形体的透视图可分为一点透视、两点透视和三点透视三种类型。

与画面不平行的轮廓线，在透视图中则会变形，从而形成灭点，与画面平行的轮廓线没有灭点。X、Y、Z 三个方向当中，如有两个方向平行于画面，另一个方向的轮廓线汇集成一个灭点，就形成一点透视；有一个方向平行于画面，另两个方向的轮廓线汇集成两个灭点，就形成两点透视；三个方向都不平行于画面就形成三点透视(图 2-92～图 2-94)。

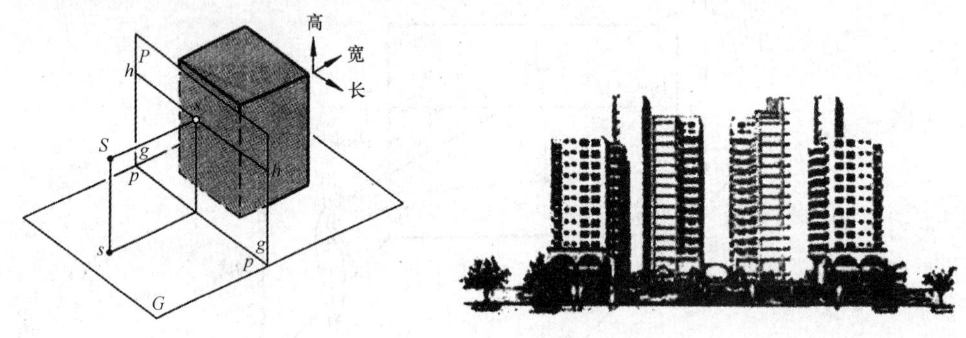

图 2-92　一点透视

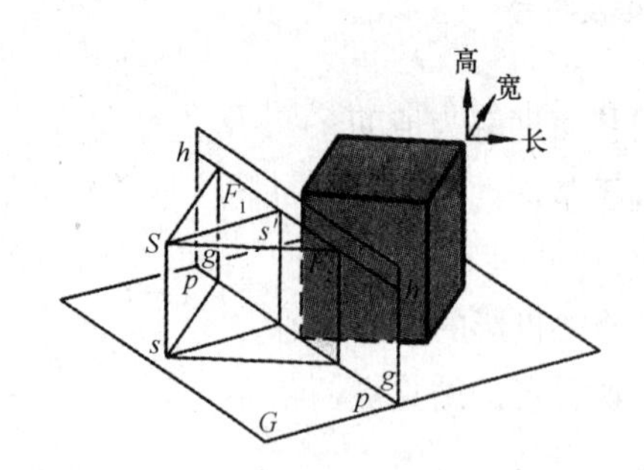

图 2-93　两点透视

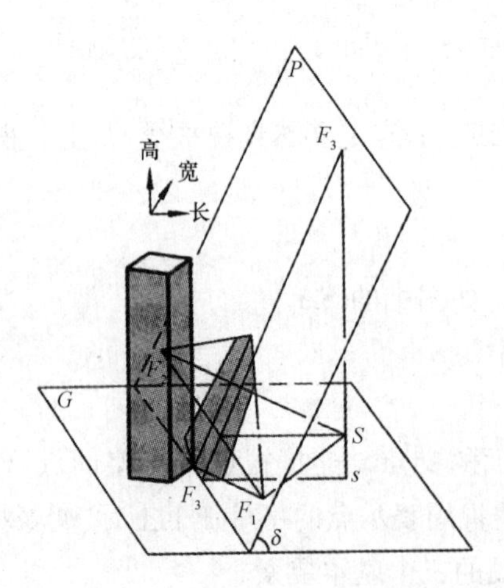

图 2-94　三点透视

实际绘制透视图时，可根据建筑形体的特点、图面效果要求等来选择不同的透视类型。三点透视常用于高层建筑和特殊表现要求，失真较大，绘制也较为烦琐，一般较少采用。

任务实施

一、选择透视参数

在绘制建筑透视图之前，首先，必须根据建筑物的形体特点和透视图的表现要求，选定透视图的类型，是一点透视、两点透视还是三点透视。其次，确定视点、画面与建筑物三者之间的相对位置，最终才能确切地反映表现意图。

(一)确定视点

因为透视图的大小将受视距的影响，所以，先找到画面、视距和视角三者之间的关系。人眼的清晰视野可近似地看作一个60°顶角的椭圆锥体，称为视锥，该视锥的顶角为视角。在绘制透视图时，视角通常放在60°以内，以37°左右为佳，即视距为观察宽度的1～2倍(图2-95)。

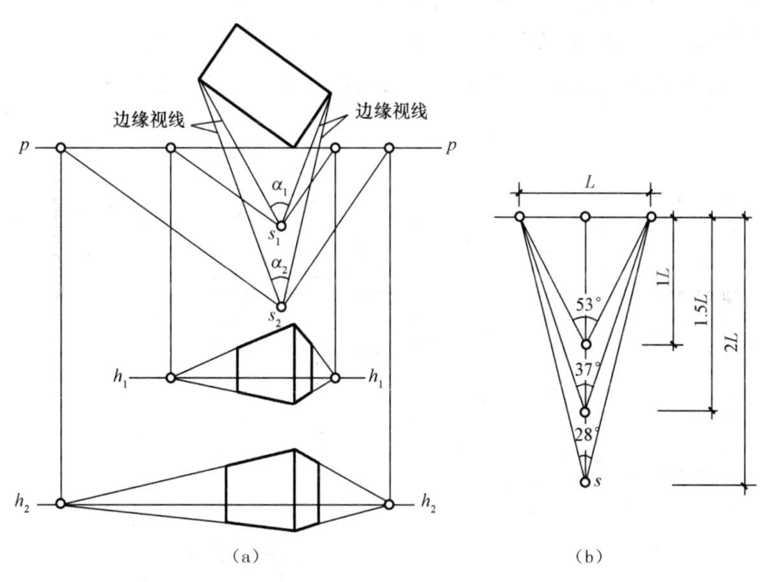

图2-95 视距、视角的选择

(a)视角对透视效果的影响；(b)视距、画面与视角的关系

在实际作透视图时，视中线和视角的平分线偏离太大会导致透视图的畸变过大，图形失真，两者重合又可能导致透视图呆板。通常，视中线的位置放在画宽的中间1/3范围内。

视高一般按人的身高(1.5～1.8 m)确定，但有时为了使透视图得到特殊效果，可以将视高适当提高或降低(图2-96)。

当看建筑群时，为了能够看到全貌，需要登到高处，这相当于提高视平线。这样的透视图如同鸟儿在空中观看，被形象地称为鸟瞰图。降低视平线，透视图给人以高耸雄伟之感，这种透视图称为仰视图。

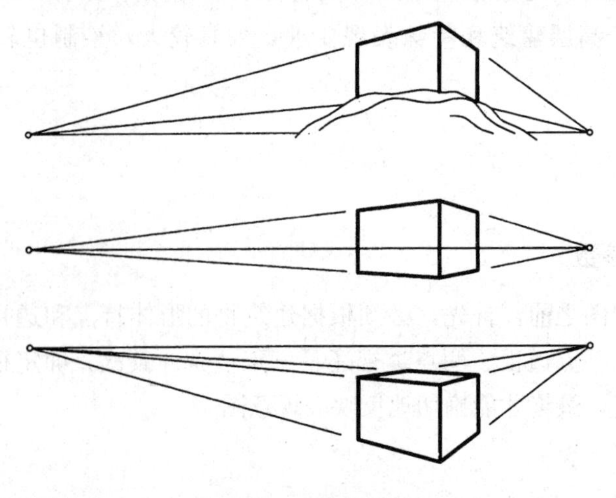

图 2-96　视高的选择

(二)确定画面与建筑物的相对位置

1. 画面与建筑物的偏角大小对透视形象的影响

绘制透视图时，两个灭点与心点的距离，一般选择一远一近，这样有利于分清主次，突出重点。至于偏角究竟选取多大，要视具体条件和要求而定(图 2-97)。

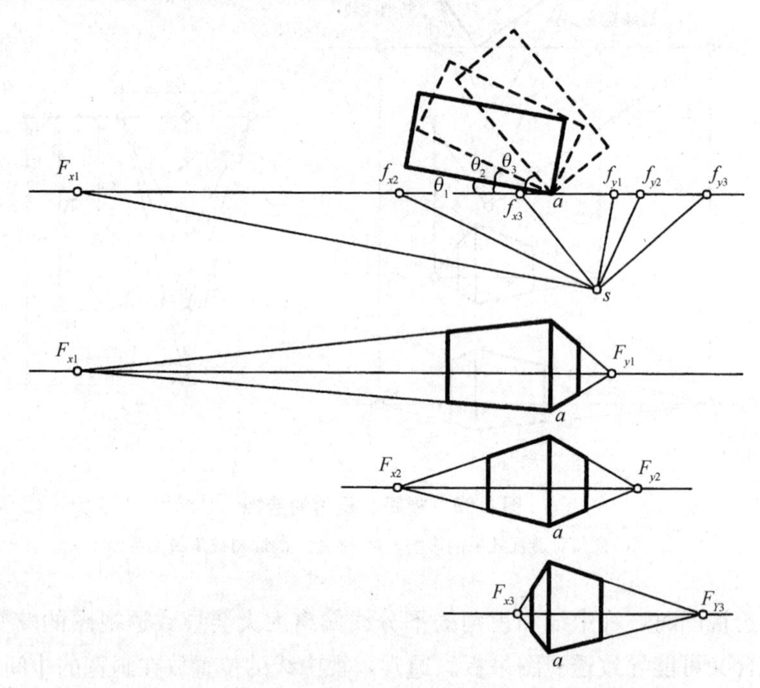

图 2-97　画面偏角对透视形象的影响

2. 画面与建筑物的前后位置对透视形象的影响

当视点和建筑物的相对位置确定后，画面可放在建筑物前、后或穿过建筑物，但都不影响最终的透视形象。只要这些画面互相平行，所得的透视形象就都是相似图形。

二、绘制两点透视(灭点法，或称为视线法)

1. 作平面图形的透视

如图 2-98 所示，是把平面图形轮廓线上的一系列点的透视作出来，按顺序连接就可以了。下面作基面上的平面图形 $BACDEK$ 的透视。图形的一个顶点 A 在画面线 pp 上，图形的轮廓线是两组互相垂直的平行线。

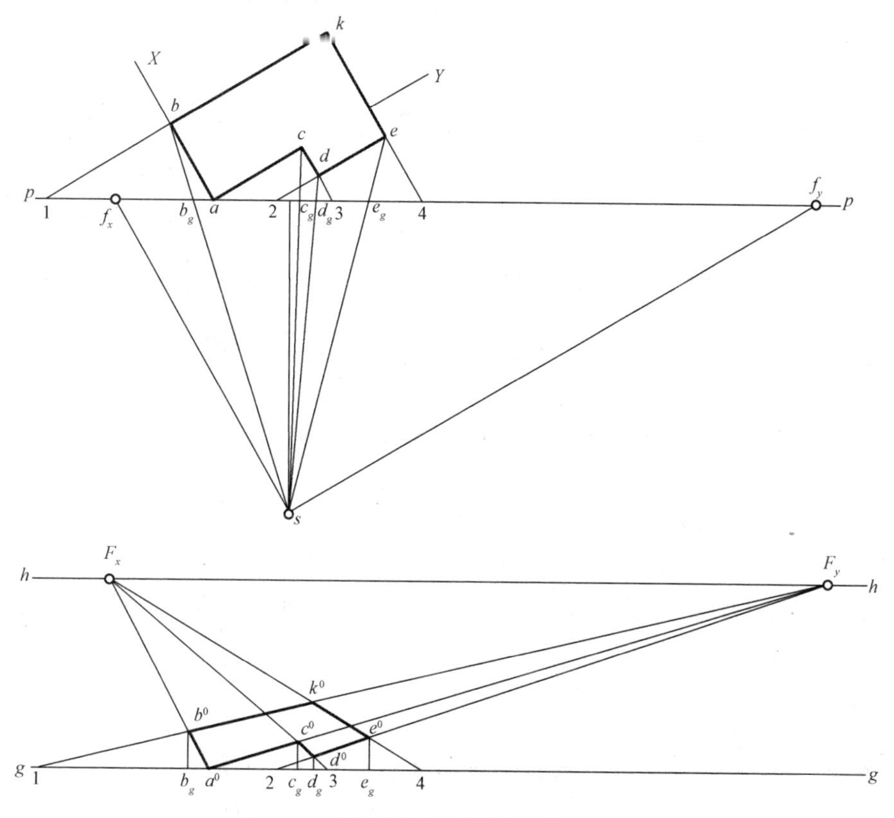

图 2-98　用灭点法作平面图形的两点透视

(1)求两组平行线的灭点。因为互相平行的直线共有一个灭点，所以该图形有两个灭点。

在基面过站点 s 作两个方向直线的平行线。即作与 ab、cd 和 ek 平行的直线 sf_x，与 pp 相交于 f_x，过 f_x 的铅垂线与 hh 相交于 F_x，F_x 就是与 ab 平行的一组轮廓线的灭点。同理，作出另一组轮廓线的灭点 F_y。

(2)求直线 AB 的透视。因为 A 在画面 pp 上，平面图形位于基面 G 上，所以其透视与点 a 本身重合，由 a 作垂直线与 gg 相交于 a^0 点，即点 A 的透视。

ab 的灭点是 F_x，连接 a^0F_x；连接 sb 与画面交于 b_g，过 b_g 引铅垂线与 a^0F_x 相交于 b^0，即 B 点的透视；连接 a^0b^0，即 AB 的透视。

(3)求直线 AC 的透视。原理同上，ac 的灭点是 F_y，连接 a^0F_y；连接 sc 与画面交于 c_g，过 c_g 引铅垂线与 a^0F_y 相交于 c^0，即 C 点的透视；连接 a^0c^0，即 AC 的透视。

再通过已知点 b^0、c^0，分别连接 F_y、F_x，求出 b^0k^0、c^0d^0，接着求出 k^0e^0、d^0e^0。

(4)加粗透视线，作图完成。

2. 作立体图形的透视

如图 2-99 所示，图形的一条边在画面 pp 上，平面图形的轮廓线是两组互相垂直的平行线，高度方向都是铅垂线。在作平面图形透视的基础上，再作各部位的高度，得出空间图形就可以了。

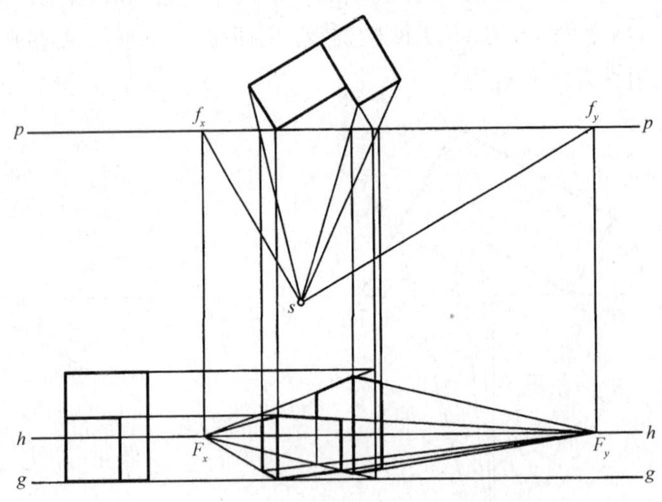

图 2-99　用灭点法作立体图形的两点透视

(1)按上面例子的步骤，作平面图形的透视图。

(2)找出真高线，得到空间点。因为在画面 pp 上的线透视是其本身，不变形，所以反映真实高度，称为真高线。按照立面的高度截取真高，得到空间第一点。同样连接直线的各自灭点，分别得出空间图形。

(3)加粗可见透视线，作图完成。

三、绘制一点透视(灭点法，或称为视线法)

如图 2-100 所示，已知平面及其各部位高度的情况，作室内空间的一点透视。画面选取在与部分墙面重合的位置，便于量取真高。

(1)求灭点。过 s 点作铅垂线，与视平线 hh 交于 s^0，s^0 即深度方向线的灭点。与两点透视不同的是，一点透视的灭点只有一个，水平和垂直方向的线在透视图中依然保持水平和垂直不变，只有深度方向的线交汇于灭点。

(2)作画面所在墙面的透视，即点 4、7、8、10 所在的立面的透视。这些点位于画面线 pp 上，在透视图中就位于基线 gg 上。这些点所在的立面没有变形，可直接画出立面图。

(3)求基面上其他各点的透视，即点 1、2、3、5、6、9 的透视。方法同前，没有位于画面上的线，是深度方向的线，需要利用灭点 s^0，水平方向线仍然水平即可。

(4)根据画面上的真高线，过 4^0、7^0、10^0 的铅垂线为真高线，量取各部位的真高，再利用灭点 s^0，得到高度方向各点的透视，即所有形体的透视。

(5)加粗可见透视线，作图完成。

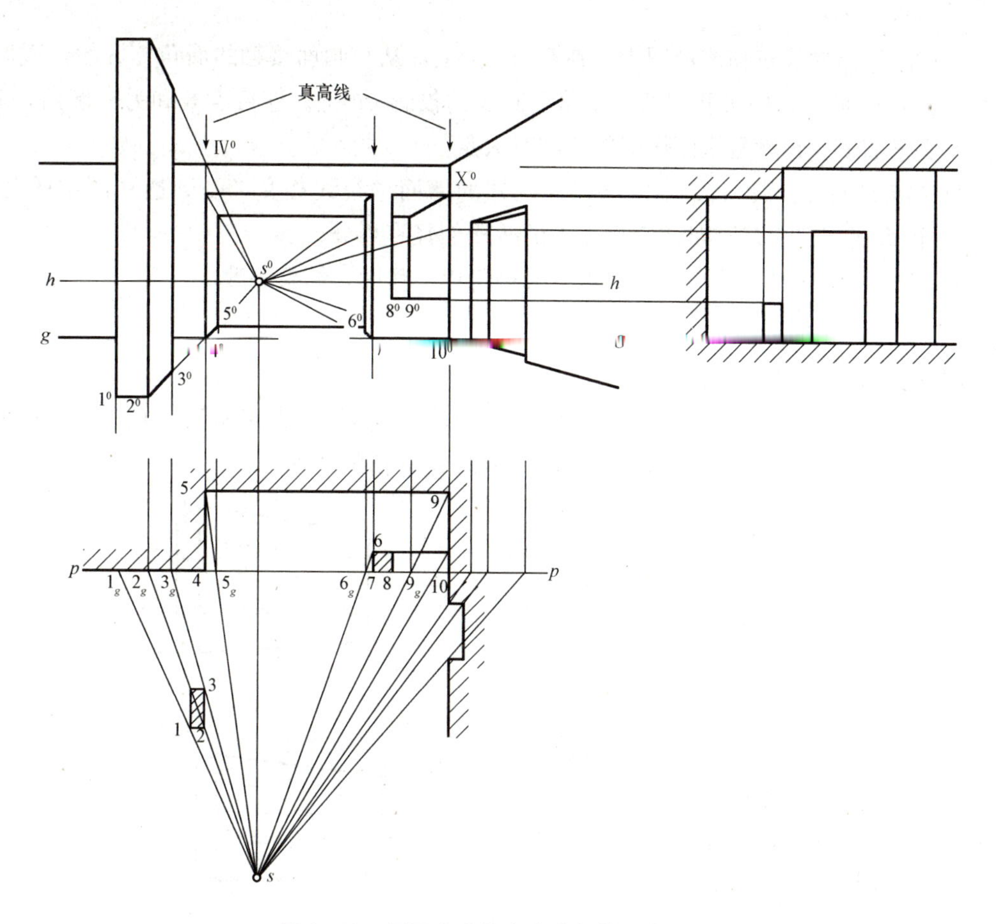

图 2-100　用灭点法作室内空间的一点透视

四、透视图的简便作法

利用简便作法，可直接在透视图上把一些细部或其他部位画上，使作图更加简单。

1. 画竖直分格线的透视

要直接在透视图上将建筑物的正立面划分为一定比例的六个开间，即画竖直分格线，如图 2-101 所示。

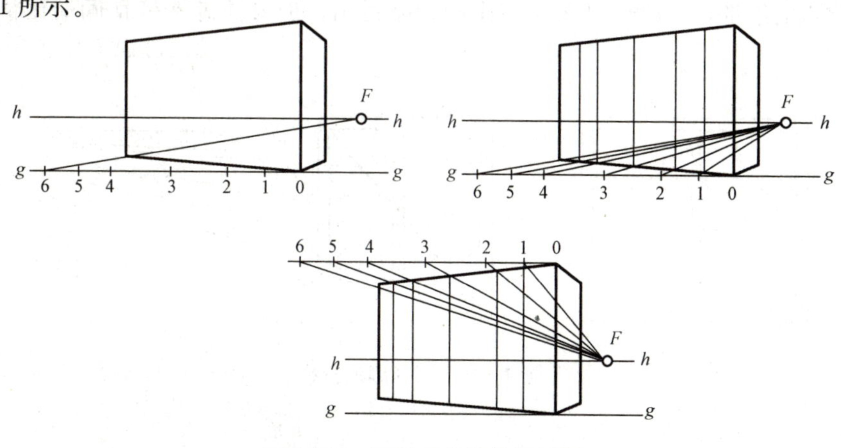

图 2-101　画竖直分格线的透视

(1)在已作出的建筑物透视图中，在基线 gg 上，从与画面接触的墙角 0 开始，截取 1、2、3、4、5、6 各点，即将开间的大小移至基线的投影 gg 上。连接点 6 和另一墙角，并延长与 hh 交于点 F。F 就是简便作图用的临时灭点。

(2)连接 F 与 1、2、3、4、5、6，与已知的墙面透视线相交，得到透视图中的各点，过各点作铅垂线，即实现了对建筑物立面的按比例竖直划分。

如果从与画面接触的墙角顶点引水平线进行以上作图，结果一致。

2. 画水平分格线的透视

该透视作法类似竖直分格线的作法。

如图 2-102 所示，墙角在画面上，则该墙角线是真高线。直接在该墙角线上作各横向分点，再与相应灭点 F_x 相连，即得正立面上各横向分格的透视。

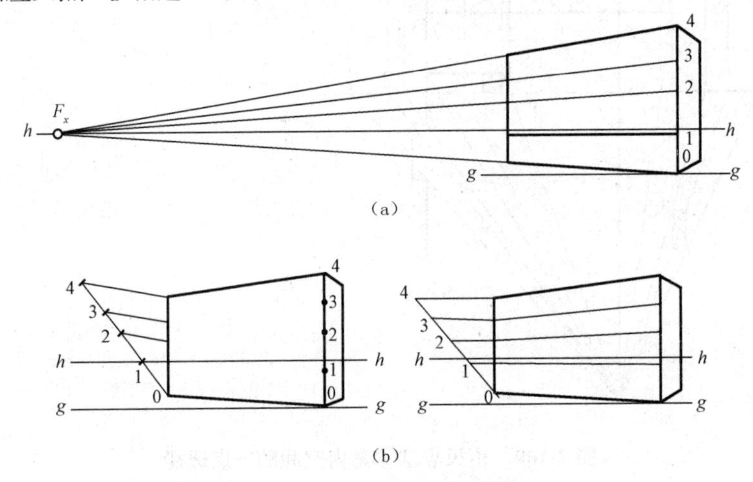

图 2-102　画水平分格线的透视

(a)利用建筑灭点作图；(b)不利用建筑灭点作图

在真高线作各分点后，也可不利用灭点 F_x，选取不在画面上的另一墙下面(或上面)的一端点，任意方向作直线，在直线上截取 0～4 的各个长度，将 4 与另一端点连接，再分别过 1、2、3 作平行线，得到各交点，即所求点，与真高线上求得的各点连线即可。

对于建筑的细部，一般也可按大体比例约略得出，但要注意保持正确的比例及透视关系(图 2-103)。

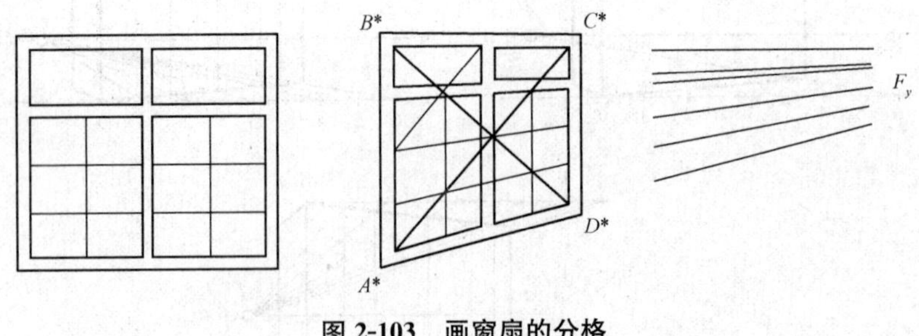

图 2-103　画窗扇的分格

五、给建筑画配景

画好透视图后，配以适当的景物，用一定的表现技法绘制出来，才能形成一幅完整的建筑表现图，这种建筑表现图也称为建筑画或效果图。建筑配景的内容大致有人物、树木、绿地、交通工具、道路、水面、路灯、旗帜、小品、毗邻建筑、山脉、天空等(图 2-104)。

配景要符合透视原理、设计意图以及所在地的实际环境。下面以人物为例进行简单说明。

画人物时，特别要注意透视准确。如图 2-105 所示，当视平线低于人物的身高时，对于处于远近不同位置的人，距我们近的人其头顶一定高于距我们远的人。当视平线高于人物的身高时，距我们近的人的头顶一定低于距离我们远的人，但其高度比远处的人高。当视平线等于人物的身高时，远近不同位置的人的头顶一定等高，当然，距我们近的人的高度同样比远处的人高。空间的特定用途决定了人物的活动、组合、服饰及许多其他因素。

图 2-104　建筑画中的配景

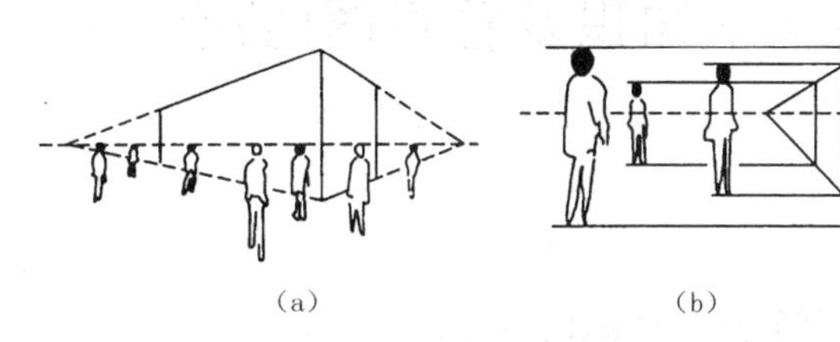

(a)

(b)

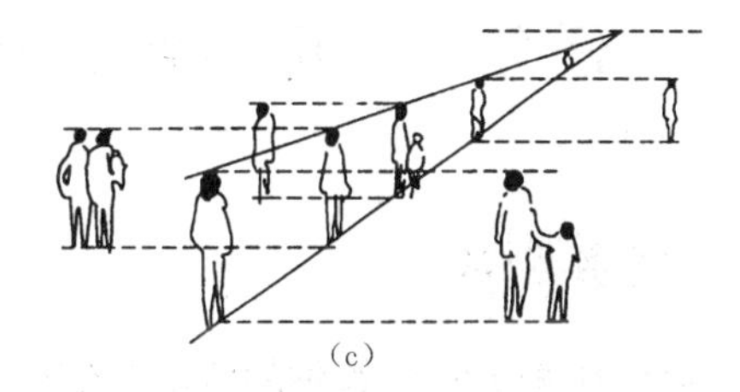

(c)

图 2-105　不同视高中人物高度的关系

(a)视高等于人高；(b)视高低于人高；(c)视高高于人高

画面中的配景与主体建筑相辅相成，缺一不可。配景能够赋予画面生命力，突出主体建筑；配景的适当运用能在各方面促进整体的成功。

练　习

1. 透视图有什么作用?
2. 透视图可分为哪几类?
3. 如何利用视线法作一点及两点透视?
4. 透视图中有哪些常用简便画法?
5. 建筑画中的配景一般包括哪些?
6. 配景中，画人物时要注意哪些方面?
7. 选取不同的视高时，画中的人物有哪些不同?

项目三　建筑施工图的识读

知识目标

1. 熟悉施工图的分类、图示特点及阅读方法。

2. 掌握总平面图、平面图、立面图、剖面图、详图、建筑装饰图的图示内容和识图方法。

能力目标

1. 能明确建筑施工图中的各种符号和图例的含义。

2. 能正确识读并绘制建筑施工图。

任务一　房屋施工图的基本知识及首页图的识读

任务介绍

如何初步了解建筑物的情况？怎样获知建筑施工图纸的概况？

任务分析

施工图首页是图纸的第一页，通过施工图首页识读可了解新建建筑物的基本信息。

相关知识

一、施工图的产生

建筑工程设计人员把建筑物的形状与大小、结构与构造、设备与装修等按照相关国家标准的规定，分别用正投影法准确绘制的图样，其主要用以指导施工，并称为房屋建筑工程施工图。房屋建筑工程施工图的设计一般分为两个阶段，即初步设计阶段和施工图设计阶段。对于规模较大、功能复杂的建筑，为了使工程技术问题和各专业工种之间能很好地衔接，还需要在初步设计阶段和施工图设计阶段之间插入一个技术设计阶段，形成三个阶段设计。

(1)初步设计阶段：提出若干种设计方案供选用，待方案确定后，按比例绘制初步设计图，确定工程概算，报送有关部门审批，这是技术设计和施工图设计的依据。

(2)技术设计阶段：又称为扩大初步设计，是在初步设计的基础上，进一步确定建筑设计各工种之间的技术问题。技术设计的图纸和设计文件，要求建筑工种的图纸标明与技术工种有关的详细尺寸，并编制建筑部分的技术说明书，结构工种应有建筑结构布置方案图，并附初步计算说明，设备工种也提供相应的设备图纸及说明书。

(3)施工图设计阶段：通过反复协调、修改与完善，产生一套能够满足施工要求，反映房屋整体和细部全部内容的图样，即施工图，它是房屋施工的重要依据。

二、房屋的类型及组成

房屋是供人们日常生产、生活或进行其他活动的主要场所。房屋按使用功能可以分为以下几种：

(1)民用建筑：如住宅、学校宿舍、医院、车站、旅馆、剧院等。

(2)工业建筑：如厂房、仓库、动力站等。

(3)农业建筑：如粮仓、饲养场、拖拉机站等。

各种具有不同功能的房屋，一般都是由基础、墙、柱、梁、楼板层、地面、楼梯、屋顶、门、窗等基本部分组成；此外，还有阳台、雨篷、台阶、窗台、雨水管、明沟或散水，以及其他一些构配件。房屋的组成如图 3-1 所示。

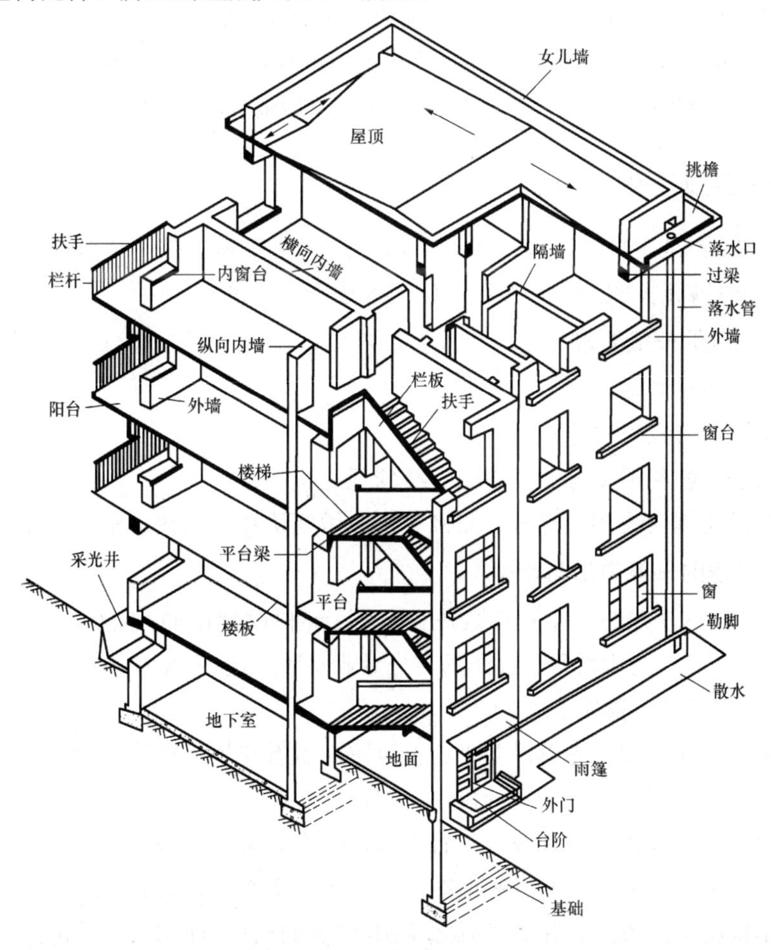

图 3-1 房屋的组成

三、房屋建筑工程图的分类

房屋建筑工程图是用正投影的方法把所设计房屋的大小、外部形状、内部布置、室内外装修、各部结构、构造、设备等的做法，按照建筑国家制图标准的规定，用建筑专业的习惯画法详尽、准确地表达出来，并注写尺寸和文字说明。它是指导房屋施工、设备安装的重要技术文件。一幢房屋建筑需要用许多张工程图表达，这些工程图一般分为以下几种：

(1)施工首页图(简称首页图)：包括图纸目录、设计总说明、工程做法、门窗设计表、标准图统计表。

(2)建筑施工图(简称建施)：表达建筑的平面形状、内部布置、外部选型、构造做法、装修做法的图样，一般包括总平面图、平面图、立面图、剖面图和详图。

(3)结构施工图(简称结施)：表达建筑的结构类型，结构构件的布置、形状、连接、大小及详细做法的图样，包括结构设计说明、结构布置平面图和各种结构构件的详图。

(4)设备施工图(简称设施)：表达建筑工程各专业设备、管道及埋线的布置和安装要求的图样，包括给水排水施工图(简称水施)、采暖通风施工图(简称暖施)、电气施工图(简称电施)等。它们一般都由首页、平面图、系统图、详图等组成。

一套完整的房屋建筑工程图在装订时要按专业顺序排列，一般顺序为首页图、总平面图、建筑施工图、结构施工图、给水排水施工图、采暖通风施工图和电气施工图。

四、房屋建筑施工图的识读

房屋建筑施工图是用投影原理的各种图示方法和规定画法综合绘制的，所以识读房屋建筑施工图必须具备相关的知识，按照正确的方法和步骤进行。

1. 施工图识读的一般要求

(1)具备基本的投影知识。

(2)了解房屋的组成与构造。

(3)掌握形体的各种图示方法及制图标准的规定。

(4)熟记常用比例、线型、符号、图例等，应做到认真、细致、全面、准确。

2. 施工图识读的一般方法与步骤

识读施工图的一般方法：先看首页图(图纸目录和设计说明)，按图纸顺序通读一遍，按专业次序仔细识读，先基本图，后详图，分专业对照识读(看是否衔接一致)。

识读施工图的一般步骤如下：

(1)对于全套图样来说，先看说明书、首页图，后看建施、结施和设施。

(2)对于每一张图样来说，先看图标、文字，后看图样。

(3)对于建施、结施和设施来说，先看建施，后看结施、设施。

(4)对于建筑施工图来说，先看平面图、立面图、剖面图，后看详图。

(5)对于结构施工图来说，先看基础施工图、结构布置平面图，后看构件详图。

上述步骤并不是独立的，而是要经常相互联系进行，反复阅读才能看懂。

五、施工图首页

施工图首页即建筑施工图的第一页，一般包括图纸目录、设计说明、工程做法表、门窗表、标准图统计表等。

1. 图纸目录

图纸目录是查阅图纸的主要依据，包括图纸的编号、图纸的内容、图纸的类别、图名及备注等栏目，在图纸中以表格的形式表示，可以方便地查阅不同图纸所对应的图纸编号。

2. 设计说明

设计说明是施工图样的必要补充，主要是对图中未能表述清楚的内容加以详细说明，通常包括工程概况、建筑设计的依据、构造要求以及对施工单位的要求等。

3. 工程做法表

工程做法表主要是对建筑各部位构造做法用表格的形式加以详细说明。在表中对各施工部位的名称、做法等详细表达清楚，如采用标准图集中的做法，应注明所采用标准图集的代号、做法编号，如有改变，应在备注中说明。

4. 门窗表

门窗表是对建筑物不同类型的门窗统计后列成的表格，以供施工、预算需要，它反映门窗的类型大小，所选用的标准图集及其类型编号，如有特殊要求，应在备注中加以说明。

5. 标准图统计表

标准图统计表是把整套施工图中所选用的标准图进行统计后列成的表格，以备施工、预算需要，它反映标准图的名称、页数。

任务实施

一、识读图纸目录（见表 3-1），快速找到指定图纸

表 3-1　图纸目录

序号	图别	图号	图纸名称
1	建施	01	建筑设计说明、门窗表、总平面图、图纸目录
2	建施	02	节能专篇
3	建施	03	一层平面图
4	建施	04	二层平面图
5	建施	05	三～五层平面图
6	建施	06	六层平面图
7	建施	07	阁楼平面图

续表

序号	图别	图号	图纸名称
8	建施	08	屋顶平面图
9	建施	09	甲、乙单元标准图详图
10	建施	10	正立面图
11	建施	11	背立面图
12	建施	12	1—1、2—2剖面图
13	建施	13	侧立面图装修表
14	建施	14	节点详图

二、识读某住宅楼的建筑设计说明，了解工程概况

建筑设计说明

一、设计依据

1. 与建设单位签订的设计合同；建设单位提供的对设计的要求及有关资料；各专业提供的设计要求与协作资料；国家颁布的现行有关规范和标准。

2. 图中所注尺寸除标高以米为单位外，均以毫米为单位。

二、项目概况

1. 本工程为×××××房地产开发公司开发的×××××。

2. 本工程共六层(不含阁楼)，房间的使用功能详见各层平面图及单元详图。

3. 建筑层高：一层为2.6 m，二至六层为2.9 m，阁楼最低点为0.8 m，最高点为3.9 m，室内外高差为100 mm。

4. 本建筑的耐火等级为二级，安全等级为二级，抗震设防烈度为6度，设计基本加速度为0.05g，设计使用年限为50年。

三、主要用料说明

1. 墙及混凝土。

(1)墙体：300 mm、200 mm、120 mm墙采用MU5空心砖(容积重度9.2 N/m^3)；砂浆：砌筑砂浆种类及强度等级详见结构说明。

(2)梁、板、柱、构造柱、过梁等构件构造及用材详见结构施工图。

2. 保温节能系统。外墙外保温系统的性能指标及基本构造要求详见辽2003J116图集的设计说明。外墙外保温系统用材的性能指标、施工要点及质量验收标准详见辽2003J116。住宅楼梯间与住户的分隔墙均在楼梯间侧贴60 mm厚坚壳珍珠岩保温层。楼地面需设保温层的位置及构造做法详见剖面图及装修材料表。XPS板的导热系数≤0.03 W/(m·K)，表观密度≥25 kg/m^3，氧指数≥30%，燃烧性能为B_1级阻燃。

外墙保温层每三层设置水平防火隔离带。沿楼板位置设置宽度不小于300 mm的A级

岩棉板(厚 60 mm)，防火隔离带与墙面应进行全面粘贴。屋顶与外墙交接处、屋顶开口部位四周的保温层，采用宽度不小于 500 mm 的 A 级保温材料设置水平防火隔离带，岩棉板的导热系数≤0.045 W/(m·K)，表观密度≥90 kg/m³，吸水率＜5%，燃烧性能为 A 级。

3. 防水。

(1)屋面采用有组织排水，防水等级为二级，详见屋顶平面图。防水层：采用 6 mm 厚 SBS 改性沥青防水卷材，雨水管为 ϕ100PVC 白色塑料管，一层改为镀锌钢管外刷白色耐候漆。

(2)室内厨卫防水层采用 1～2 mm 厚合成高分子涂膜，其构造做法见装修表，悬挑类构件防水构造做法见施工图。

四、内外装修

(1)内装修详见装修表。

(2)外装修详见立面图，构造做法见装修表及节点详图。

五、门窗

(1)塑钢窗及塑钢门：采用空气层间距为 16 mm 的单框中空塑钢平开扇，塑钢平开门窗框材采用 65(含 65)以上系列，选用可见光透射比≥0.4 的玻璃，外窗可开启扇的面积应不小于整个窗面积的 30%。气密性要求，单位缝长指标值 m³/(m·h)，$1.5 \geqslant q_1 > 0.5$。

(2)户门采用单层钢制三防保温乙级防火平开门，岩棉保温层厚≥60 mm。

(3)以上门窗的规格及其他门窗的规格、种类、用材详见门窗表。

六、其他

(1)穿墙管线待安装完毕后，墙身必须用掺有膨胀剂(按水泥含量 3%掺入)的 C20 细石混凝土填实补严。

(2)有防水要求的房间穿楼板的立管应预埋套管，套管高出楼面 50 mm，管间缝隙应用防水材料填实，所有预留孔洞、预埋件应严格按各类有关工种及设备厂家提出的施工图纸预留。

(3)预埋木砖(包括与砌块、砖或混凝土接触面)应做防腐处理，铁件均应做防腐处理。

(4)露明铁件一律刷防腐漆一道，再做面层油漆。

(5)室内装修用木材处均应做好防火处理。

(6)凡隐蔽部位与隐蔽工程施工完毕后，应及时会同有关部门进行检查和验收。

(7)水暖管墙面留洞及暖沟见水暖施工图。设一户一阀集中采暖，上下水、电照等。

(8)施工时应与给水排水、采暖、电气、结构相关专业配合，经检查无误后再进行施工。

(9)凡由厂家负责设计的部分，其构造及技术条件均应符合本设计。

(10)本工程未考虑冬期施工，如遇冬期施工应按有关规定采取相应措施。

(11)凡管线穿外墙处的构造做法见施工图之穿墙管道节点。

七、楼内严禁存放和使用甲、乙类物品

八、各单元入口处设一信报箱，具体做法见辽 95J903

九、施工单位应严格按国家现行的施工验收规范进行施工，如遇问题请及时与设计单位协商解决

三、识读门窗表(见表3-2)，熟悉门窗的数量、种类

表3-2 门窗表

类型	设计编号	洞口尺寸/mm		备注	传热系数/[W·(m²·K)⁻¹]
		宽	高		
门	M—1	1 500	2 400	钢制三防对开电子对讲门	1.9
	M—2	1 000	2 000	钢制三防平开门(三防门)	1.6
	M—3	900	2 000	木制镶板门	
	M—4	2 400	2 100	车库电动上翻门	1.9
	M—5	2 100	2 100	车库电动上翻门	1.9
	M—6	600	800	木制镶板门	
窗	C—1	1 200	1 200	单框中空塑钢平开窗	2.5
	C—2	1 500	1 500	单框中空塑钢平开窗	2.5
	C—3	1 200	1 500	单框中空塑钢平开窗	2.5
	C—4	2 400	1 500	单框中空塑钢平开窗	2.5
	C—5	1 800	1 500	单框中空塑钢平开窗	2.5
	C—6	1 000	1 500	单框中空塑钢平开窗	2.5
	C—1a	1 200	400	单框中空塑钢平开窗	2.5
	C—3a	1 200	1 200	单框中空塑钢平开窗	2.5
	C—5a	1 800	1 200	单框中空塑钢平开窗	2.5
	C—6a	1 200	1 200	单框中空塑钢平开窗	2.5
	C—7	1 000	1 700	单框中空塑钢平开窗	2.5

四、熟悉构造做法表(见表3-3)，方便识读建筑详图时查找

表3-3 构造做法表

类别	构造做法	采用部位
楼地面1 地砖楼面	1. 通体砖8～10 mm厚，干水泥擦缝；2. 1∶3干硬性水泥砂浆结合层20 mm厚；3. 高分子涂膜防水层(两道)，周边卷起500 mm高；4. 细石混凝土600 mm厚(上下配@50钢丝网，中间配乙烯散热管)；5. 真空镀铝聚酯薄膜0.2 mm厚；6. 聚苯乙烯泡沫板20 mm厚保温层密度≥0.2 kN/m²；7. 聚氨酯涂料防潮层1.5 mm厚(2道)；8. 1∶3水泥砂浆找平层20 mm厚；9. 现浇钢筋混凝土楼板	卫生间、厨房、阳台(做厨房用)
楼地面2 地砖楼面	1. 通体砖8～10 mm厚，干水泥擦缝；2. 1∶3干硬性水泥砂浆结合层20 mm厚；3. 水泥浆一道(内掺建筑胶)；4. 细石混凝土600 mm厚(上下配@50钢丝网，中间配乙烯散热管)；5. 真空镀铝聚酯薄膜0.2 mm厚；6. 聚苯乙烯泡沫板20 mm厚保温层密度≥0.2 kN/m²；7. 聚氨酯涂料防潮层1.5 mm厚(2道)；8. 1∶3水泥砂浆找平层20 mm厚；9. 现浇钢筋混凝土楼板	客餐厅、卧室、阳台

续表

类别	构造做法	采用部位
地面水泥砂浆地面	1. 1∶2水泥砂浆面层抹平、压实、赶光20 mm厚；2. 刷水泥浆一道(内掺建筑胶)；3. C15混凝土垫层100 mm厚；4. 5～32 mm卵石垫层灌M2.5混合砂浆，振捣密实100 mm厚；5. 100 mm厚聚苯板($\rho \geqslant 22$ kg/m^3)；6. 夯实土	车库
坡屋面	1. 灰色油毡瓦；2. 空铺卷材垫毡一层；3. C15细石混凝土找平层35 mm厚(配@500 mm×500 mm钢筋网)；4. 100 mm厚XPS板保温层，密度不小于25 kg/m^3；5. 改性沥青防水卷材SBS 6 mm厚；6. 1∶3水泥砂浆找平层15 mm厚；7. 现浇钢筋混凝土屋面板	坡屋面
平屋面	1. 300 mm×300 mm×30 mm彩砖，水泥砂浆勾缝；2. 1∶3水泥砂浆铺贴20 mm厚；3. 改性沥青防水卷材SBS 6 mm厚；4. 1∶3水泥砂浆找平层20 mm厚；5.1∶8水泥珍珠岩找坡层起初20 mm厚，$i=3\%$；6. 100 mm厚XPS板保温层，密度不小于25 kg/m^3；7. 1∶3水泥砂浆找平层20 mm厚；8. 现浇钢筋混凝土屋面板	非上人物屋面除第1、2条　露台
内墙1(刮大白)	1. 满刮大白腻子三遍(配比为大白∶滑石粉∶建筑胶∶纤维素=50∶25∶1∶0.5另加适量水)；2. 1∶1∶7混合砂浆抹面压实赶光5 mm厚；3. 1∶1∶7混合砂浆打底扫毛或划出纹道13 mm厚；4. 砖基层刷素水泥浆一道(内掺水重5%建筑胶)；5. 混凝土基层	除卫生间、厨房、阳台
内墙2(贴面砖)	1. 白水泥擦缝贴釉面砖；2. 1∶0.1∶2.5水泥石灰膏砂浆结合层8 mm厚；3. 1∶3水泥砂浆打底扫毛或划出纹道12 mm厚；4. 砖基层刷素水泥浆一道(内掺水重5%建筑胶)；5. 混凝土基层	卫生间、厨房、阳台
外墙(涂料饰面)	1. 树脂涂料饰面；2. 聚合物砂浆；3. 聚合物砂浆压入玻纤网一层(首层增加一层玻纤网)；4. 100 mm厚XPS保温板；5. 聚合物砂浆粘结层；6. 20 mm厚1∶3水泥砂浆找平层；7. 基层墙体	室外墙面
踢脚板	1. 刷紫檀漆两遍；2. 满刮素水泥浆腻子两道(内掺水重5%建筑胶)；3. 抹1∶2水泥砂浆5 mm厚；4. 抹1∶3水泥砂浆13 mm厚；5. 砖基层	除卫生间、厨房、阳台外的楼内房间(含楼梯间)踢脚高度150 mm
天棚1	1. 清除污垢，满刮大白腻子三道；2. 钢筋混凝土楼板	住宅天棚
天棚2	1. 清除污垢，满刮大白腻子三道；2. 8 mm厚1∶2水泥砂浆找平；3. 8 mm厚抗裂砂浆复合热镀锌钢丝网(尼龙胀栓双向@500 mm锚固)；4. 贴100 mm厚岩棉板；5. 钢筋混凝土楼板	—

续表

类别		构造做法	采用部位
油漆	木门	刷奶油色中等调和漆两遍	室内
	外露铁件	1. 刷浅灰色中等调和漆两遍；2. 樟丹打底一遍	—
窗台板		大理石窗台板(见辽 J201 第 20 页)	室内窗台
楼梯间做法(自上而下)		1. 20 mm 厚大理石板(包括楼梯斜板、休息平台、楼层平台板)；2. 1∶3 干硬性水泥砂浆结合层 20 mm 厚，表面撒水泥粉(膏)；3. 刷水泥浆一道(内掺建筑胶)；4. 钢筋混凝土楼板；5. 板底清平基底及其污垢，满刮大白腻子三道	所有楼梯

练　习

1. 参观校园内建筑物，熟悉各组成部分。

2. 一整套房屋施工图按其内容和专业分工的不同，一般分为(　　)、(　　)和(　　)三类。建筑施工图一般包括(　　)、(　　)、(　　)、(　　)、(　　)。

任务二　总平面图的识读

任务介绍

图 3-2 所示为新建住宅施工总平面图，识读该图以熟悉新建住宅附近的总体情况。

任务分析

掌握总平面图图示的基本知识。

相关知识

一、总平面图的形成和作用

通常，将新建工程四周一定范围内的新建、拟建、原有和拆除的建筑物、构筑物连同其周围的地形、地物状况用水平投影方法和相应的图例所画出的工程图样，称为总平面图。它主要反映新建工程的位置、平面形状、场地及建筑入口、朝向、标高、道路等布置及其与周边环境的关系。它可以作为新建房屋施工定位、土方施工、设备管网平面布置的依据，也可以作为室外水、暖、电管线等布置的依据。

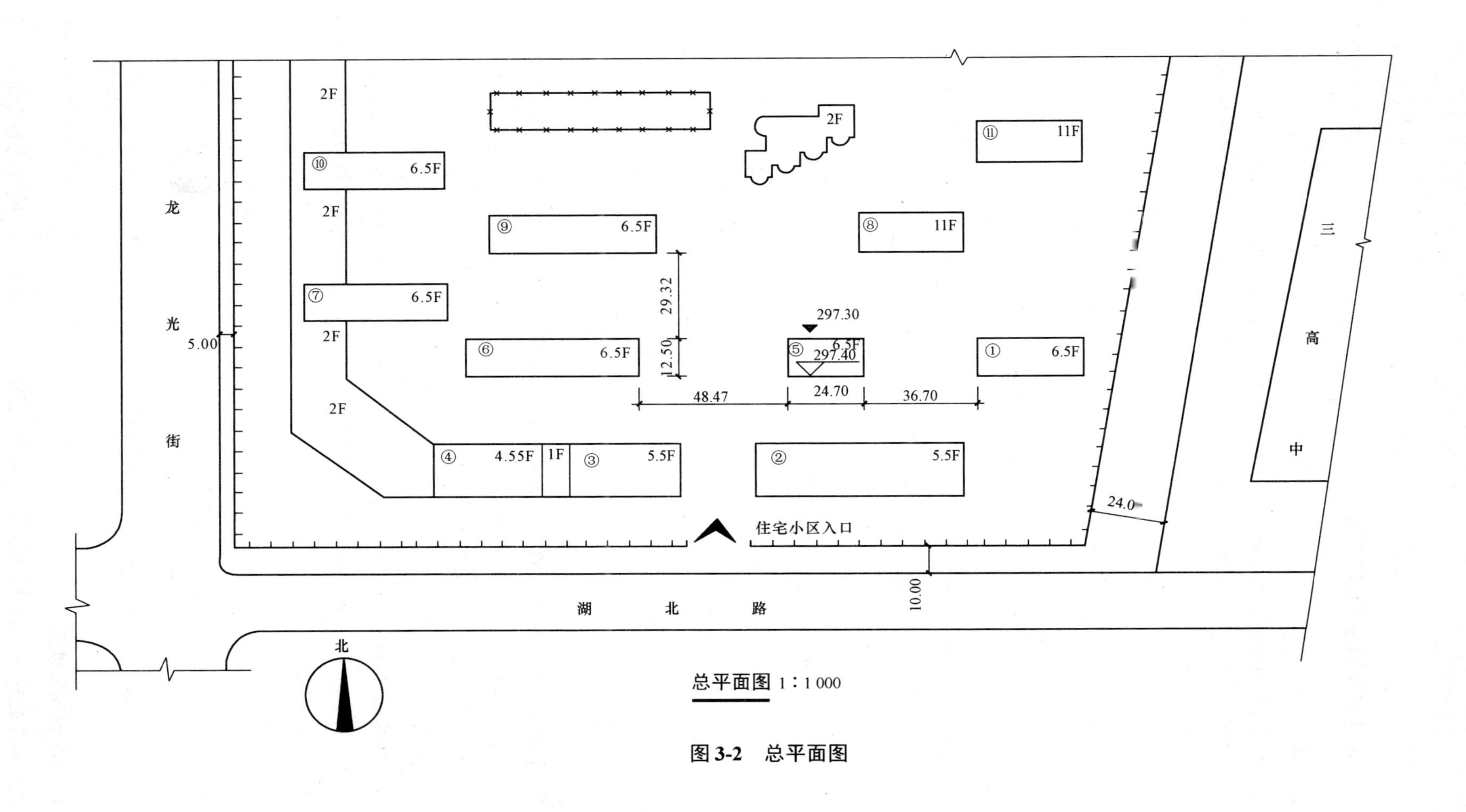

总平面图 1∶1 000

图 3-2　总平面图

二、识读总平面图的基本知识

1. 标高

建筑物各部分的高度要用标高来表示，图标中规定标高的标注方法如下：

(1)标高符号应以直角等腰三角形表示，如图 3-3(a)所示。标高用细实线绘制，如标注位置不够，也可按图 3-3(b)所示的形式绘制。标高符号的具体画法如图 3-3(c)、(d)所示。

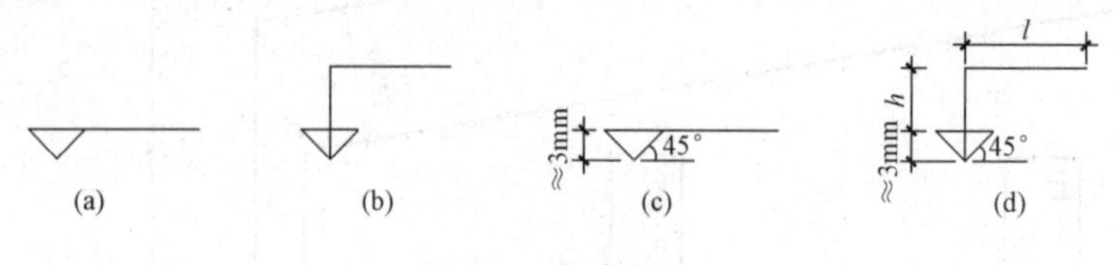

图 3-3　标高符号

(2)总平面图室外地坪标高符号，宜用涂黑的三角形表示，如图 3-4 所示。

(3)标高符号的尖端应指至被注高度的位置。尖端一般应向下，也可向上。标高数字应注写在标高符号的左侧或右侧，如图 3-5 所示。

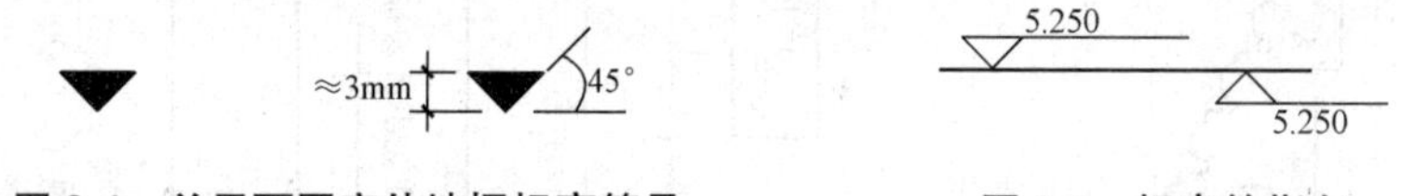

图 3-4　总平面图室外地坪标高符号　　**图 3-5　标高的指向**

(4)标高数字应以米为单位，注写到小数点后第三位。在总平面图中，可注写到小数点后第二位。零点标高应注写成±0.000，正数标高不注“+”，负数标高应注“-”，如 4.000、-0.500 等。在图样的同一位置需表示几个不同标高时，标高数字可按图 3-6 所示的形式注写。

(5)房屋建筑工程施工图的标高有绝对标高和相对标高，绝对标高是以青岛附近的黄海平均海平面为零点，以此为基准而设置的标高；相对标高的基准面是根据工程需要而选定的，一般通常取底层室内主要地面作为相对标高的基准面(即±0.000)。

2. 指北针

指北针的形状应符合图 3-7 的规定，其圆的直径宜为 24 mm，用细实线绘制；指针尾部的宽度宜为 3 mm，指针头部应注“北”或“N”字。需用较大直径绘制指北针时，指针尾部的宽度宜为直径的 1/8。

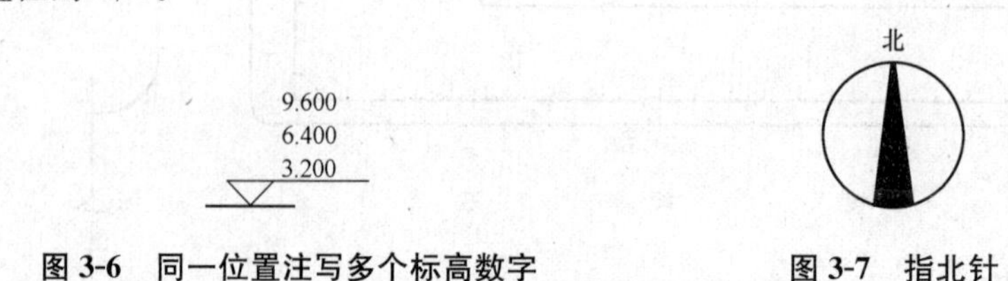

图 3-6　同一位置注写多个标高数字　　**图 3-7　指北针**

3. 风向频率玫瑰图

风向频率玫瑰图(简称风玫瑰图)，是根据某一地区多年平均统计的各个风向和风速的百分数值，并按一定比例绘制，一般多用 8 个或 16 个罗盘方位表示，由于形状酷似玫瑰花朵而得名，如图 3-8 所示。

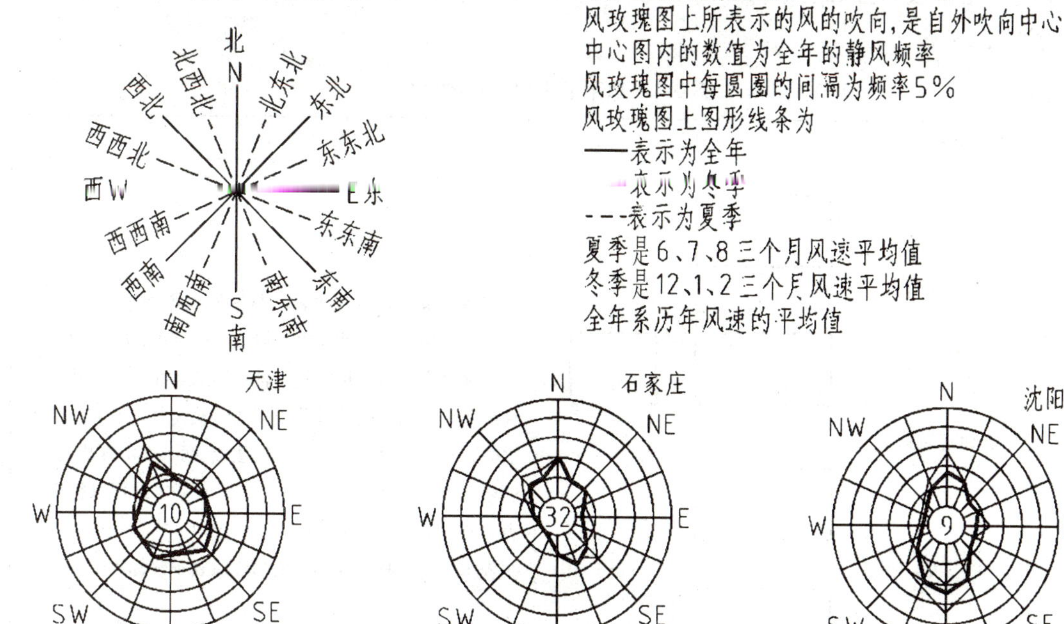

图 3-8　风向频率玫瑰图

风玫瑰图上所表示风的吹向，是指从外部吹向地区中心的方向，各方向上按统计数值画出的线段，表示此方向风频率的大小，线段越长表示该风向出现的次数越多。将各个方向上表示风频率的线段按风速数值百分比绘制成不同颜色的风线段，即表示出各风向的平均风速，此类统计图称为风频风速玫瑰图。有的总平面图上只画指北针而不画风向频率玫瑰图。

4. 坐标标注

坐标分为测量坐标和施工坐标。测量坐标 X 为南北方向轴线，X 的增量在 X 轴线上，Y 为东西方向轴线，Y 的增量在 Y 轴线上。施工坐标 A 轴相当于测量坐标网中的 X 轴，B 轴相当于测量坐标中的 Y 轴，如图 3-9 所示。

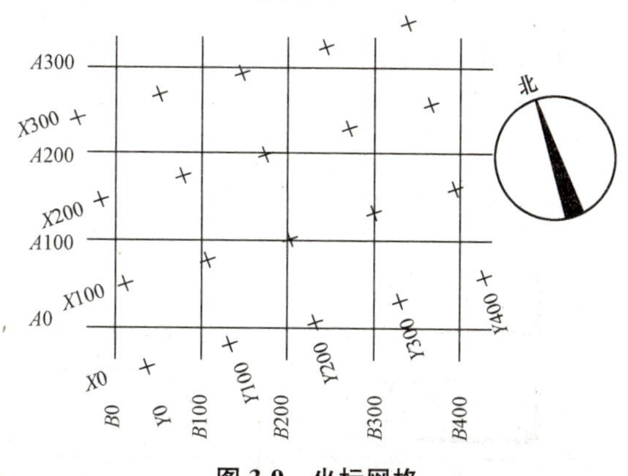

图 3-9　坐标网格

5. 总平面图图例

由于总平面图采用小比例绘制，有些图示内容不能按真实形状表示，因此在绘制总平面图时，通常按《总图制图标准》(GB/T 50103—2010)规定的图例画出。总平面图中常见的图例见表 3-4。

表 3-4　总平面图中常见的图例

序号	名称	图例	备注
1	新建建筑物	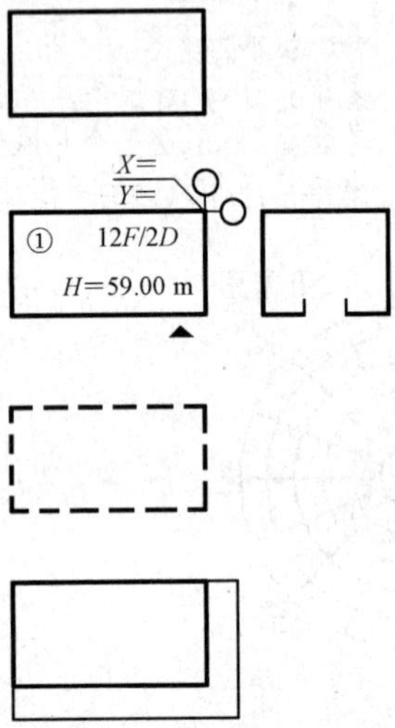 X= Y= ① 12F/2D H=59.00 m	新建建筑物以粗实线表示与室外地坪相接处±0.000外墙定位轮廓线。建筑物一般以±0.000高度处的外墙定位轴线交叉点坐标定位。轴线用细实线表示，并标明轴线号。根据不同设计阶段标注建筑编号，地上、地下层数，建筑高度，建筑出入口位置(两种表示方法均可，但同一图纸采用一种表示方法)。地下建筑物以粗虚线表示其轮廓。建筑上部(±0.000以上)外挑建筑用细实线表示。建筑物上部连廊用细虚线表示并标注位置
2	原有建筑物	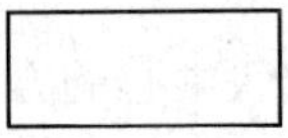	用细实线表示
3	计划扩建的建筑物或预留地		用中粗虚线表示
4	拆除的建筑物	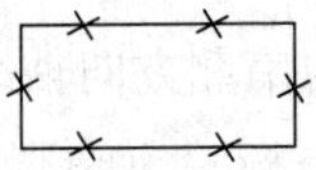	用细实线表示
5	建筑物下面的通道	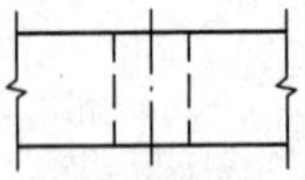	—
6	围墙及大门	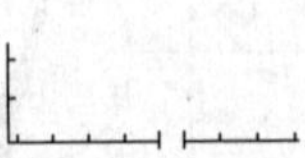	—
7	坐标	1. 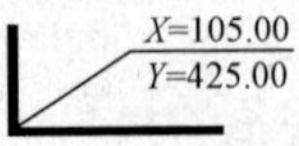 X=105.00 Y=425.00 2. A=105.00 B=425.00 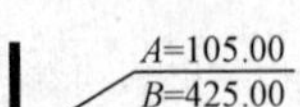	1. 表示地形测量坐标系； 2. 表示自设坐标系，坐标数字平行于建筑标注

续表

序号	名称	图例	备注
8	方格网交叉点标高	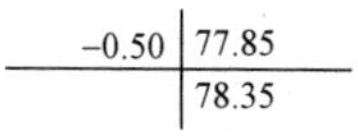 -0.50 77.85 78.35	“78.35”为原地面标高；“77.85”为设计标高；“－0.50”为施工高度；“－”表示挖方(“＋”表示填方)
9	填挖边坡		—
10	室内地坪标高	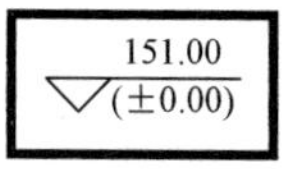 151.00 (±0.00)	数字平行于建筑物书写
11	室外地坪标高	 143.00	室外标高也可采用等高线
12	新建的道路	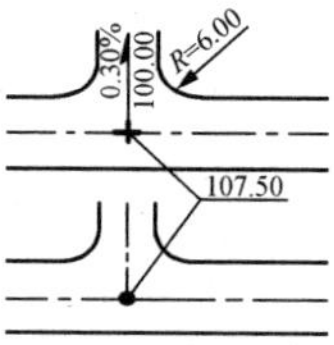 0.30% 100.00 R=6.00 107.50	“R＝6.00”表示道路转弯半径；“107.50”为道路中心线交叉点设计标高，两种表示方式均可，同一图纸采用一种方式表示；“100.00”为变坡点之间距离；“0.30％”表示道路坡度；一表示坡向
13	原有道路	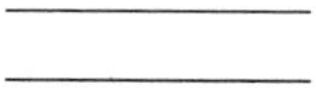	—
14	计划扩建的道路		—
15	桥梁	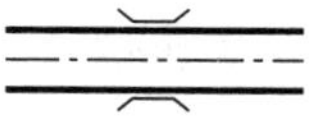 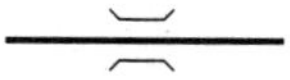	上图为公路桥；下图为铁路桥；用于旱桥时需标注
16	常绿针叶乔木	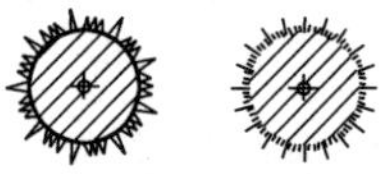	—
17	常绿阔叶乔木	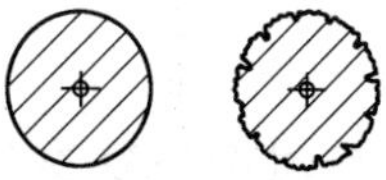	—

续表

序号	名称	图例	备注
18	常绿阔叶灌木		—
19	落叶阔叶灌木		—
20	草坪	1. 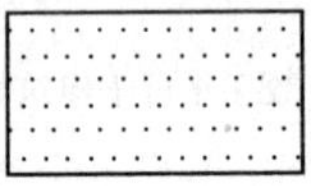 2. 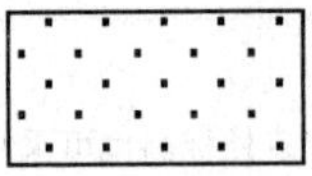 3. 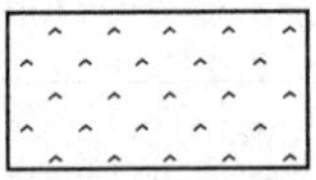	1. 草坪； 2. 自然草坪； 3. 人工草坪
21	花卉		—

三、总平面图的图示内容

(1)图名、比例及文字说明。因总平面图所反映的范围较大，比例通常为 1∶500、1∶1 000 或 1∶2 000 等。总平面图中的尺寸(如标高、距离、坐标等)宜以米为单位。

(2)了解新建房屋的平面位置、标高、层数及其外围尺寸等。在总平面图中新建建筑物的定位方式有三种：第一种是利用新建建筑物和原有建筑物之间的距离定位；第二种是利用施工坐标确定新建建筑物的位置；第三种是利用新建建筑物与周围道路之间的距离确定其位置。新建房屋底层室内地面和室外整平地面都注明了绝对标高。

(3)相邻原有建筑物、拆除建筑物的位置或范围。

(4)附近的地形、地物等，如对道路、河流、小沟、池塘、土坡等应注明道路的起点、变坡、转折点、终点以及道路中心线的标高、坡向的箭头。

(5)指北针或风向频率玫瑰图。明确风向有助于建筑构造的选用及材料的堆场，如有粉尘污染的材料应堆放在下风位。

(6)新建区域的总体布局，如建筑、道路、绿化规划和管道布置等。

任务实施

识读总平面图(图 3-2)。

(1)了解图名、比例及文字说明。从图 3-2 中可以看出这是某小区新建住宅的总平面图，比例为 1∶1 000。

(2)小区的方位和范围。图 3-2 的左下角画出了指北针，从指北针所指的方向，可以知道该小区南临湖北路，东临三高中，西临龙兴街。

(3)新建房屋的朝向。图 3-2 中 5 号楼为新建住宅楼，用粗实线表示。根据指北针可以判断新建建筑物的方向为坐北朝南。

(4)新建房屋的平面位置、标高、层数及其外围尺寸等。图 3-2 中 5 号楼层数为 6 层带阁楼(6.5F)，建筑总长为 24.700 m，总宽为 12.500 m。其首层地面绝对标高为 297.400 m，对应相对标高为±0.000 m。它以 1 号住宅楼为参照定位，其与 1 号住宅楼南北向(宽度方向)对齐，东西向与 1 号住宅楼的距离为 36.7 m。

练　习

识读图 3-10 所示的某学校的施工总平面图，完成以下题目。

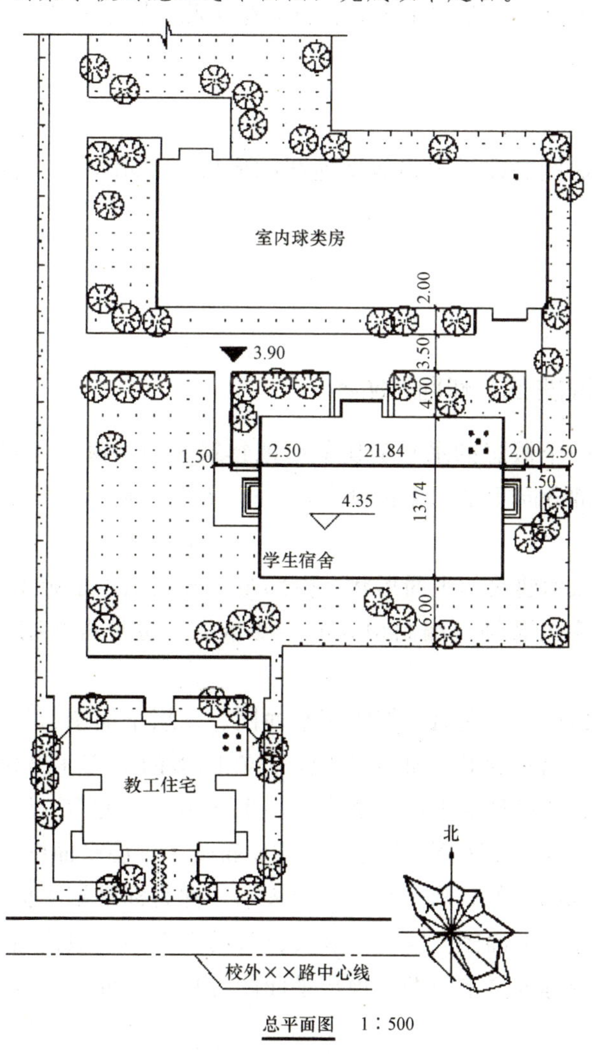

图 3-10　总平面图

1. 建筑总平面图是新建房屋在基地范围内的(　　)图，它表示(　　)。

2. 总平面图一般采用的比例为(　　)，图 3-10 右下角所绘为带有指北方向的(　　)图。

3. 在总平面图中可看出：四周设有(　　)与校外分隔，道路中心线采用(　　)线绘制。

4. 新建学生宿舍是(　　)层，室内、外地坪的绝对标高分别是(　　)，东、西侧的道路宽为(　　)m，北侧的道路宽为(　　)m，南墙面离围墙(　　)m，东墙面离围墙(　　)m。

任务三　建筑平面图的识读

任务介绍

图 3-11 所示为某住宅楼一层平面图，识读并绘制此底层平面图。

任务分析

要识读与绘制平面图必须学习建筑平面图的形成、图示特点、图示内容、识读步骤、绘制的方法等。

相关知识

一、建筑平面图的形成、作用、命名

建筑平面图是用一个假想的水平剖切平面把建筑在门、窗洞口高度范围内水平切开，移去上面部分，剩余部分向水平面作正投影，所得的水平剖面图，简称平面图，如图 3-12 所示。

建筑平面图主要表示建筑的平面形状、内部布置及朝向，是施工过程中定位放线、砌筑墙体、安装门窗、室内装饰及编制预算的主要依据，也是进行结构和设备专业设计的依据。

建筑平面图通常以层次来命名，如底层平面图、二层平面图、三层平面图等。在一般情况下，房屋有几层，就应画出几张平面图，并在图形的下方注出相应的图名、比例等。沿房屋底层窗洞口剖切所得到的平面图称为底层平面图，最上面一层的平面图称为顶层平面图，中间各层称为中间层平面图(依次为二层平面图、三层平面图、四层平面图等)。如果中间各层平面布置相同，可只画一张平面图表示，称为标准层平面图。如果建筑物设有地下室，还要画出地下室平面图。因此，多层建筑的平面图一般由地下室平面图、底层平面图、中间层平面图或标准层平面图、顶层平面图等楼层平面图组成，此外还包括屋顶平面图。

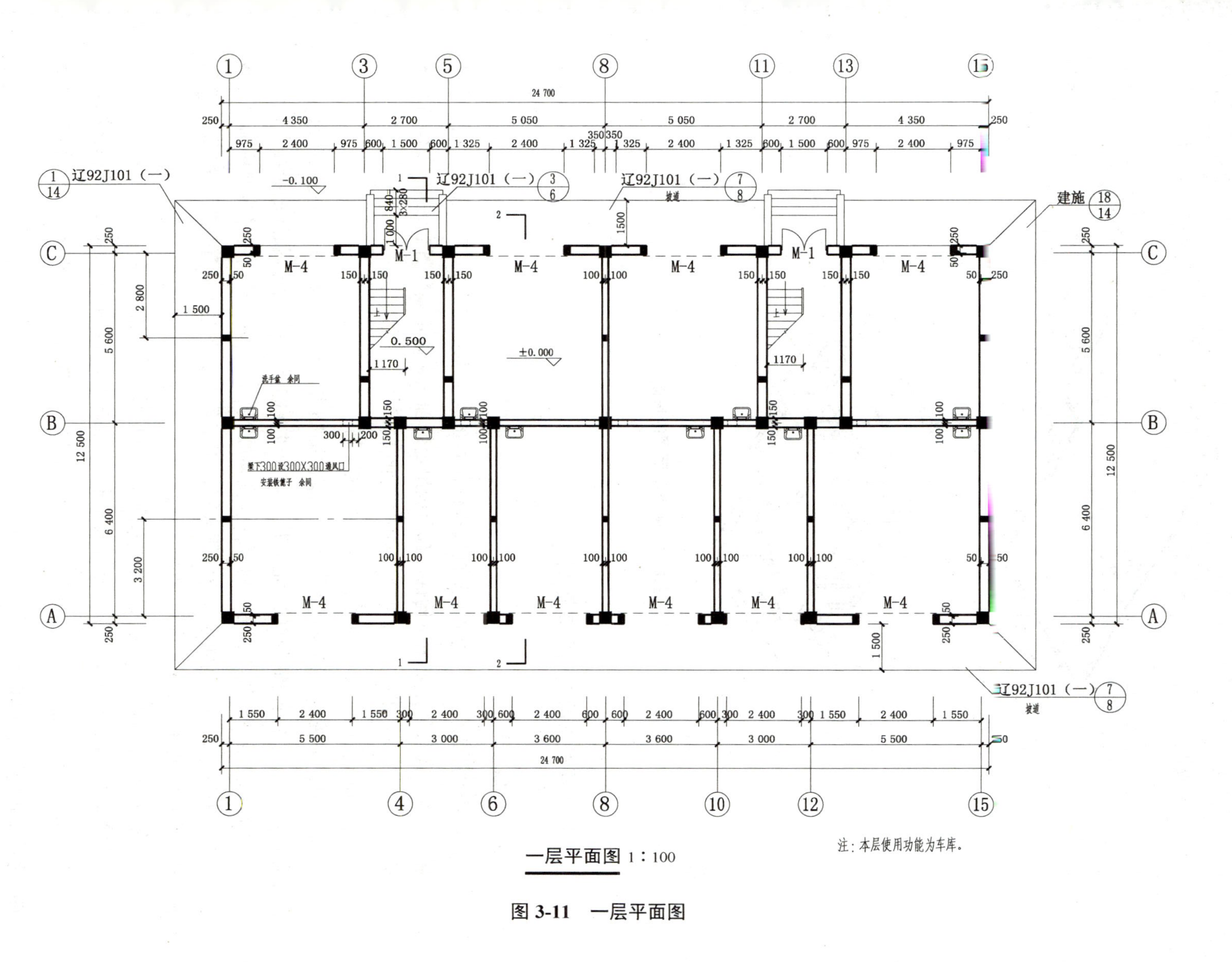
一层平面图 1：100
注：本层使用功能为车库。
24 700
12 500
5 600
6 400
M-4
M-1
±0.000
-0.100
0.500
辽92J101（一）
坡道
建施
洗手盆 余同
安装铁篦子 余同

图 3-11 一层平面图

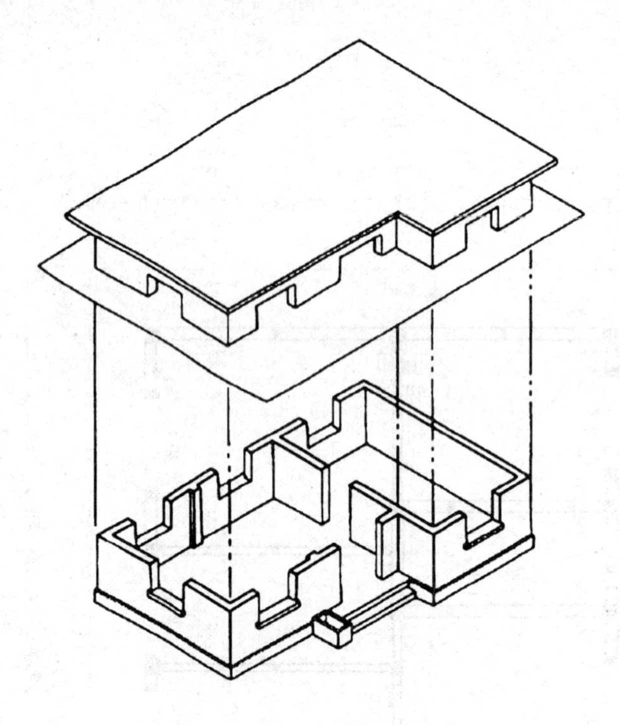

图 3-12 建筑平面图的形成

二、建筑平面图识读的基本知识

1. 定位轴线

定位轴线是用来确定建筑物主要结构构件位置的尺寸基线。在施工图中，凡是承重的墙、柱子、梁、屋架等主要承重构件，都要画出定位轴线来确定其位置。在《房屋建筑制图统一标准》(GB/T 50001—2017)中对绘制定位轴线的具体规定如下：

(1)定位轴线应用 0.25 b 线宽的单点长画线绘制。

(2)定位轴线应编号，编号应注写在轴线端部的圆内。圆应用 0.25 b 线宽的实线绘制，直径为 8～10 mm。定位轴线圆的圆心，应在定位轴线的延长线上或延长线的折线上。

(3)平面图上定位轴线的编号，宜标注在图样的下方及左侧。横向编号应使用阿拉伯数字，从左至右顺序编写；竖向编号应使用大写拉丁字母，从下至上顺序编写，如图 3-13 所示。拉丁字母的 I、O、Z 不得用作轴线编号。

(4)附加定位轴线的编号应以分数形式表示，并应按下列规定编写：

1)两根轴线的附加轴线，应以分母表示前一轴线的编号，分子表示附加轴线的编号，编号宜用阿拉伯数字顺序编写，如(1/2)表示 2 号轴线之后附加的第一根轴线；(3/C)表示 C 号轴线之后附加的第三根轴线。

2)1 号轴线或 A 号轴线之前的附加轴线的分母以 01 或 0A 表示，如(1/01)表示 1 号轴线之前附加的第一根轴线；(3/0A)表示 A 号轴线之前附加的第三根轴线。

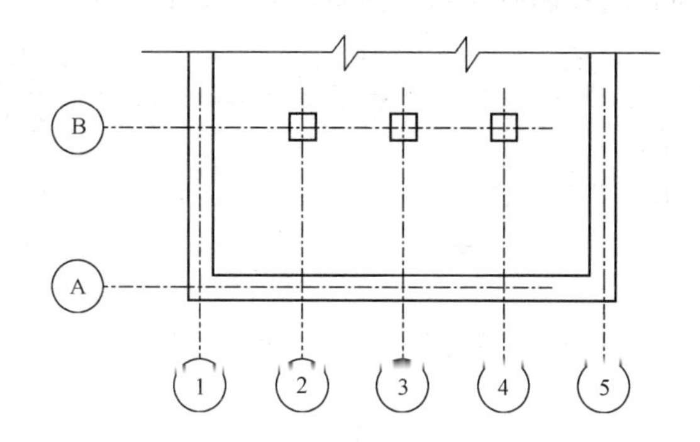

图 3-13　定位轴线的编号顺序

(5)一个详图适用于几根轴线时，应同时注明各有关轴线的编号，如图 3-14 所示。

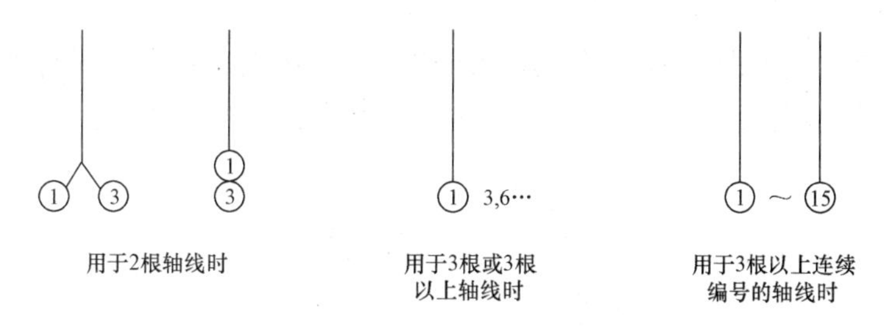

图 3-14　详图的轴线编号

(6)通用详图中的定位轴线应只画圆，不注写轴线编号。

2. 索引符号、详图符号

(1)索引符号。图样中的某一局部或构件，如需另见详图，应以索引符号索引，如图 3-15(a)所示。索引符号是由直径为 8～10 mm 的圆和水平直径组成，圆及水平直径线宽宜为 0.25 b。索引符号应按下列规定编写：

1)当索引出的详图与被索引的详图同在一张图纸内，应在索引符号的上半圆中用阿拉伯数字注明该详图的编号，并在下半圆中间画一段水平细实线，如图 3-15(b)所示。

2)当索引出的详图与被索引的详图不在同一张图纸内，应在索引符号的上半圆中用阿拉伯数字注明该详图的编号，在索引符号的下半圆中用阿拉伯数字注明该详图所在图纸的编号，如图 3-15(c)所示。数字较多时，可加文字标注。

3)当索引出的详图采用标准图时，应在索引符号水平直径的延长线上加注该标准图集的编号，如图 3-15(d)所示。

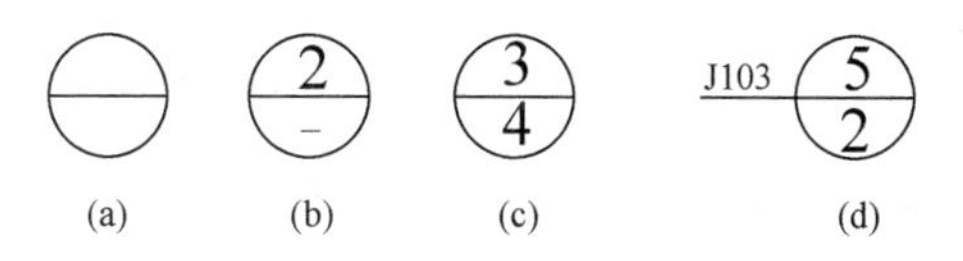

图 3-15　索引符号

4)当索引符号用于索引剖视详图时，应在被剖切的部位绘制剖切位置线，并以引出线引出索引符号，引出线所在的一侧应为剖视方向，如图 3-16 所示。

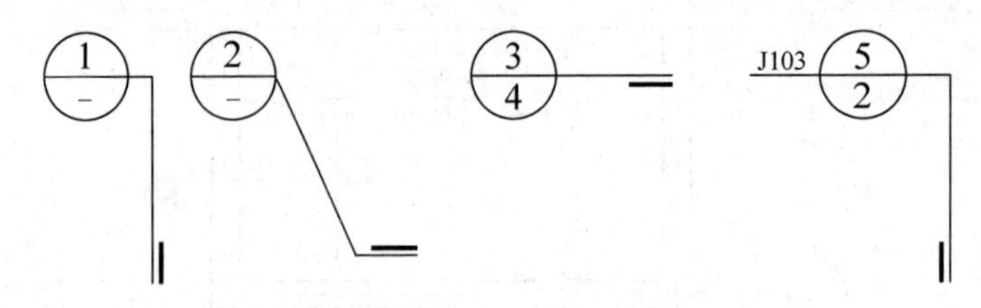

图 3-16　用于索引剖视详图的索引符号

(2)详图符号。详图的位置和编写应以详图符号表示。详图符号的圆直径应为 14 mm 线宽为 b。详图应按下列规定编号：

1)当详图与被索引的图样同在一张图纸内时，应在详图符号内用阿拉伯数字注明详图的编号，如图 3-17(a)所示。

2)当详图与被索引的图样不在同一张图纸内时，应用细实线在详图符号内画一水平直径，在上半圆中注明详图编号，在下半圆中注明被索引的图纸的编号，如图 3-17(b)所示。

图 3-17　详图符号

3. 图例

平面图中常见的建筑构造和配件需根据《建筑制图标准》(GB/T 50104—2010)的规定绘制。构造及配件图例见表 3-5。

表 3-5　构造及配件图例

序号	名称	图例	备注
1	墙体		1. 上图为外墙，下图为内墙； 2. 外墙细线表示有保温层或有幕墙； 3. 应加注文字、涂色或图案填充表示各种材料的墙体； 4. 在各层平面图中防火墙宜着重以特殊图案填充表示
2	隔断		1. 加注文字、涂色或图案填充表示各种材料的轻质隔断； 2. 适用于到顶与不到顶隔断
3	玻璃幕墙		幕墙龙骨是否表示由项目设计决定

续表

序号	名称	图例	备注
4	栏杆		—
5	楼梯	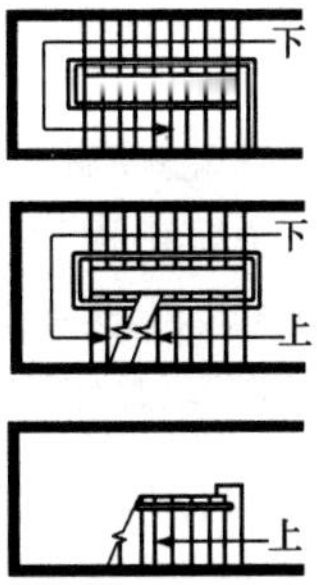 下 下 上 上	1. 上图为顶层楼梯平面，中图为中间层楼梯平面，下图为底层楼梯平面； 2. 需设置靠墙扶手或中间扶手时，应在图中表示
6	坡道	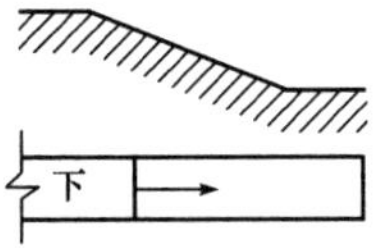 下	长坡道
		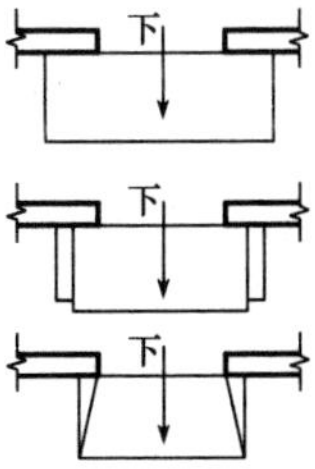 下 下 下	上图为两侧垂直的门口坡道，中图为有挡墙的门口坡道，下图为两侧找坡的门口坡道
7	台阶	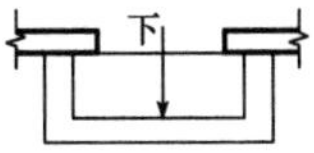 下	—
8	检查口	 	左图为可见检查口，右图为不可见检查口
9	孔洞	 	阴影部分亦可填充灰度或涂色代替

续表

序号	名称	图例	备注
10	坑槽		—
11	墙预留洞、槽	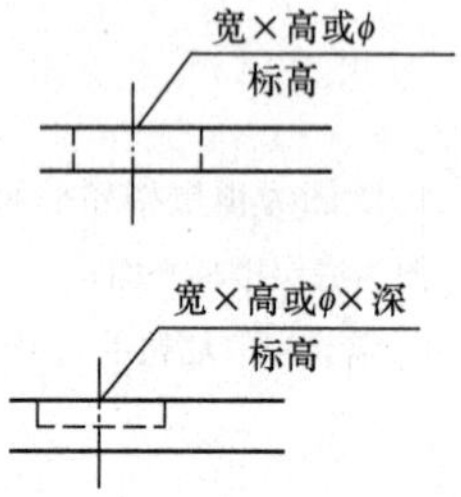 宽×高或ϕ 标高 宽×高或ϕ×深 标高	1. 上图为预留洞，下图为预留槽； 2. 平面以洞(槽)中心定位； 3. 标高以洞(槽)底或中心定位； 4. 宜以涂色区别墙体和预留洞(槽)
12	烟道	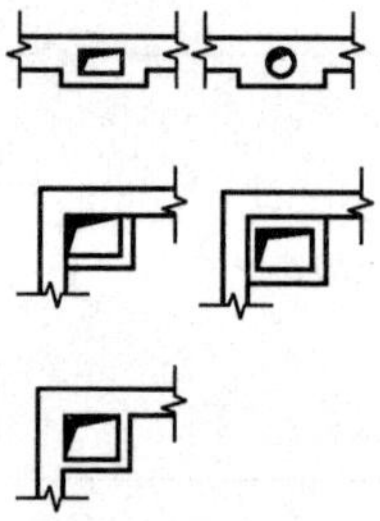	1. 阴影部分亦可填充灰度或涂色代替； 2. 烟道、风道与墙体为相同材料，其相接处墙身线应连通； 3. 烟道、风道根据需要增加不同材料的内衬
13	风道	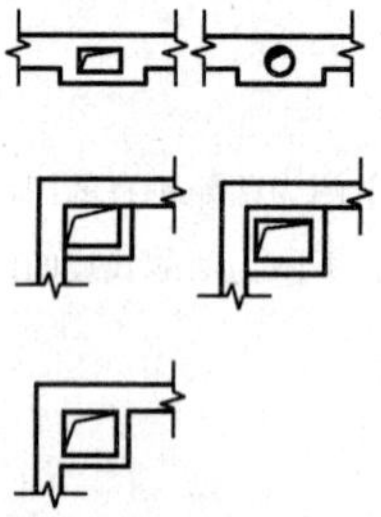	
14	新建的墙和窗	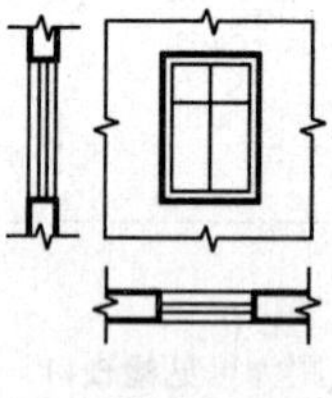	—
15	空门洞	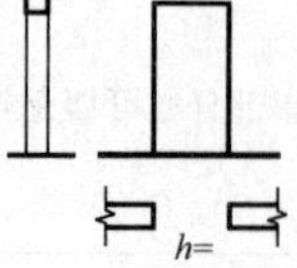 h=	h 表示门洞高度

续表

<table>
<tr><th>序号</th><th>名称</th><th>图例</th><th>备注</th></tr>
<tr><td rowspan="3">16</td><td>单面开启单扇门
(包括平开或
单面弹簧)</td><td>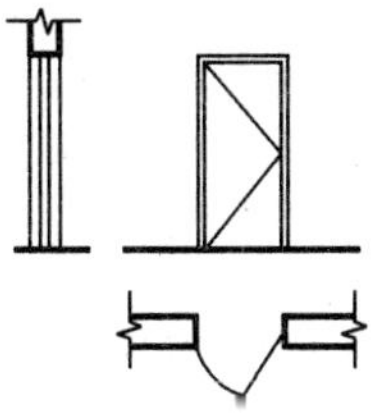</td><td rowspan="6">1. 门的名称代号用M表示。
2. 平面图中，下为外，上为内，门开启线为90°、60°或45°，开启弧线宜绘出。
3. 立面图中，开启线实线为外开，虚线为内开。开启线交角的一侧为安装合页一侧。开启线在建筑立面图中可不表示，在立面大样图中可根据需要绘出。
4. 剖面图中，左为外，右为内。
5. 附加纱扇应以文字说明，在平、立、剖面图中均不表示。
6. 立面形式应按实际情况绘制</td></tr>
<tr><td>双面开启单扇门
(包括双面平开或
双面弹簧)</td><td>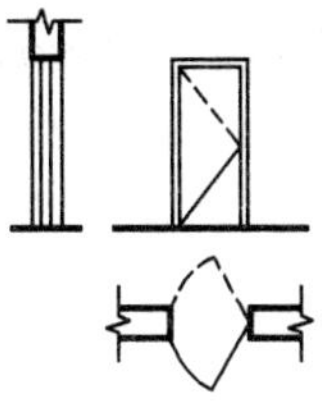</td></tr>
<tr><td>双层单扇
平开门</td><td>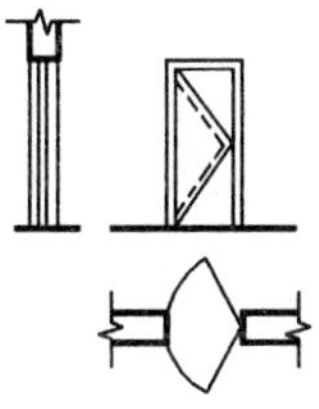</td></tr>
<tr><td rowspan="3">17</td><td>单面开启
双扇门(包
括平开或
单面弹簧)</td><td>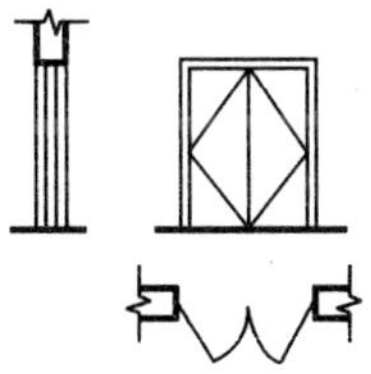</td></tr>
<tr><td>双面开启
双扇门(包
括双面平
开或双面弹簧)</td><td>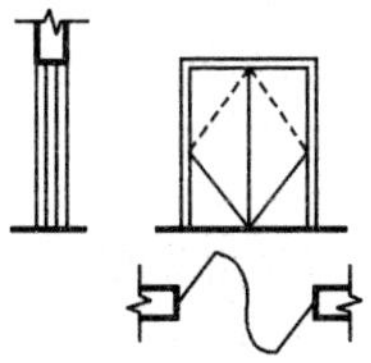</td></tr>
<tr><td>双层双扇
平开门</td><td>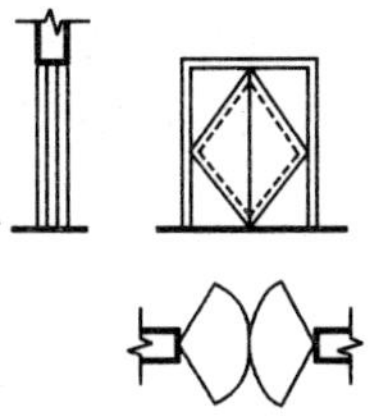</td></tr>
</table>

续表

序号	名称	图例	备注
18	墙洞外单扇推拉门	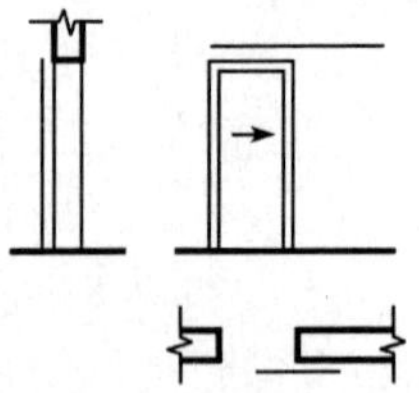	1. 门的名称代号用 M 表示； 2. 平面图中，下为外，上为内； 3. 剖面图中，左为外，右为内； 4. 立面形式应按实际情况绘制
	墙洞外双扇推拉门	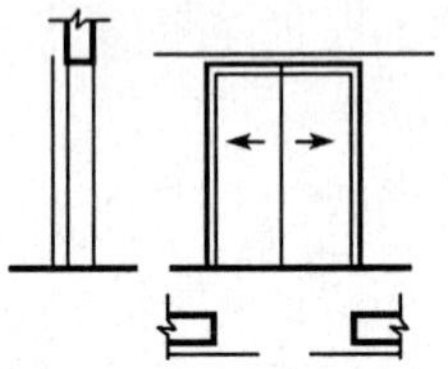	
	墙中单扇推拉门	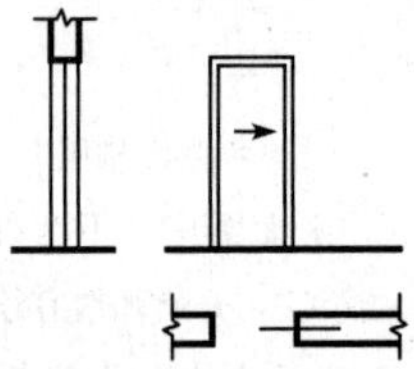	1. 门的名称代号用 M 表示； 2. 立面形式应按实际情况绘制
	墙中双扇推拉门	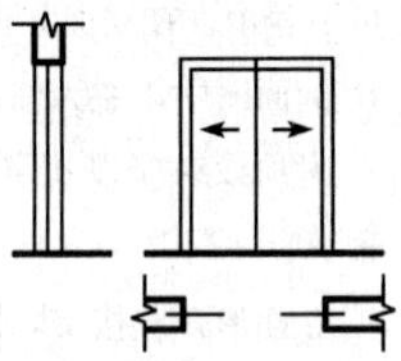	
19	折叠门	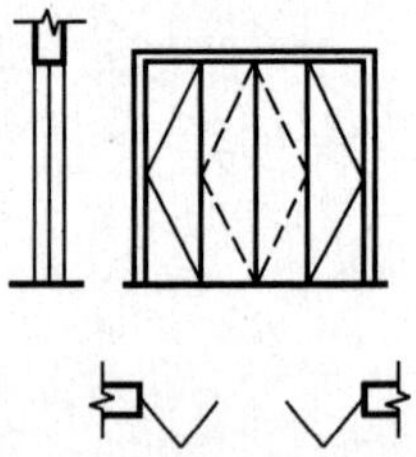	1. 门的名称代号用 M 表示。 2. 平面图中，下为外，上为内。 3. 立面图中，开启线实线为外开，虚线为内开，开启线交角的一侧为安装合页一侧。 4. 剖面图中，左为外，右为内。 5. 立面形式应按实际情况绘制
	推拉折叠门	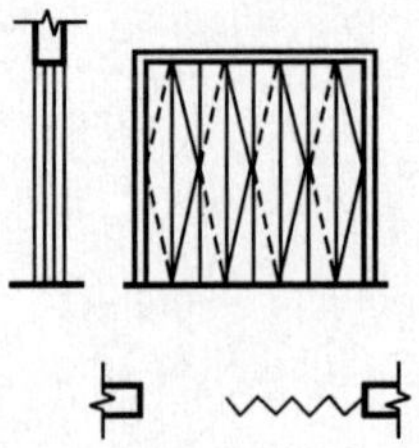	

续表

序号	名称	图例	备注
20	门连窗	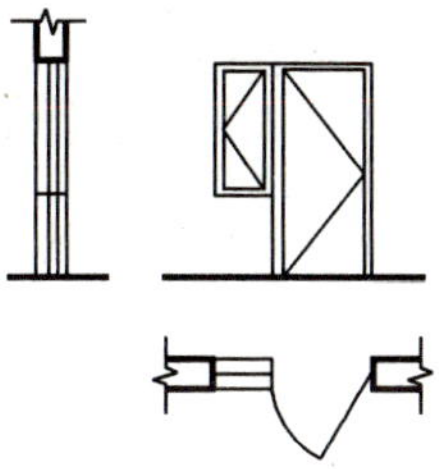	1. 门的名称代号用M表示。 2. 平面图中，下为外，上为内，门开启线为90°、60°或45°。 3. 立面图中，开启线实线为外开，虚线为内开。开启线交角的一侧为安装合页一侧。开启线在建筑立面图中可不表示，在室内设计门窗立面大样图中需绘出。 4. 剖面图中，左为外，右为内。 5. 立面形式应按实际情况绘制
21	旋转门	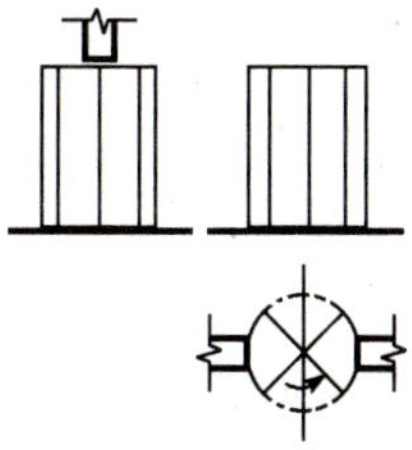	1. 门的名称代号用M表示； 2. 立面形式应按实际情况绘制
22	固定窗	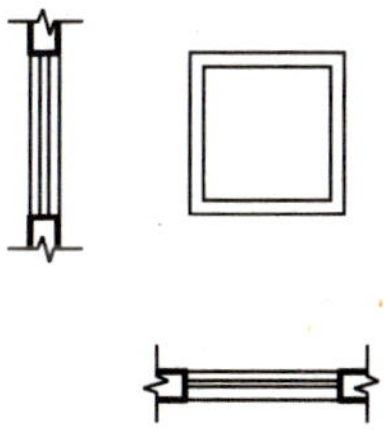	1. 窗的名称代号用C表示。 2. 平面图中，下为外，上为内。 3. 立面图中，开启线实线为外开，虚线为内开。开启线交角的一侧为安装合页一侧。开启线在建筑立面图中可不表示，在门窗立面大样图中需绘出。 4. 剖面图中，左为外，右为内。虚线仅表示开启方向，项目设计不表示。 5. 附加纱窗应以文字说明，在平、立、剖面图中均不表示。 6. 立面形式应按实际情况绘制
23	上悬窗	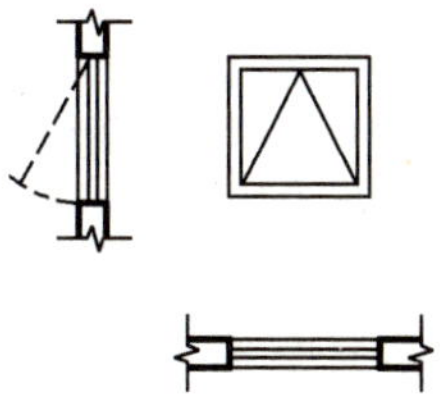	
	中悬窗	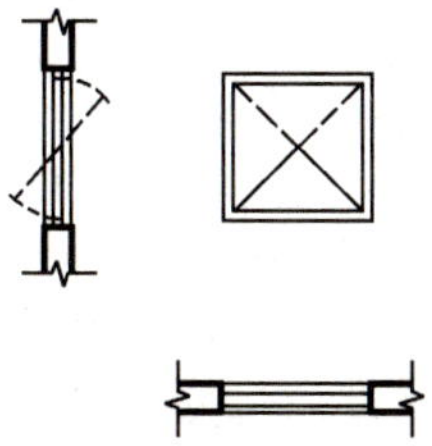	

序号	名称	图例	备注
23	下悬窗	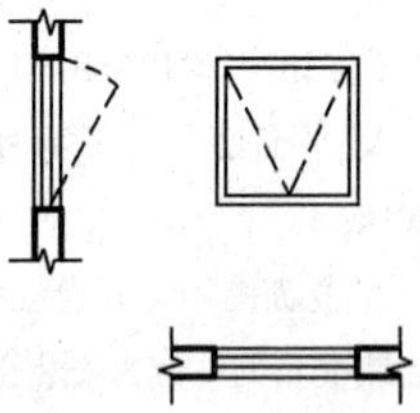	1. 窗的名称代号用C表示。 2. 平面图中，下为外，上为内。 3. 立面图中，开启线实线为外开，虚线为内开。开启线交角的一侧为安装合页一侧。开启线在建筑立面图中可不表示，在门窗立面大样图中需绘出。 4. 剖面图中，左为外，右为内。虚线仅表示开启方向，项目设计不表示。 5. 附加纱窗应以文字说明，在平、立、剖面图中均不表示。 6. 立面形式应按实际情况绘制
	立转窗		
24	单层外开平开窗		
	单层内开平开窗		
	双层内外开平开窗		
25	单层推拉窗	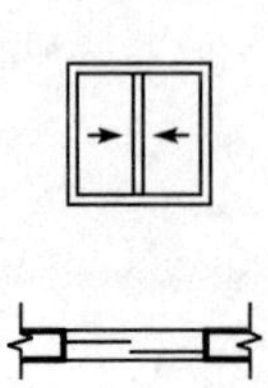	1. 窗的名称代号用C表示； 2. 立面形式应按实际情况绘制

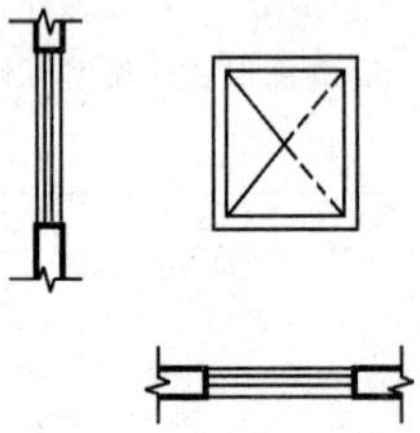

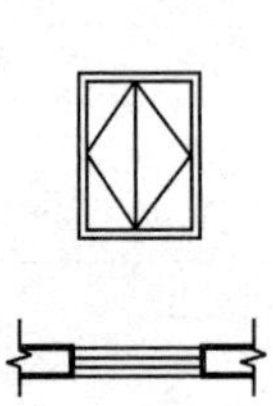

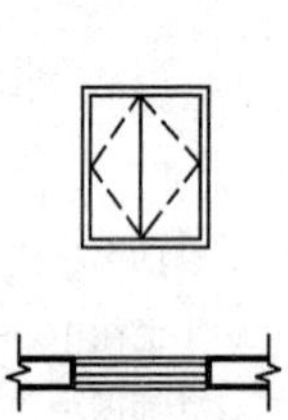

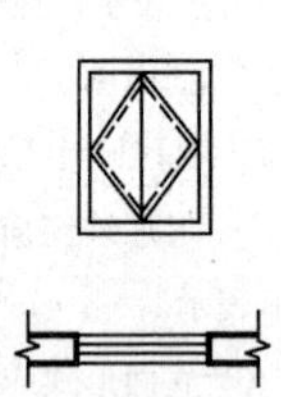

序号	名称	图例	备注
25	双层推拉窗	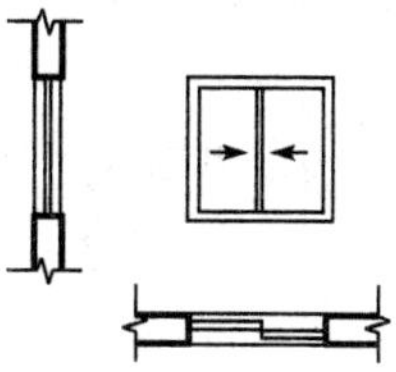	1. 窗的名称代号用C表示； 2. 立面形式应按实际情况绘制
	上推窗	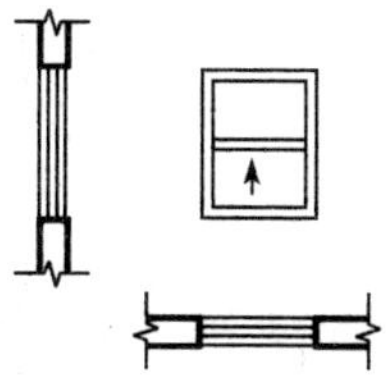	
26	高窗	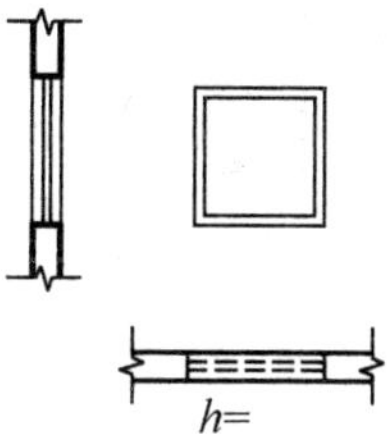 h=	1. 窗的名称代号用C表示。 2. 立面图中，开启线实线为外开，虚线为内开。开启线交角的一侧为安装合页一侧。开启线在建筑立面图中可不表示，在门窗立面大样图中需绘出。 3. 剖面图中，左为外，右为内。 4. 立面形式应按实际情况绘制。 5. h 表示高窗底距本层地面高度。 6. 高窗开启方式参考其他窗型
27	电梯	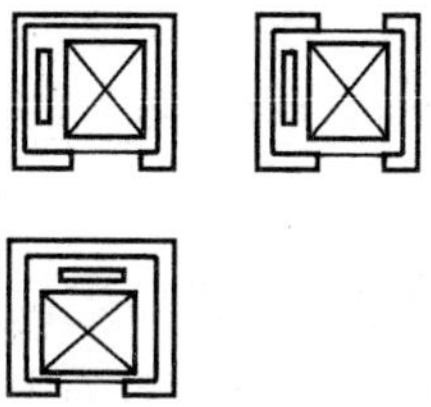	1. 电梯应注明类型，并按实际绘出门和平衡锤或导轨的位置； 2. 其他类型电梯应参照图例按实际情况绘制
28	自动扶梯	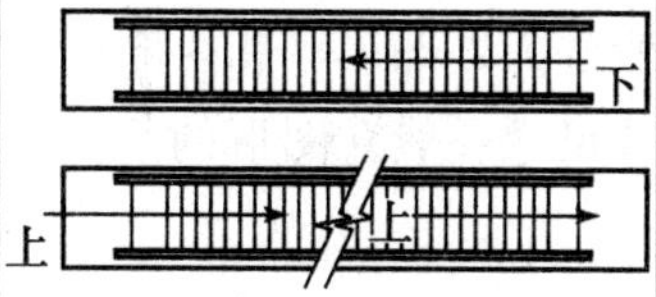 下 上 上	箭头方向为设计运行方向

三、建筑平面图的图示内容

(1)所有轴线及其编号。在建筑施工图中用轴线来确定房间的大小、走廊的宽窄和墙的位置，凡是主要的墙、柱、梁的位置都要用轴线来定位。

(2)所有房间的名称及其门窗的位置、编号与大小。在建筑工程施工图中，门用代号“M”表示，窗用代号“C”表示。

(3)室内外的有关尺寸及室内楼地面的标高。除建筑总平面图外，施工图中所标注的标高均为相对标高。

(4)电梯、楼梯在建筑中的平面位置、开间和进深大小，楼梯的上下方向及上一层楼的步数。

(5)阳台、雨篷、台阶、坡道、散水、排水沟、花池、通风道等的位置及尺寸。

(6)室内设备，如厨房设备、卫生器具、隔断及其他主要设备的位置、形状。

(7)地下室的平面形状、各房间的平面布置及楼梯布置等情况。

(8)底层平面图中剖面图的剖切符号及编号。

(9)图名、比例，用指北针表示建筑物的朝向。

(10)有关部位的详图索引符号。

(11)其他工种对土建工程的要求，如配电箱、消火栓、预留洞等，均应在平面图中标明其位置和尺寸。

(12)屋顶平面图上女儿墙檐沟、屋面坡度、分水线、上人孔、消防梯、其他构筑物及索引符号等。

任务实施

一、建筑平面图的识读

1. 一层平面图的识读(图 3-11)

(1)了解平面图的图名、比例。从图 3-11 中可知该图为一层平面图，比例为 1∶100。

(2)了解建筑物的朝向。查阅总平面图中的指北针可知该住宅的朝向是南北向，主入口朝北。

(3)了解建筑物的结构形式。从图 3-11 中可知该建筑为框架结构，涂黑的框架柱尺寸需查阅结构施工图。

(4)了解建筑物的平面布置。该住宅楼一层为车库。横向定位轴线有 15 根，纵向定位轴线有 3 根。每个车库均有出入口，设有两部楼梯，楼梯仅有向上。

(5)了解建筑平面图上的尺寸。建筑平面图上标注的尺寸均为未经装饰的结构表面尺寸。由于建筑平面图中尺寸标注比较多，一般分为外部尺寸和内部尺寸。

1)外部尺寸。为了便于读图和施工，外部尺寸一般在图形的下方及左侧注写三道尺寸，这三道尺寸线从里往外分别是：

第一道尺寸线：表示建筑外墙上各细部的位置及大小，如门窗洞宽和位置、墙柱的大小和位置、窗间墙宽度等。这道尺寸线一般与轴线联系，这样便于确定窗洞口的大小和位置，从图 3-11 中可知，门 M-1、M-4 的洞口宽度为 1 500 mm 和 2 400 mm 等。

第二道尺寸线：表示定位轴线之间的尺寸，称为轴线尺寸，用以说明房间的开间及进深尺寸。通常将相邻横向定位轴线之间的尺寸称为开间，相邻纵向定位轴线之间的尺寸称为进深。从图 3-11 中可知，南向车库开间为 5 500 mm、3 000 mm、3 600 mm，进深为 6 400 mm；

北面车库开间为 4 350 mm、5 050 mm，进深为 5 600 mm；楼梯间开间为 2 700 mm，进深为 5 600 mm。

第三道尺寸线：表示外轮廓的总尺寸，是指从一端外墙边到另一端外墙边的总长和总宽尺寸，从图 3-11 中可知总长为 24 700 mm，总宽为 12 500 mm，通过这道尺寸线可以计算出新建房屋一层的建筑面积。

2)内部尺寸。一般用一道尺寸线表示出墙厚，墙与轴线的关系，房间的净长、净宽以及内墙门窗及轴线的关系等细部尺寸。本图中所绘外墙厚度为 300 mm(未包括保温)，楼梯间内墙墙体厚度为 300 mm，其他内墙墙厚为 200 mm，定位轴线与墙体的关系具体如图 3-11 所示。

(6)了解建筑中各组成部分的标高及相关尺寸。它包括室内外地坪、楼面、楼梯平台、阳台地面等处，都分别注明标高，这些标高均采用相对标高(小数点后保留 3 位小数)。该工程室内地坪标高为±0.000 m，室外地坪标高为－0.100 m，楼梯间地面标高为 0.500 m。楼梯间与室外地坪建设有室外台阶，台阶的踏步个数为 4 个，踏步宽为 280 mm。车库为解决内外高差设有坡道，宽度为 1 500 mm。

(7)了解门窗的位置及编号。为了便于读图，窗、门都加编号以便区分。在读图时应注意每种类型门窗的位置、形式、大小和编号，并与门窗表对应，了解门窗采用标准图集的代号、门窗型号和是否有备注。通过查阅门窗表 M-1 的洞口宽度为 1 500 mm，高度为 2 400 mm，M-4 的洞口宽度为 2 400 mm，高度为 2 100 mm。

(8)了解建筑剖面图的剖切位置、索引标志。在底层平面图中，还要表示建筑剖面图的剖切位置和编号。如 1—1 剖切符号，表示剖切位置在③轴线和⑤轴线间，并剖切到 M-1 和 M-4 门，剖面图类型为全剖面图，剖视方向向左。这套施工图中有两个全剖面图。细部做法如另有详图或采用标准图集的做法，应在平面图中标注索引符号，注明该部位所采用的标准图集的代号、页码和图号，以便施工人员查阅标准图集，方便施工。如图 3-11 所示，台阶、坡道处的索引符号，表示台阶、坡道的做法分别采用标准图集辽 92J101(一)第 6 页编号 3 的详图和第 8 页编号 7 的详图的做法。台阶、坡道、散水仅在一层平面图中表示。

(9)了解各专业设备的布置。建筑物内还有很多设备，如卫生间的便池、洗面盆等，读图时应注意其位置、形式及相应尺寸。如图 3-11 所示，车库内设有洗面盆，由于平面图比例小，具体位置见详图。

2. 二层平面图的识读(图 3-18)

与一层平面图表示内容相同部分略。

该住宅楼共有 2 个单元，每个单元一梯 2 户。横向定位轴线有 15 根，纵向定位轴线有 3 根，还设有(1/0A)、(1/A)、(2/A)、(1/B)、(1/C)共 5 条附加轴线。本层的主要功能是卧室、客厅、厨房、卫生间、阳台等。安全出口设于北向，每个单元均有 1 部楼梯，楼梯图例与一层平面图有所不同。图中标注坡度为 2%的悬挑部分为雨篷(此部分仅在二层平面图中绘出)，其余悬挑部分均为阳台。

由于住宅的使用特点，每个房间的开间和进深较小，如中间 2 户的次卧室开间仅有 2 700 mm，进深仅有 3 600 mm。内墙与一层平面图相比增加了厚度为 120 mm 的隔墙。二层楼地面标高为 2.600 m。图中门窗洞口的尺寸可以把本图和门窗表结合起来进行识读。

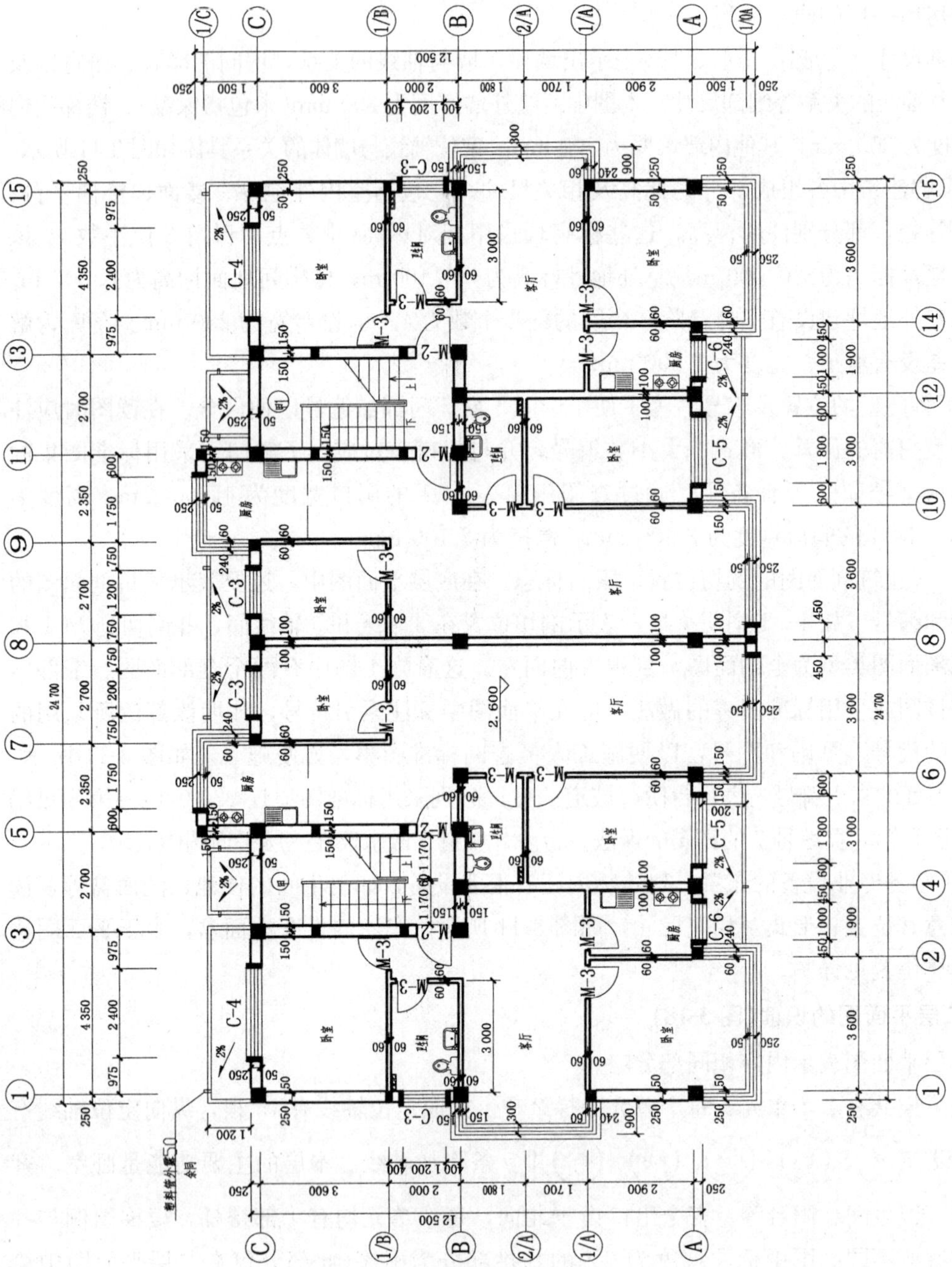

二层平面图 1∶100

注：阳台转角处（窗裙墙）设截面为300X300的构造柱，
以上各层均相同。

图 3-18 二层平面图

3. 其他楼层平面图的识读(图 3-19、图 3-20)

本工程中除一层平面图、二层平面图外，还有三～六层平面图、阁楼层平面图。三～六层平面图所表示的内容与二层平面图大同小异。在识读时，重点应与二层平面图对照异同，如平面布置有无变化、墙体厚度有无变化、楼面标高的变化、楼梯图例的变化、门窗有无变化等。

对照阁楼层平面图与三～六层平面图可知六层住户次卧室(北侧卧室)的上部空间绝大部分设为露台，露台属于上人平屋顶，采用有组织排水，设有 2%的排水坡度，为保证安全，露台四周设有栏杆。

4. 屋顶平面图的识读(图 3-21)

在房屋的上方，向下作屋顶外形的水平投影而得到的投影图即屋顶平面图。它表示屋顶情况，如屋面排水的方向、坡度、雨水管的位置、上人孔及其他建筑配件的位置等。本工程屋顶平面图需与阁楼平面图相结合反映其排水情况。从屋顶平面图中可以看出，该屋顶为坡屋顶。南侧采用有组织外排水，Ⓐ轴外侧阳台及其内部对应部分一定范围采用平屋顶，排水坡度为 2%，檐沟排水坡度为 1%。东侧和西侧雨篷也采用有组织外排水，排水坡度为 2%。北侧采用无组织排水，雨水先汇集到阁楼层平面图中所绘露台，露台采用有组织外排水将雨水排走。图中小圆圈表示雨水管，可知不同位置雨水管的数量，雨水管处的构造做法见标准图集辽 2008J201-1 第 30 页、第 33 页。在靠近北侧③轴线附近有一上人孔，做法见标准图集辽 2008J201-1 第 36 页第 1 个详图。

二、建筑平面图的绘制

(1)确定平面图的比例和图幅。选择适当的比例，通常采用 1∶100、1∶50、1∶200。根据建筑物的长度、宽度和复杂程度以及尺寸标注所占的位置和必要的文字说明的位置，确定图纸的幅面。

(2)画图框线和标题栏。

(3)布置图面，画所有定位轴线、墙柱的轮廓，如图 3-22(a)所示。

(4)定门、窗洞的位置，画细部如楼梯、卫生间等，如图 3-22(b)所示。

(5)仔细检查底图无误后，按规定线型加深。

在平面图中的线型要求粗细分明，归纳如下：

1)粗实线：凡是被水平切平面剖切到的墙、柱的断面轮廓。

2)中实线：被剖切到的次要部分的轮廓线和可见的构配件的轮廓线，如墙身、窗台等。

3)中虚线：被剖切到的高窗、墙洞等。

4)细实线：尺寸标注线、引出线等。

5)细点画线：定位轴线和中心线。

6)需要注意的是，平面图实际上是水平剖面图，要画剖切到的部位(粗实线)，也要画投影到的构造(中实线或细实线)。

(6)检查后，加深图线，标注轴线编号、标高尺寸、内外部尺寸、门窗编号、索引符号、剖切符号以及书写其他文字说明，如图 3-22(c)所示。

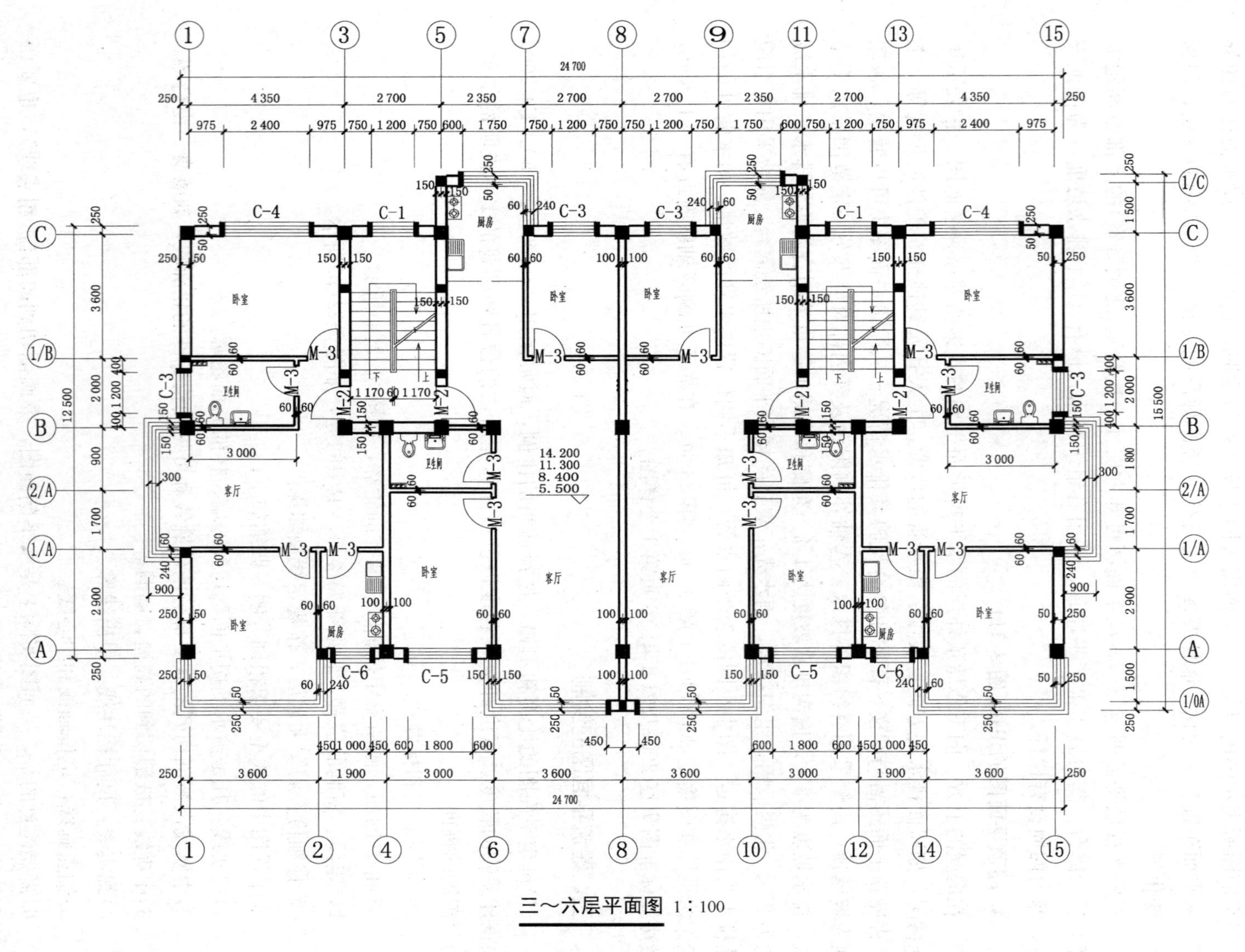

图 3-19　三~六层平面图

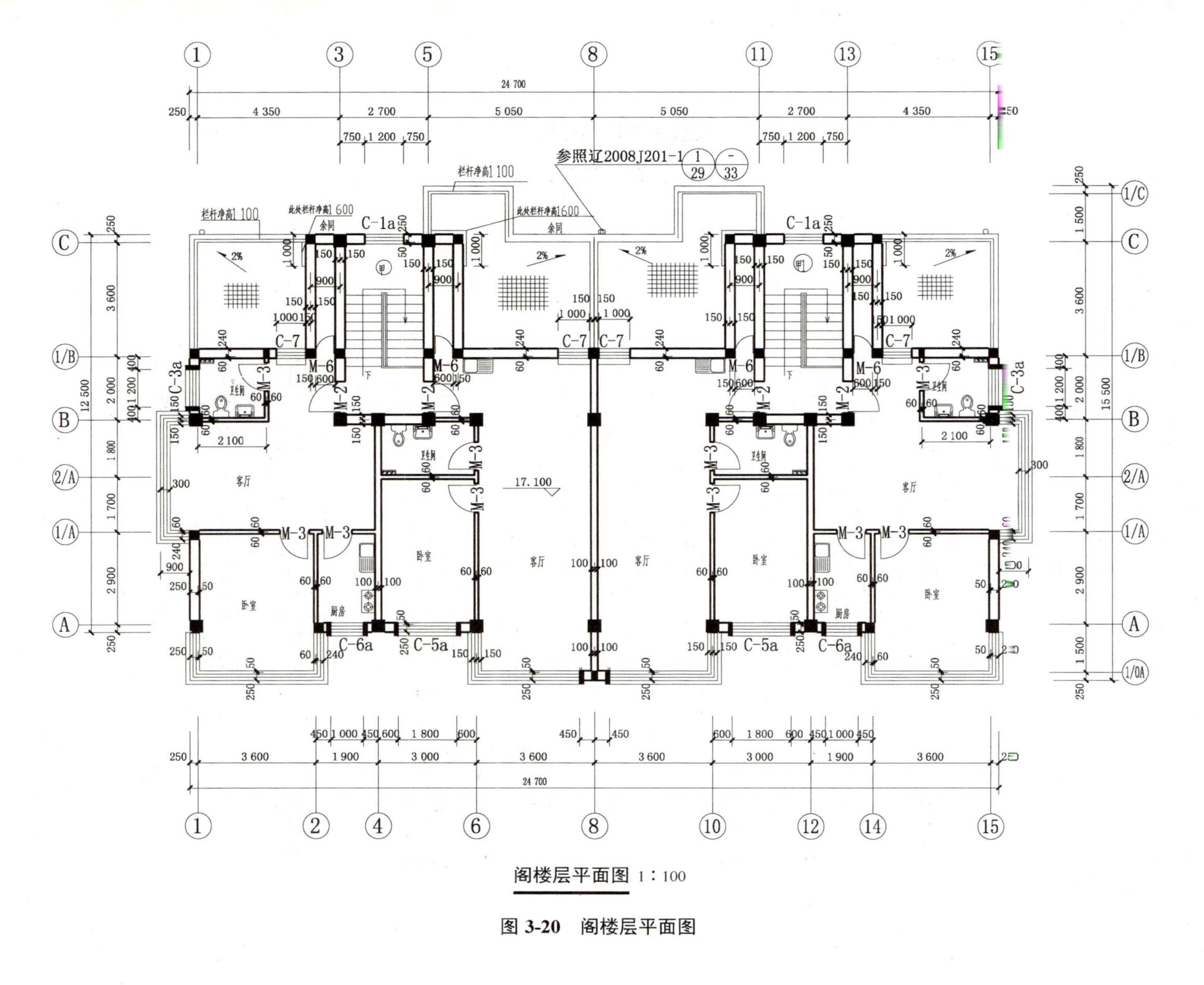

阁楼层平面图 1：100

图 3-20 阁楼层平面图

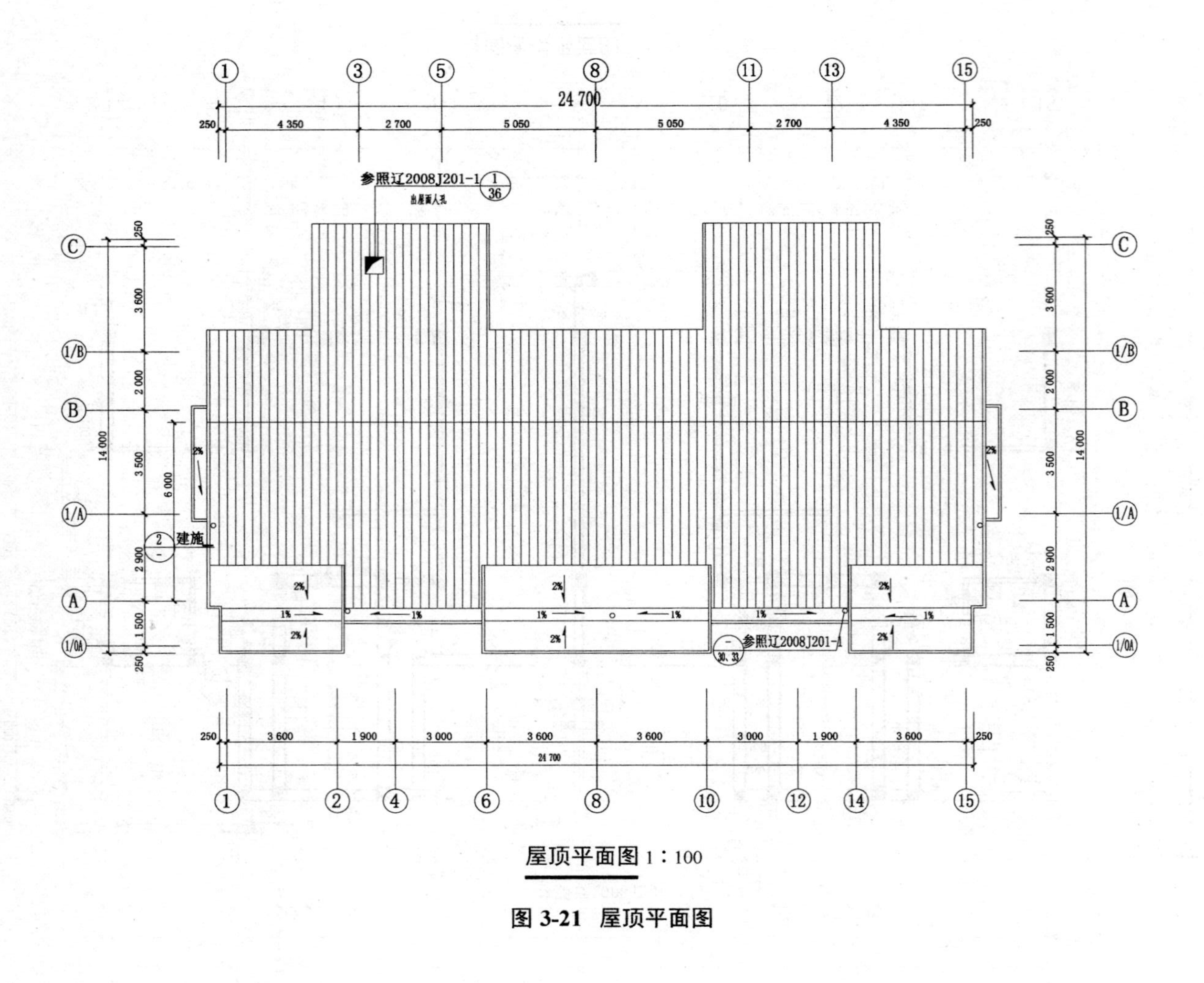

屋顶平面图 1：100

图 3-21 屋顶平面图

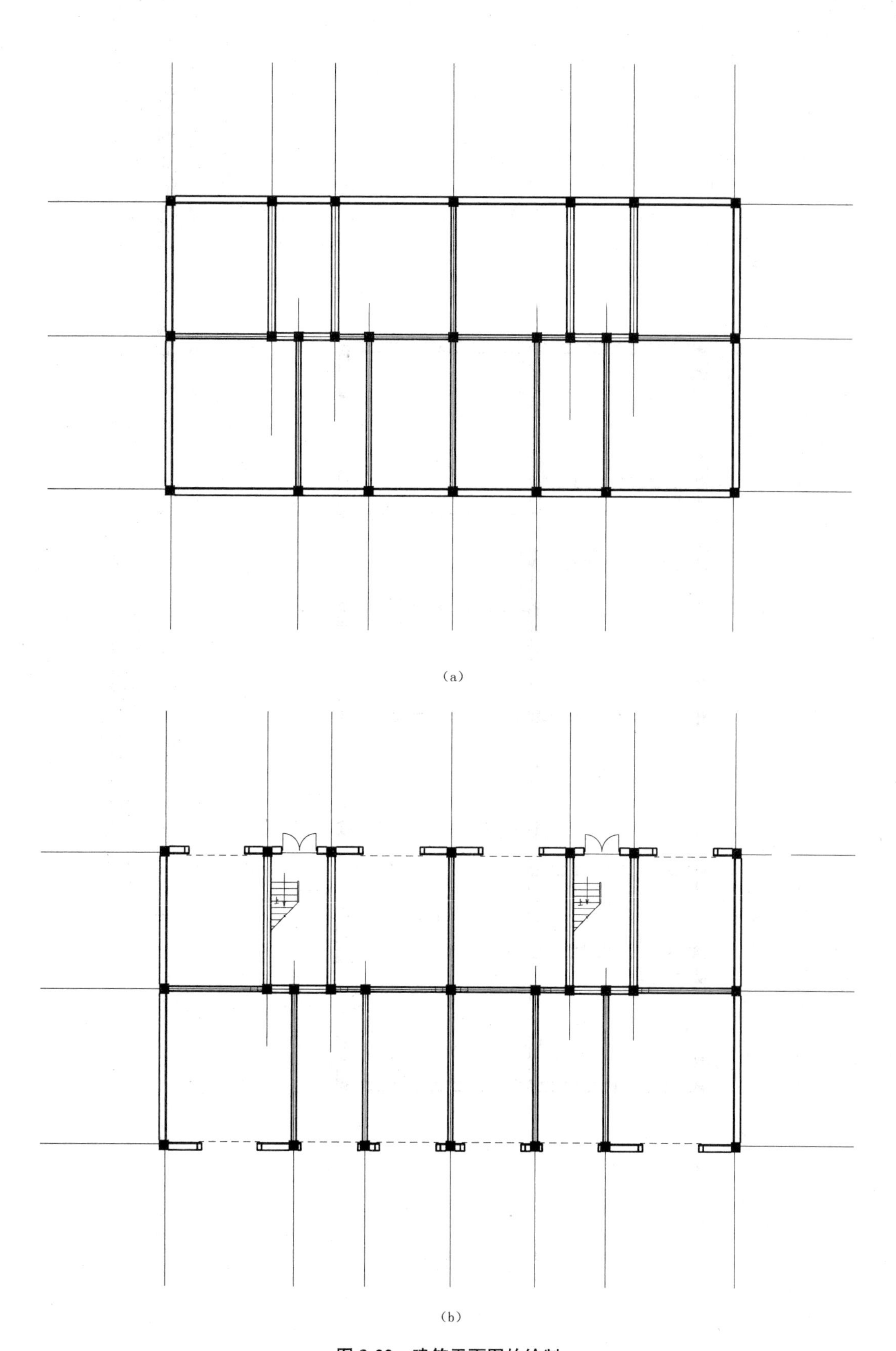

(a)

(b)

图 3-22　建筑平面图的绘制

(a)画定位轴线，墙身线；(b)定门窗位置，画细部

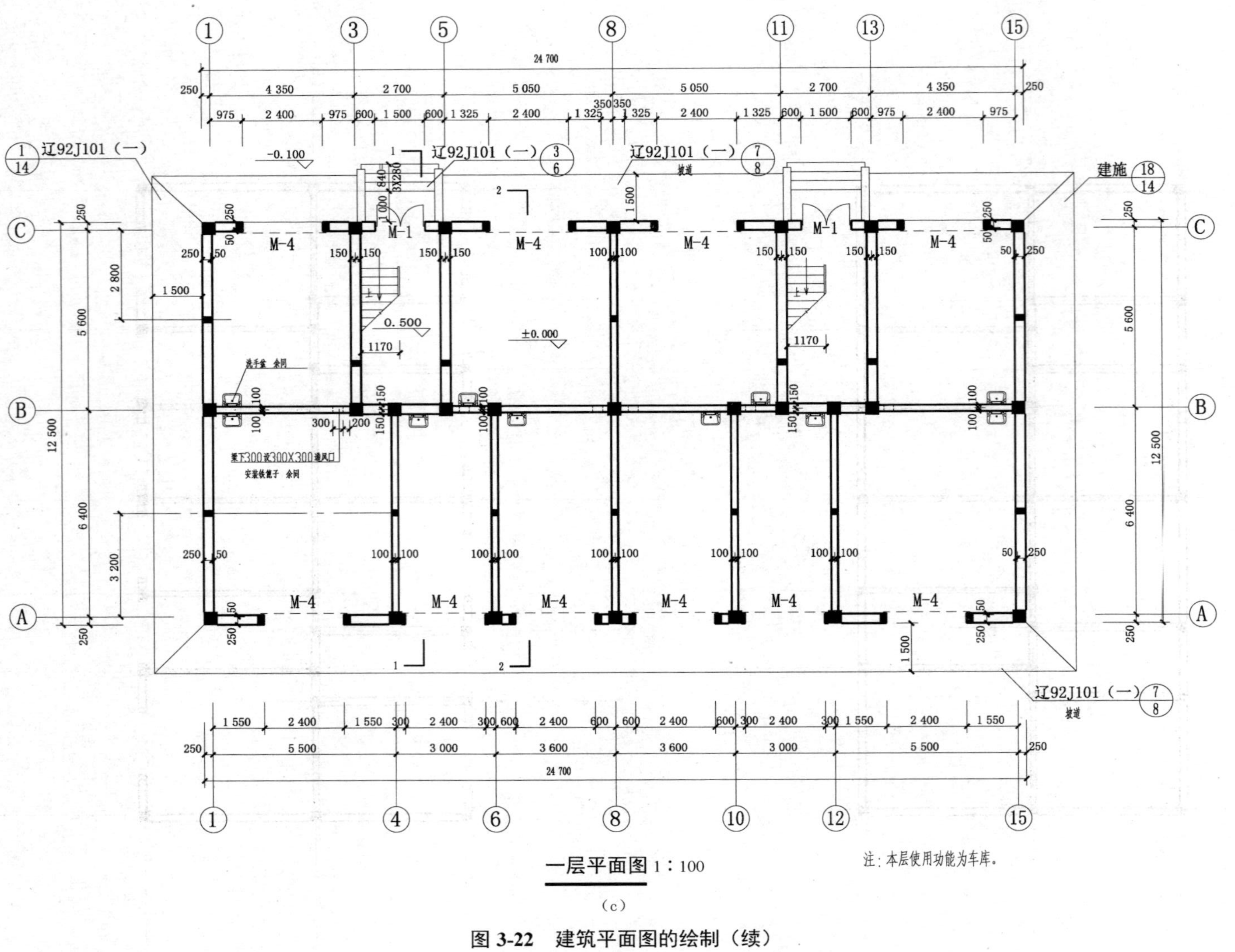

（c）

图 3-22　建筑平面图的绘制（续）

（c）检查后，加深图线，尺寸标注，完成平面图

练 习

识读平面图(图 3-23)，完成以下题目。

1. 图 3-23 中建筑物的结构类型为(　　)，建筑物总长为(　　)，总宽为(　　)，设置的主要房间有(　　)。

2. 该办公楼的横向定位轴线有(　　)根，纵向定位轴线有(　　)根，纵向附加轴线有(　　)根。办公室的开间为(　　)，进深为(　　)。

3. 图 3-23 中外墙厚度为(　　)，内墙厚度为(　　)。C-1 的宽度为(　　)，数量为(　　)。

4. 图 3-23 中室外地坪标注的标高为(　　)，一层地面的标高是(　　)。室外台阶的踏步个数为(　　)，踏步宽为(　　)，踏步高为(　　)。台阶的做法见(　　)。

5. 散水的宽度为(　　)，坡道的宽度为(　　)，坡度为(　　)。

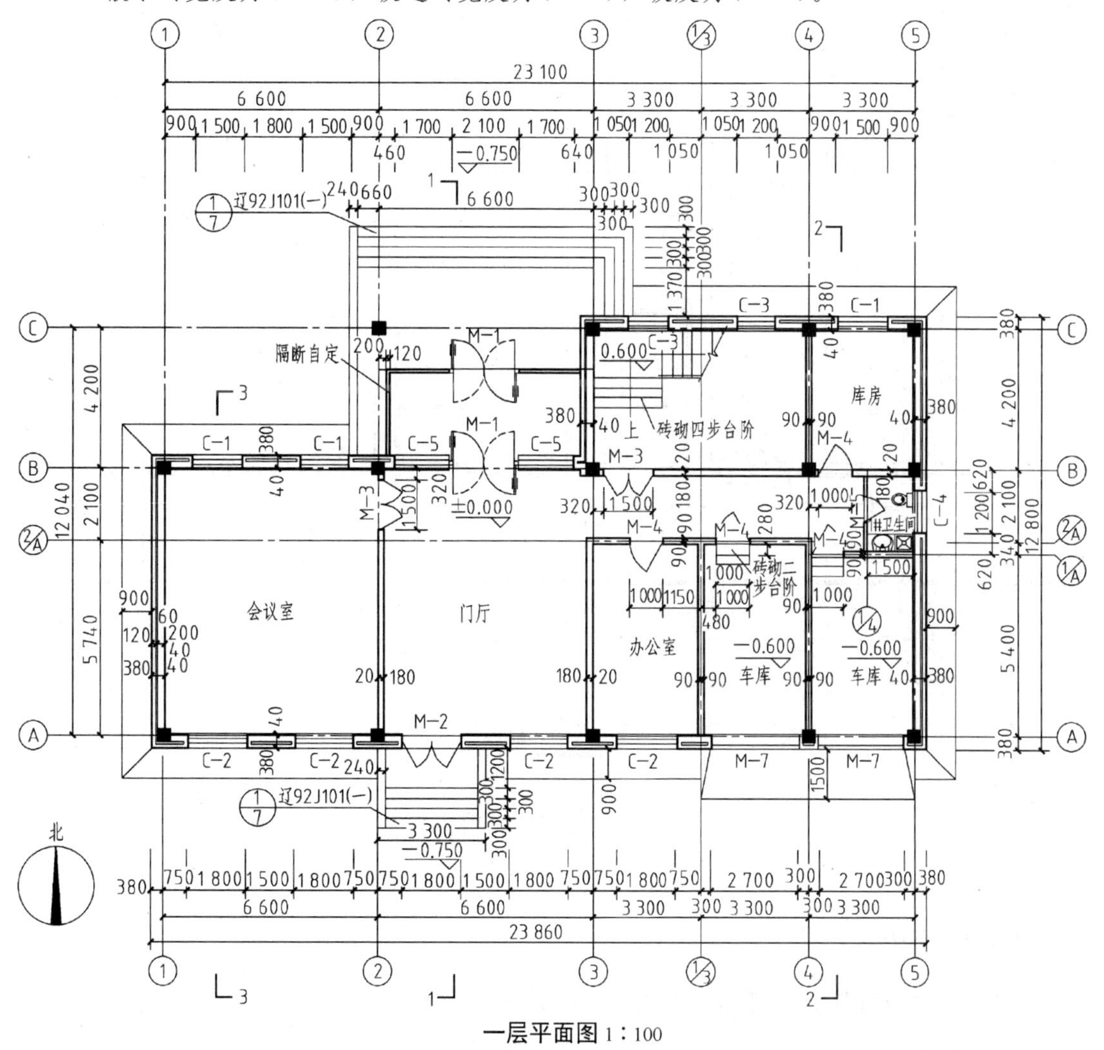

图 3-23　某办公楼一层平面图

任务四　建筑立面图的识读

任务介绍

图 3-24 所示为一栋房屋的立面图，应如何进行识读？

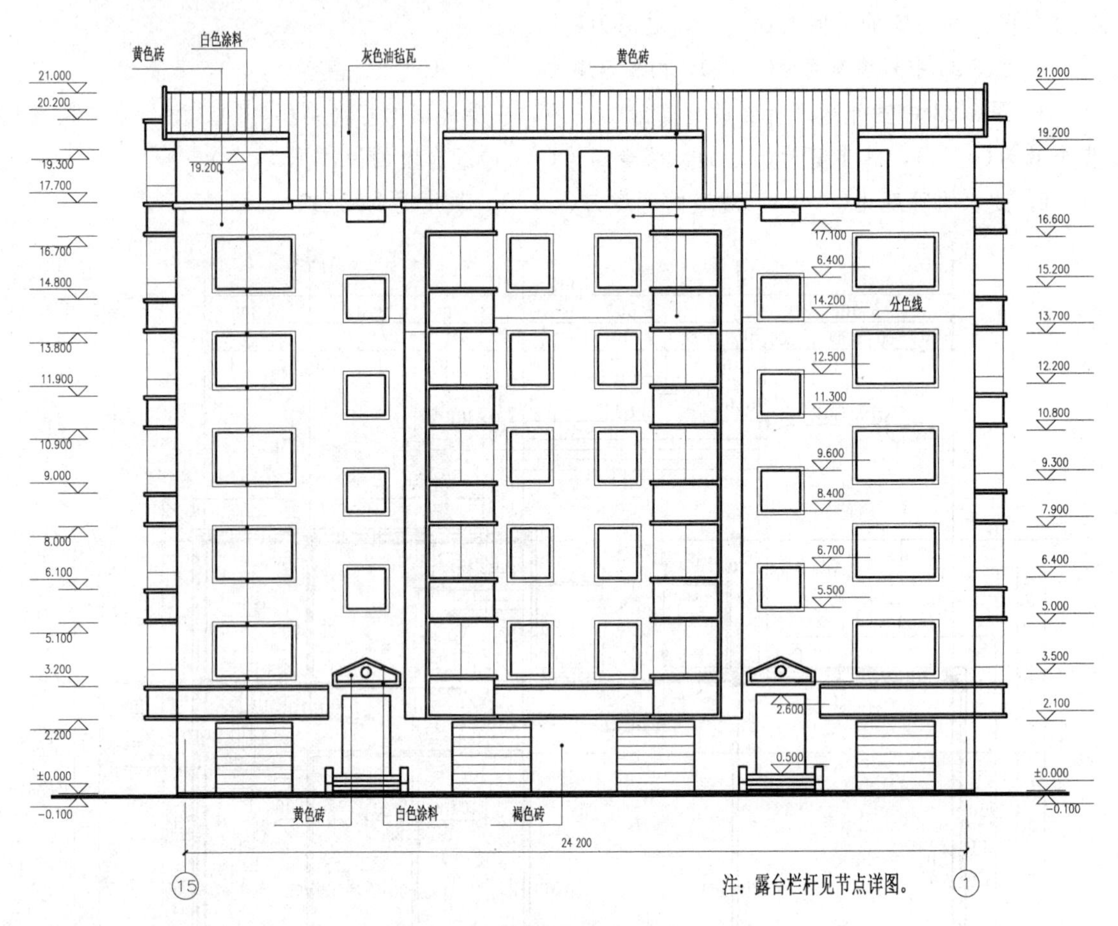

⑮～①正立面图 1：100

图 3-24　正立面图

任务分析

识读房屋的立面图，需熟悉立面图图示的内容，掌握立面图的规定及标注方法。

相关知识

一、建筑立面图的形成和作用

在与房屋立面平行的投影面上所作的正投影图，称为建筑立面图，简称立面图，如图 3-25 所示。它主要反映房屋的外貌、各部分配件的形状和相互关系以及立面装修做法等，是建筑及装饰施工的重要图样。

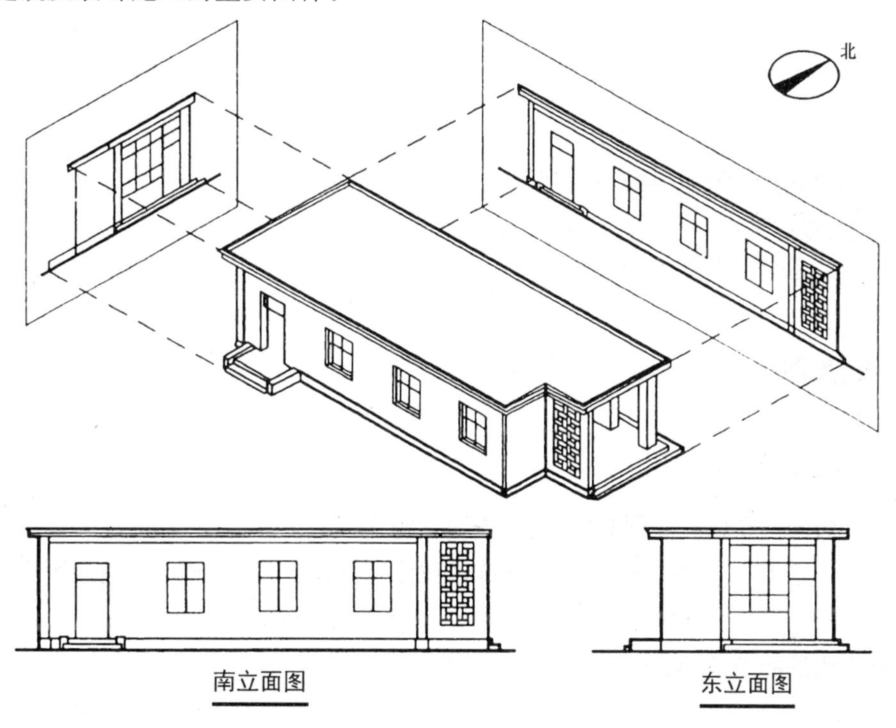

图 3-25 立面图的形成

因每幢建筑的立面不止一个，每个立面都应有各自的名称。通常，立面图的命名方式有以下三种：第一种用建筑平面图中的首尾轴线命名，按照观察者面向建筑物从左到右的轴线顺序命名，如①～⑤轴线立面图，⑤～①轴线立面图，Ⓐ～Ⓒ轴线立面图等。第二种按外貌特征命名，将反映建筑物主要出入口或比较显著地反映外貌特征的那一面称为正立面图，其余立面图依次为背立面图、左立面图和右立面图。第三种按建筑的朝向来命名，如南立面图、北立面图、东立面图、西立面图，如图 3-26 所示。

二、建筑立面图的图示内容

(1)建筑物的外部形状，如从建筑物外可以看见的勒脚、台阶、门、窗、阳台、雨水管、墙面分格线等。

(2)建筑物立面上的主要标高，如内外地面标高、各层门窗洞口标高、勒脚标高、屋顶标高等。

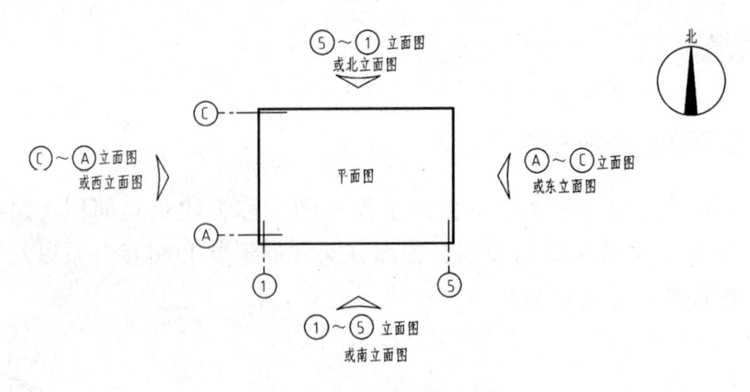

图 3-26　立面图的分类

(3)建筑物两端的定位轴线及其编号。

(4)图名和比例。

(5)外墙面装修的材料及其做法。

任务实施

一、建筑立面图的识读

1. 正立面图、右侧立面图的识读(图 3-24、图 3-27)

由于图中所示住宅的右侧立面图与左侧立面图表达的内容相同，只是在图形中左右相互对调，于是省略了不画左侧立面图的步骤。识读方法同图 3-24。

2. 背立面图的识读(图 3-28)

(1)了解图名、比例。该立面图的图名为背立面图，比例为 1∶100。在通常情况下，为了绘图方便，立面图的比例与平面图的比例相同。

(2)了解建筑的外貌形状，并与平面图对照深入了解屋面、雨篷、台阶等细部形状及位置。从图 3-28 中可知，该住宅楼为六层带阁楼，屋面为坡屋顶，室外与室内用四步台阶相连。

(3)了解建筑的高度。从图 3-28 的左侧标高可知，阳台、窗台的高度及窗的高度，如二层阳台窗台的标高为 3.200 m，窗洞口上部的标高为 5.100 m，窗高位为 1.900 m。从正、背立面图的右侧标高可知道各房间(楼梯间除外)窗台的高度、窗的高度，如三层窗台的标高为 6.400 m，窗洞口上部标高为 7.900 m，窗高位为 1.500 m。图 3-28 中的楼梯间窗与其他窗的位置、尺寸都不同，采用内部标注的方式。

(4)了解入口位置，门窗的形式、位置及数量。该建筑的北入口为主要入口，通过与各层平面图对照识读可更准确地了解门窗的情况。

(5)了解建筑物的外装修。该建筑外立面主要是黄色砖，一层外部墙面装修采用褐色砖，窗套等采用白色涂料，屋顶为灰色油毡瓦等。

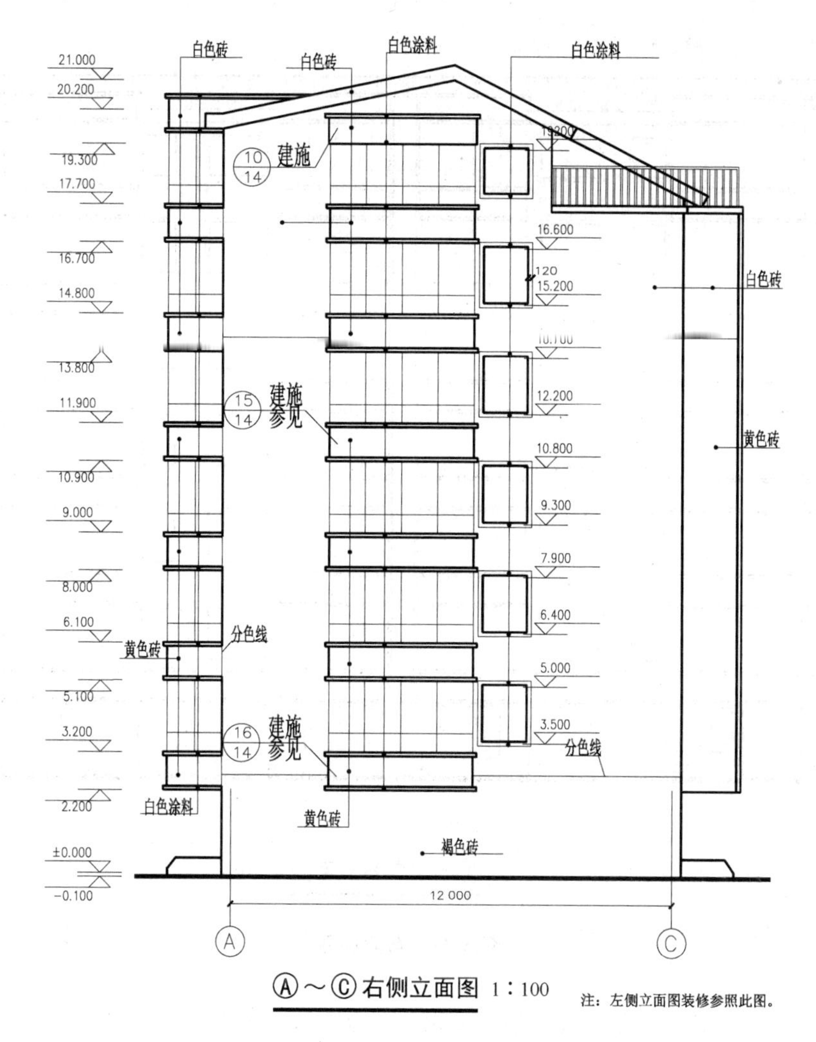

图 3-27　右侧立面图

二、建筑立面图的画法

(1)确定立面图的比例和图幅，一般与平面图相同，以便对照看图。

(2)画室外地坪，两端的定位轴线、外墙轮廓线、屋顶线等，如图 3-29(a)所示。

(3)根据层高、各部分标高和平面图门窗洞口的尺寸，画出立面图中门窗洞口、檐口、雨篷、雨水管等细部的外形轮廓，如图 3-29(b)所示。

(4)检查无误后，按立面图的线型要求进行图线加深。

1)用粗实线表示立面图的最外轮廓线。

2)凸出墙面的雨篷、阳台、柱子、窗台、窗楣、台阶、花池等投影线用中粗线画出。

3)地坪线用加粗线(粗于标准粗度的 1.4 倍)画出。

4)其余(如门、窗及墙面分格线、落水管以及材料符号引出线、说明引出线等)用细实线画出。

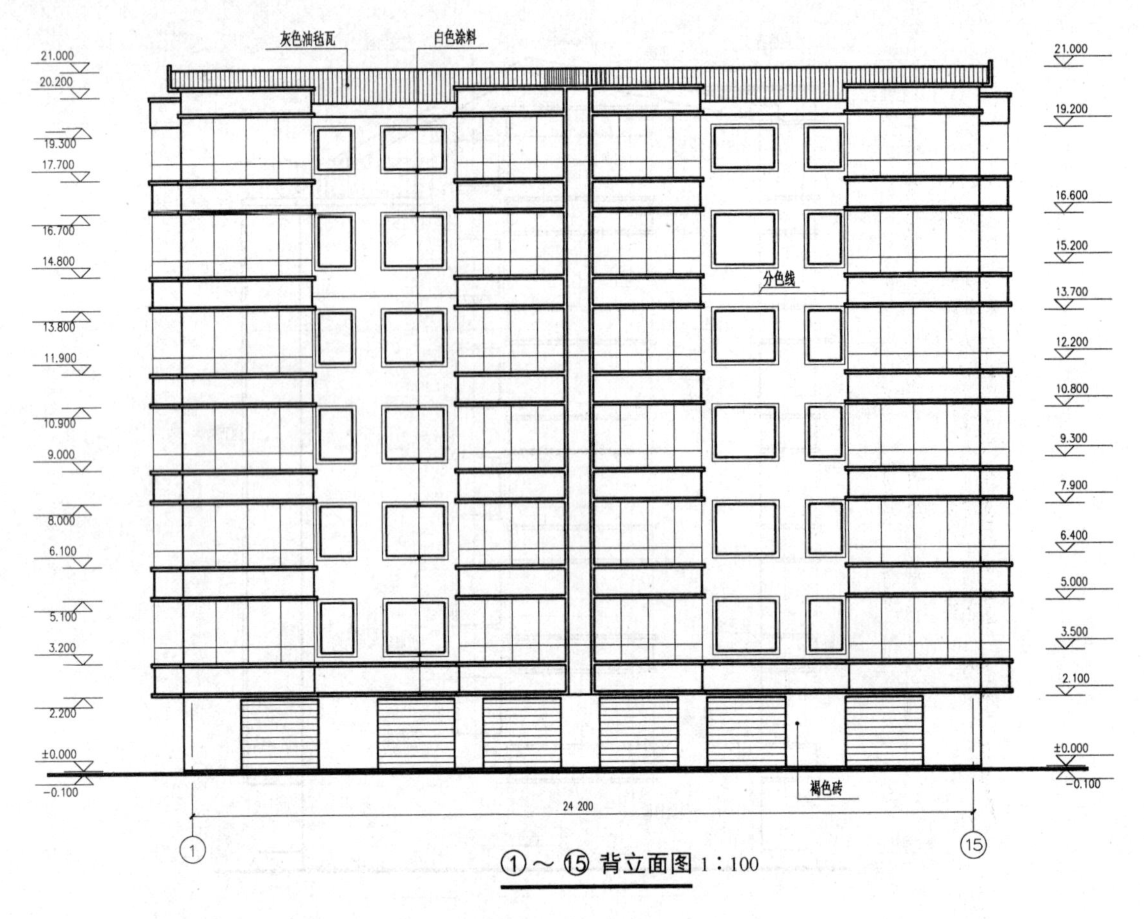

图 3-28 背立面图

(5)标注标高，书写墙面装修文字、图名、比例、文字说明等，如图 3-29(c)所示。

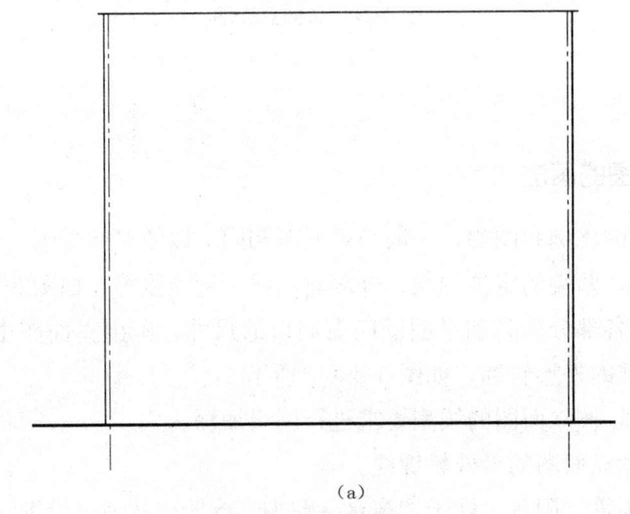

(a)

图 3-29 立面图的绘制

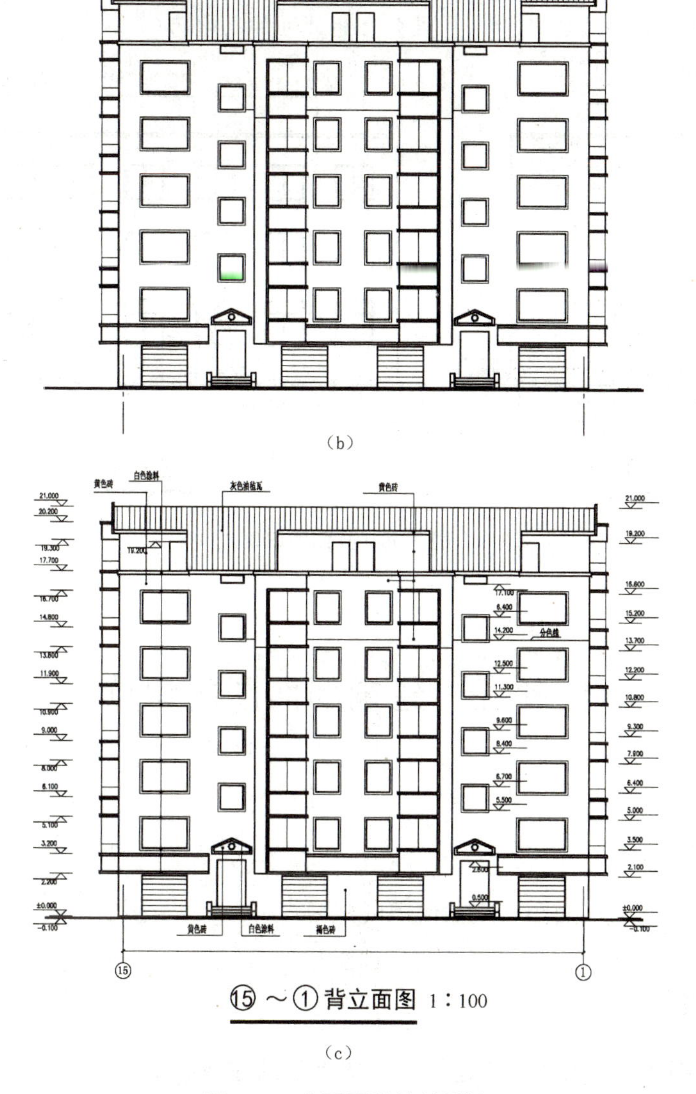

（b）

（c）

图 3-29　立面图的绘制(续)

识读图 3-30，完成以下题目。

1. 建筑立面图是(　　)图，它主要用来表示(　　)各部位的标高和必需的尺寸。建筑立面图在施工中主要用于(　　)。

2. 有定位轴线的建筑物，宜根据(　　)编注建筑立面图的名称；无定位轴线的建筑物，可按(　　)确定名称。

3. 建筑立面图的图示方法，室外地坪线用(　　)，建筑外轮廓和较大转折处用(　　)，外墙上的突出物如阳台、雨篷、门窗洞口用(　　)，门窗分格线用(　　)。

4. 图 3-30 中勒脚部分采用(　　)装修，高度为(　　)。雨篷外装修用(　　)。

5. 图 3-30 中的窗高为(　　)，一层窗台距地面的高度为(　　)。

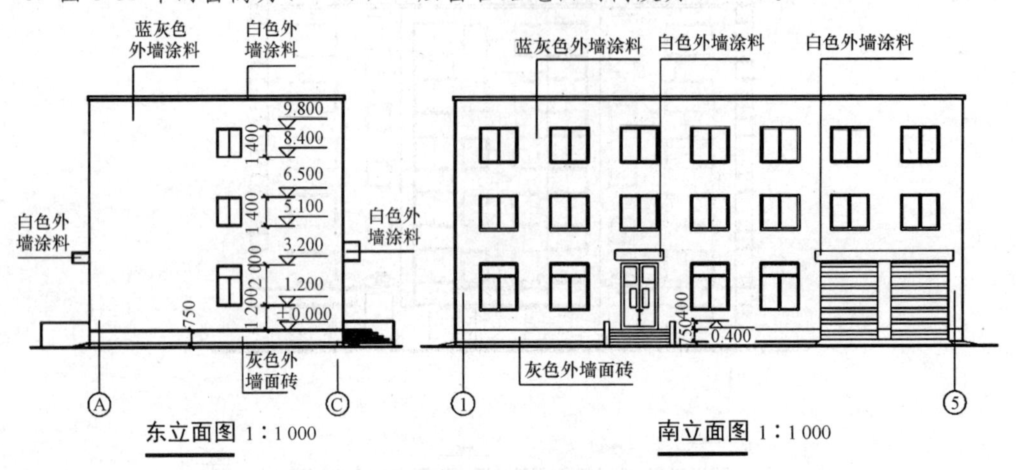

图 3-30　立面图识读

任务五　建筑剖面图的识读

任务介绍

图 3-31 所示为建筑剖面图，应如何识读该图?

任务分析

要读懂建筑剖面图，需要清楚建筑剖面图都反映建筑物的哪些结构，又是如何规定和标注的。

相关知识

一、建筑剖面图的形成和作用

假想用一个或几个铅垂剖切平面剖切建筑物，移去剖切平面与观察者之间的部分，将剩下部分按正投影的原理投射到与剖切平面平行的投影面上，得到的图称为剖面图，如图 3-32 所示。

建筑剖面图用来表示建筑内部的结构构造，垂直方向的分层情况，各层楼地面、屋顶的构造及相关尺寸、标高等。

剖面图的剖切位置和数量应根据建筑物自身的复杂情况而定，一般剖切位置选择能反映建筑物全貌、构造特征以及有代表性的部位，如楼梯间等，并应尽量使剖切平面通过门窗洞口。剖面图通常选用全剖面，必要时可选用阶梯剖面。剖面图的剖切位置和剖视方向，可以从底层平面图中找到，图名应与建筑一层平面图的剖切符号一致。

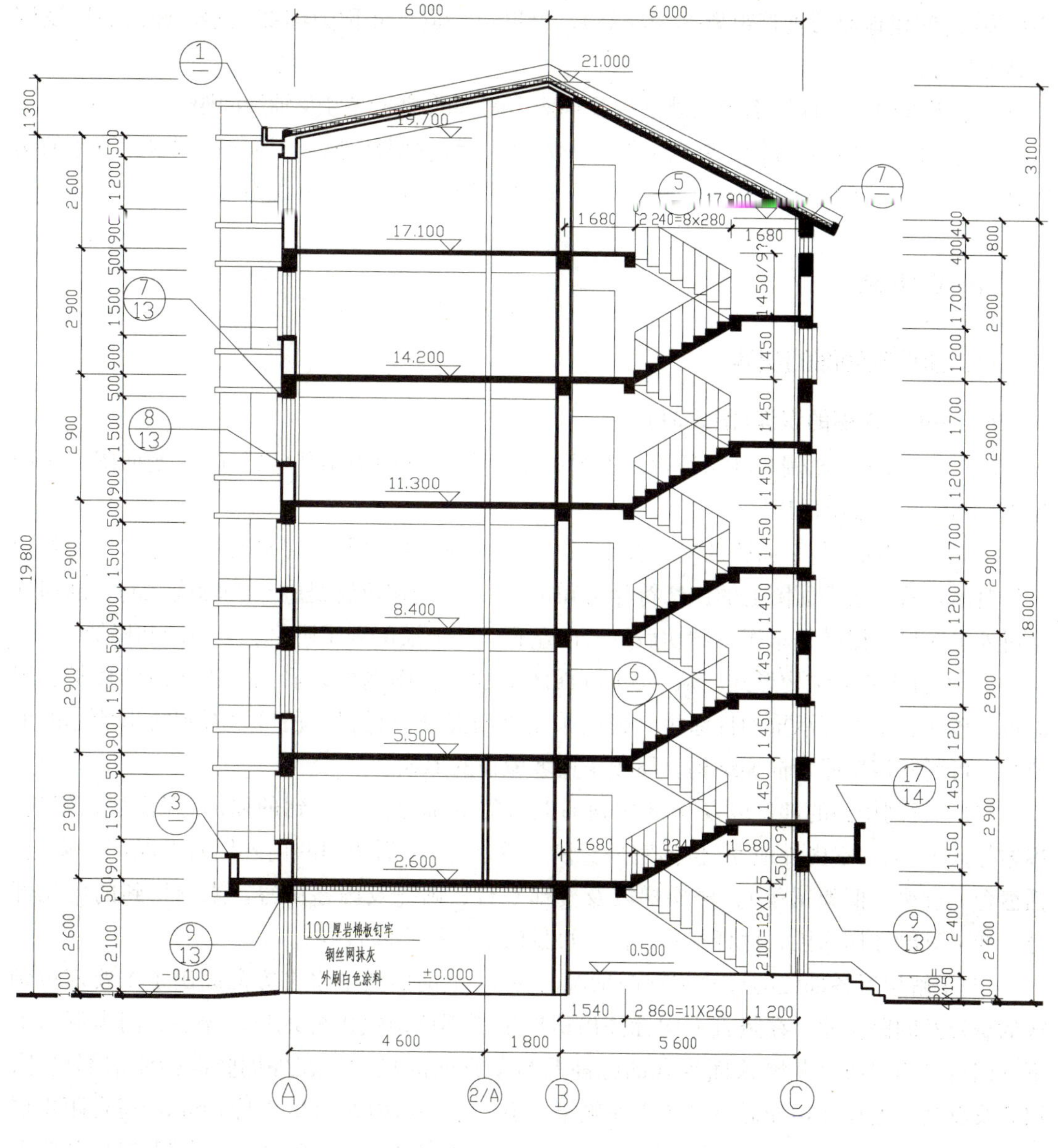

图 3-31　1—1 剖面图

二、建筑剖面图的图示内容

(1)被剖切到的墙、梁、柱及其定位轴线。

(2)一层地面、各层楼面、屋顶、门窗、楼梯、阳台、雨篷、防潮层、踢脚板、室外地面、散水、明沟及室内外装修等剖切到和可见的内容。

(3)尺寸和标高。

1)竖直方向上，在图形外部标注三道尺寸：最外一道尺寸为总高尺寸，从室外地平面起标到檐口或女儿墙顶止，标注建筑物的总高度；中间一道尺寸为层高尺寸，标注各层层高(两层之间楼地面的垂直距离称为层高)；最里边一道尺寸称为细部尺寸，标注墙段及洞口高度尺寸。

2)水平方向：常标注剖到的墙、柱及剖面图两端的轴线编号及轴线间距。

(4)楼地面、屋面、散水各层构造。一般用引出线说明楼地面、屋面、散水、坡道的构造做法，如果另画详图或已有说明，则在剖面图中用索引符号引出说明。

任务实施

一、建筑剖面图的识读

1. 1—1 剖面图的识读(图 3-31)

(1)了解图名、比例和剖切位置。由图 3-31 可知，该图为某住宅的 1—1 剖面图，比例为 1∶100，与平面图相同。

(2)了解剖面图与平面图的对应关系。将图名和轴线编号与一层平面图(图 3-11)的剖切符号对照，从一层平面图上的剖切符号可知 1—1 剖面剖切位置是③～⑤轴线之间，剖切到了对外出入口、楼梯、车库，剖切后从右向左看。其他层剖到了卧室、卫生间和楼梯。

(3)了解房屋的结构形式。从 1—1 剖面图上的材料图例可以看出，该房屋的楼板、屋面板、楼梯、挑檐等承重构件涂黑，说明采用钢筋混凝土材料。还可以看到露出墙体的框架柱，可判断该房屋为框架结构。屋顶采用坡屋顶的形式。

(4)了解剖切到的部位以及未剖切到的但可见的部分。剖切到的屋面(保温层、檐沟、挑檐等)、楼面、室内外地面(包括室外台阶、散水等)，剖切到的内外墙身及其门、窗(包括窗台、过梁、框架梁等)、楼梯梯段及楼梯平台、雨篷及雨篷梁等。未剖切到的可见部分，如可见的楼梯梯段、栏杆扶手、门，可见的梁、柱、阳台等。

(5)了解房屋各部位的尺寸和标高情况。在 1—1 剖面图中水平方向画出了主要定位轴线的编号及间距尺寸。在竖直方向标注出房屋主要部位即室内外地坪、楼层、门窗洞口上下、阳台、檐口或女儿墙顶面等处的标高及高度方向的尺寸。在外侧竖向标注细部尺寸、层高及总高三道尺寸，如通过本图中左侧第一道尺寸可知轴处门高 2 100 mm，窗台距本层楼地面高 900 mm，二～六层窗高为 1 500 mm，阁楼窗高为 1 200 mm，门窗洞口顶部距上一层楼地面(屋顶)的距离为 500 mm。通过与各层平面图对照识读，可知该Ⓐ轴剖到的门窗编号分别为 M-4、C-6、C-5、C-5a。这轴楼梯间外墙窗洞的高度为 1 000 mm。通过第二道尺寸标注或上下两层地面标高之差都可知一层层高为 2.6 m，二～六层层高为 2.9 m。由室内地面的标高和室外地面的标高可知车库处的内外高差为 100 mm，楼梯间出入口处的内外高差为 600 mm。

(6)了解楼梯的形式和构造。从该剖面图可以了解楼梯为钢筋混凝土楼梯，每层有两个楼梯段，是建筑中应用最广泛的平行双梯段楼梯，具体楼梯部分识读见建筑详图的内容。

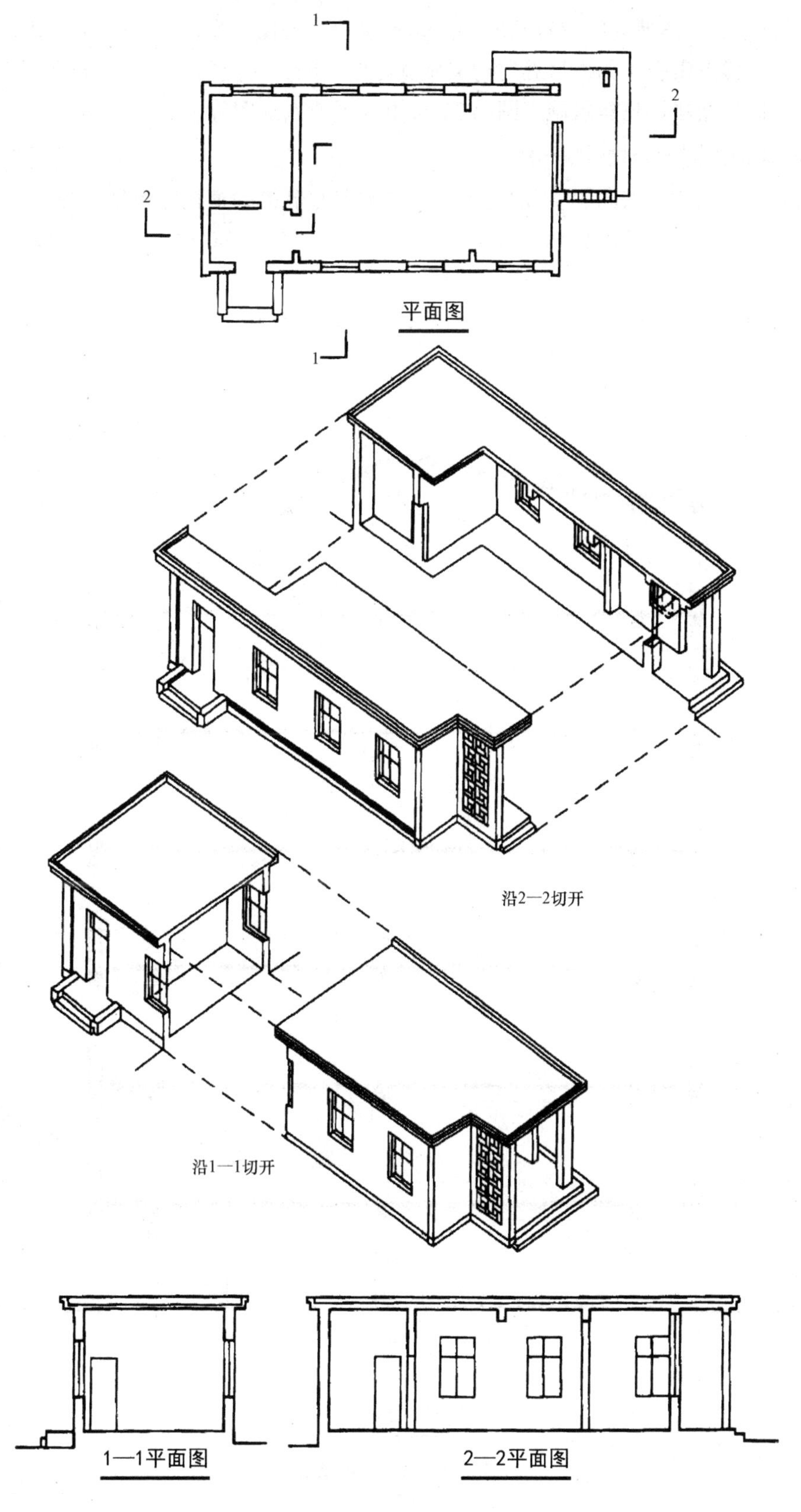

图 3-32　剖面图的形成

(7)了解索引详图所在的位置及编号。此图屋面、雨篷、窗台、檐口、框架梁、楼梯栏杆扶手等均有详图索引。如檐口处的构造做法见施工图，对应的详图编号分别为 1 和 7。再如窗台处的构造做法，见建筑施工图第 13 页第 8 个节点详图等。

2. 2—2 剖面图的识读(图 3-33)

本剖面图的识读方法同 1—1 剖面图，通过本图左侧第一道尺寸可知，建筑物南侧的阳台、窗台距本层楼地面的高为 500 mm，二～六层窗高为 1 900 mm；北阳台窗台距本层楼地面高为 900 mm，窗高为 1 500 mm。屋顶在距Ⓐ轴内侧 1 190 mm 处向外采用平屋顶，露台也为平屋顶，将这部分与屋顶平面图相结合识读，可更好地理解屋顶排水。

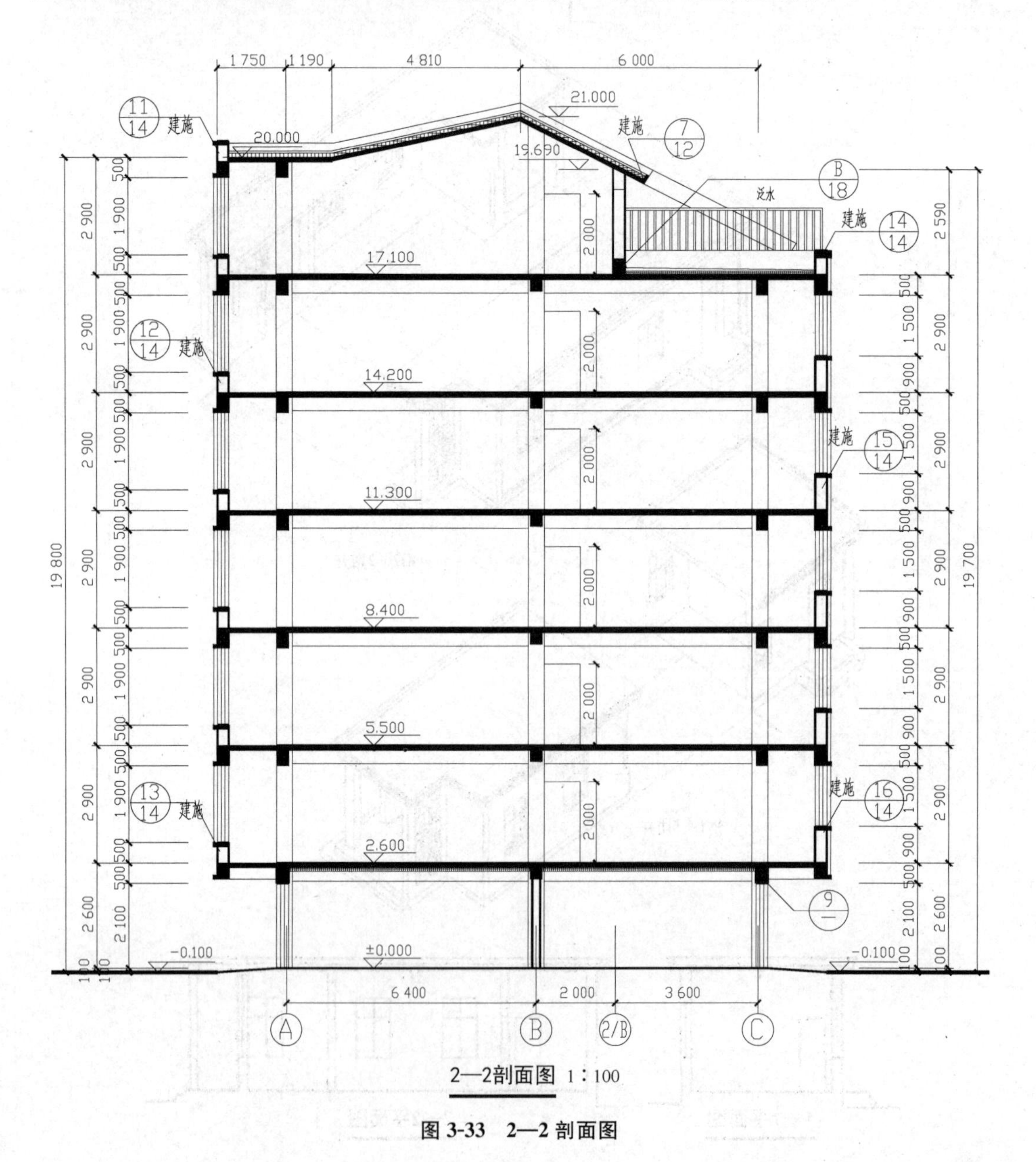

图 3-33 2—2 剖面图

二、建筑剖面图的绘制

(1)确定剖面图的比例和图幅，一般与平面图、立面图相同。

(2)画出定位轴线、室内外地坪线、楼面线、墙身轮廓线、柱轮廓线等，如图 3-34(a)所示。

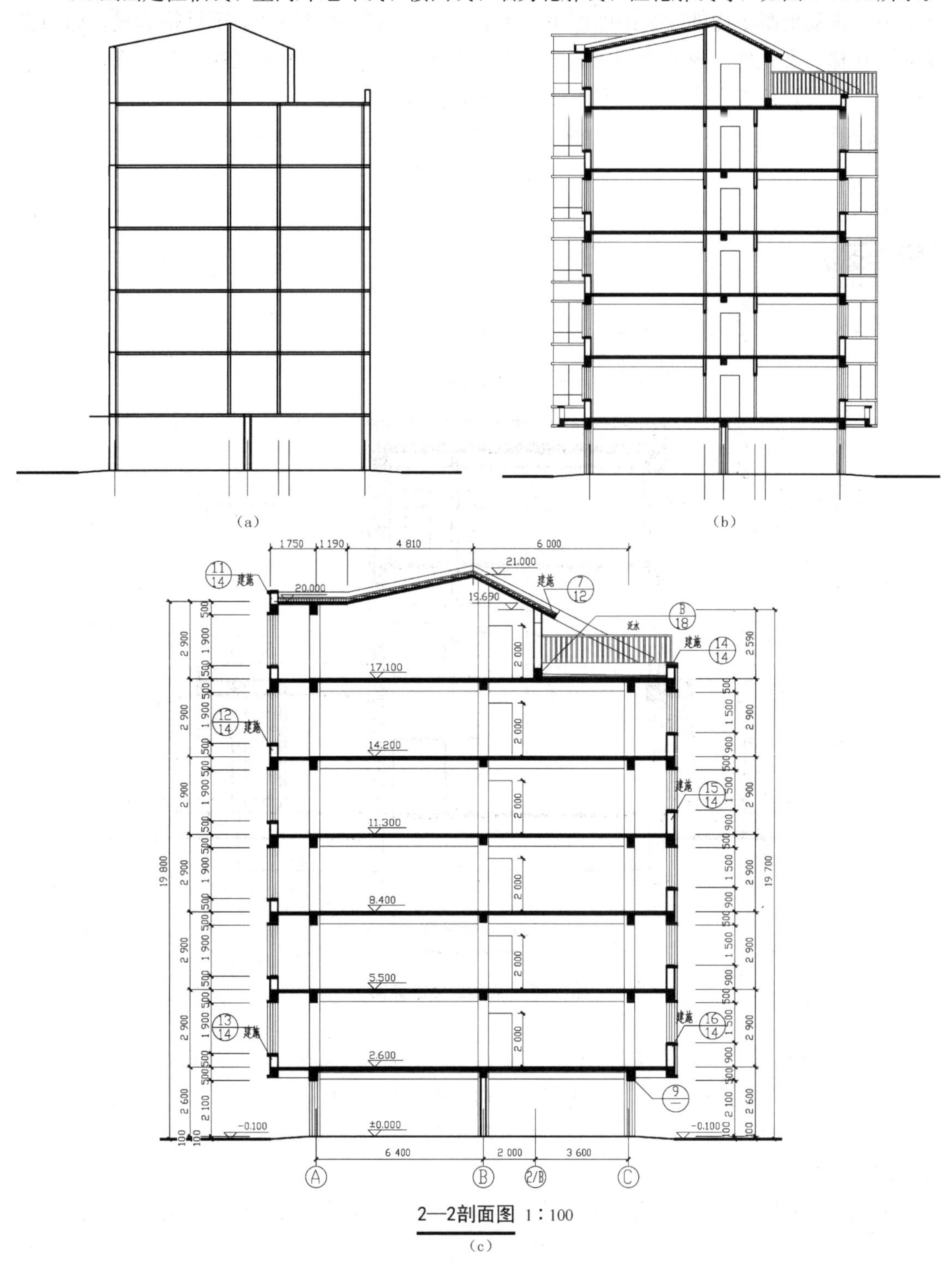

图 3-34 剖面图的绘制

(3)画出楼板、屋顶的构造厚度，再画出门窗洞高度、过梁、圈梁、防潮层、檐口宽度等，如图 3-34(b)所示。

(4)检查无误后，按剖面图的线型要求加深图线，画材料图例。凡是被剖切到的墙身、屋面板、楼板、楼梯、楼梯间的休息平台、阳台、雨篷及门、窗过梁等，用两条粗实线表示，其中钢筋混凝土构件较窄的断面可涂黑表示。其他没被剖切到的可见轮廓线，如门窗洞口、楼梯、女儿墙、内外墙的表面，均用中实线表示。图中的分隔线、引出线、尺寸界线、尺寸线等，用细实线表示。室内外地面线用加粗实线表示。

(5)标注标高、尺寸、图名、比例及有关文字说明，如图 3-34(c)所示。

练　习

识读图 3-35，完成以下题目。

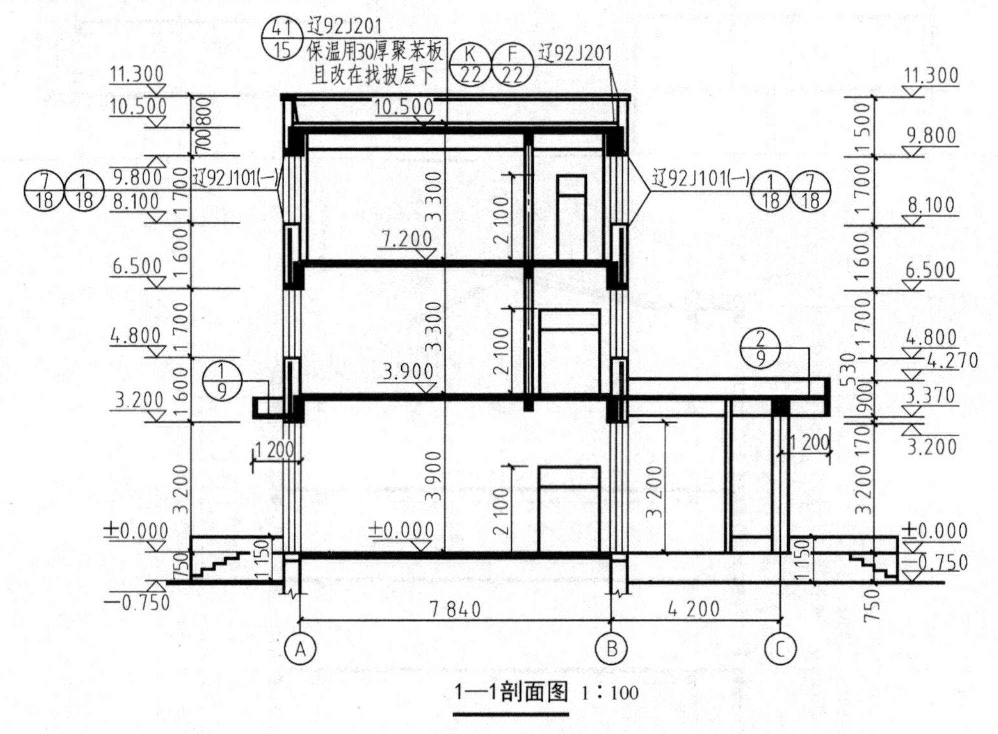

图 3-35　某办公楼剖面图

1. 建筑剖面图剖切部位应选在(　　)的地方，并经常通过(　　)剖切。

2. 该建筑物的层高为(　　)，大门门洞的高度为(　　)。

3. 图 3-35 中窗高为(　　)，雨篷的悬挑尺寸为(　　)，入口处台阶的踏步个数为(　　)个，踏步高为(　　)。

4. 图 3-35 中共有(　　)个详图索引符号，屋顶的构造层次及做法需查阅(　　)。

任务六　建筑详图的识读

任务介绍

建筑平、立、剖面图由于比例较小，对许多细部构造、材料和做法等内容无法表达清楚，因此可以通过建筑详图解决这一问题。

任务分析

识读和绘制详图需要掌握详图的内容、图示方法和读图方法。

相关知识

一、建筑详图的形成、特点、类型、图示内容

1. 建筑详图的形成、特点

建筑详图是剖面图的局部放大图样，建筑平面图、立面图、剖面图表达建筑的平面布置、外部形状和主要尺寸，但因比例较小，对建筑细部构造难以表达清楚，为了满足施工要求，对建筑的细部构造用较大的比例详细地表达出来，这样的图称为建筑详图，有时也叫作放大样图。建筑详图的特点是比例大，反映的内容详尽，常用的比例有 1∶50、1∶20、1∶10、1∶5、1∶2、1∶1 等。

2. 建筑详图的类型

建筑详图一般分为以下几种类型：

(1)局部构造详图，如楼梯详图、墙身详图、厨房详图、卫生间详图等。

(2)构件详图，如门窗详图、阳台详图等。

(3)装饰构造详图，如墙裙构造详图、门窗套装饰构造详图等。

3. 建筑详图的图示内容

建筑详图要求图示的内容详尽清楚，尺寸标准齐全，文字说明详尽。其一般应表达出构配件的详细构造；所用的各种材料及其规格；各部分的构造连接方法及相对位置关系；各部位、各细部的详细尺寸；有关施工要求、构造层次及制作方法说明等。

建筑详图必须加注图名(或详图符号)，详图符号应与被索引的图样上的索引符号相对应，在详图符号的右下侧注写比例。对于套用标准图或通用图的建筑构配件和节点，只需注明所套用图集的名称、型号、页次，可不必另画详图。

二、外墙身详图

1. 外墙身详图的形成和作用

外墙身详图的剖切位置一般在门窗洞口部位，按 1∶20 或 1∶10 的比例绘制。外墙身

详图主要表示地面、楼面、屋面与墙体的关系，同时也表示散水、勒脚、窗台、檐口、女儿墙、天沟、排水口、雨水管的位置及构造做法。外墙身详图与平、立、剖面图配合使用，它是施工中砌墙、室内外装修、门窗安装、编制施工预算以及材料估算等的重要依据。

2. 外墙身详图的内容

(1)墙脚部分。外墙墙脚主要是指一层窗台以下的部分，包括散水、防潮层、勒脚、一层地面、踢脚等部分的形状、大小、材料及其构造。

(2)中间部分。中间部分主要包括楼板层、窗台、门窗过梁、圈梁的形状、大小、材料及其构造情况，楼板、柱与外墙的关系等。

(3)檐口部分。檐口部分应表示出屋面、檐口、女儿墙及天沟等的形状、大小、材料及构造情况。

三、楼梯详图

楼梯主要由楼梯段(简称梯段)、楼梯平台、栏杆(或栏板)三部分组成，如图 3-36 所示。

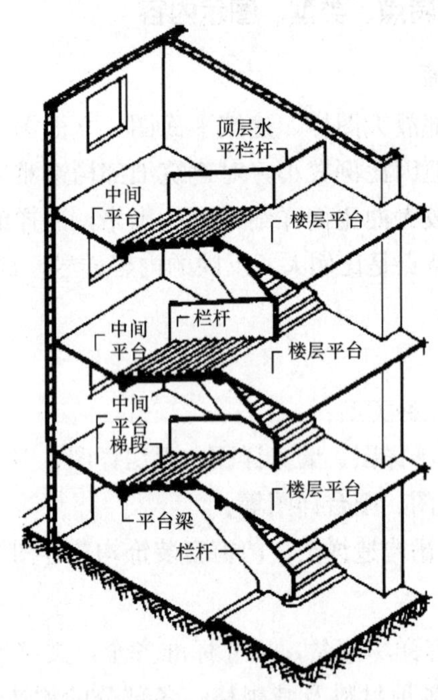

图 3-36　楼梯的组成

楼梯详图包括楼梯平面图、楼梯剖面图和楼梯节点详图三部分。

1. 楼梯平面图

(1)楼梯平面图的形成和作用。楼梯平面图是用一个假想的水平剖切面，在每层向上的第一个梯段的中部剖切开，移去剖切平面以上的部分，将余下的部分作正投影所得到投影图。其比例通常为 1∶50。

楼梯平面图一般分层绘制，一层平面图是剖在地上的第一层上，中间相同的几层楼梯同建筑平面图一样可用一个图来表示，这个图称为标准层平面图，最上面一层平面图称为顶层平面图。

(2)楼梯平面图所表达的内容。

1)楼梯间的位置。

2)楼梯间的开间、进深，墙体的厚度。

3)梯段的长度、宽度以及楼梯段上踏步的宽度和数量。

4)休息平台的形状、大小和位置。

5)楼梯井的宽度。

6)各楼层的标高、各平台的标高。

7)标注楼梯剖面图的剖切位置及符号。

2. 楼梯剖面图

(1)楼梯剖面图的形成和作用。楼梯剖面图是用假想的铅垂剖切平面通过各层的一个梯段和门窗洞口将楼梯垂直剖切，向另一未剖到的梯段方向投影所作的剖面图。其比例一般为1∶50。楼梯剖面图主要表达楼梯踏步、平台的构造、栏杆的形状以及相关尺寸；楼梯剖面图可只画底层、中间层和顶层剖面图，其余部分用折断线将其省略。

(2)楼梯剖面图所表达的内容。

1)楼梯间的进深、墙体的厚度及其与定位轴线的关系。

2)表示楼梯段的长度、休息平台、楼层平台的宽度。

3)休息平台的标高和楼层标高。

4)楼梯间窗洞口的标高和尺寸。

5)表示被剖切梯段的踏步个数及材料。

6)构造索引符号。

任务实施

一、外墙身详图(部分)的识读(图3-37)

(1)了解图名、比例，该图为外墙墙身窗洞口处详图，比例为1∶10。

(2)了解墙体的构造层次，具体见构造做法表。该图适用于所有外墙，须注意区分不同房间墙体做法上的区别。如卧室的墙身(非框架梁处)构造层次从内到外依次为：满刮大白腻子三遍(配比为大白∶滑石粉∶建筑胶∶纤维素＝50∶25∶1∶0.5，另加适量水)，1∶1∶7混合砂浆抹面压实赶光5 mm厚，1∶1∶7混合砂浆打底扫毛或划出纹道13 mm厚，300 mm厚MU5空心砖，20 mm厚1∶3水泥砂浆找平层，聚合物砂浆粘结层，100 mm厚XPS保温板，聚合物砂浆压入玻纤网一层(首层增加一层玻纤网)，聚合物砂浆，树脂涂料饰面。

(3)了解窗台处的节点构造。内外窗台均采用钢筋混凝土窗台，厚度为100 mm，向外挑出墙120 mm。内窗台在钢筋混凝土窗台的上面铺20 mm厚大理石窗台板并超出墙内侧30 mm，外窗台考虑到保温，做法复杂，在钢筋混凝土窗台上从下至上依次为：20 mm厚1∶3水泥砂浆找平层，聚合物砂浆粘结层，30 mm厚XPS保温板，聚合物砂浆压入玻纤网一层，聚合物砂浆，树脂涂料饰面。为满足施工要求，在窗台按要求设置预埋件。

(4)了解窗洞口上部构造。窗洞口上部需设过梁，本图中框架梁兼起过梁的作用。过梁(框架梁处)为满足保温要求，其做法同窗台处。为避免雨水沿墙身下落，应设滴水槽，深度为 3 mm。窗框与窗台及过梁(框架梁)间的缝隙需要用聚氨酯经发泡填塞。

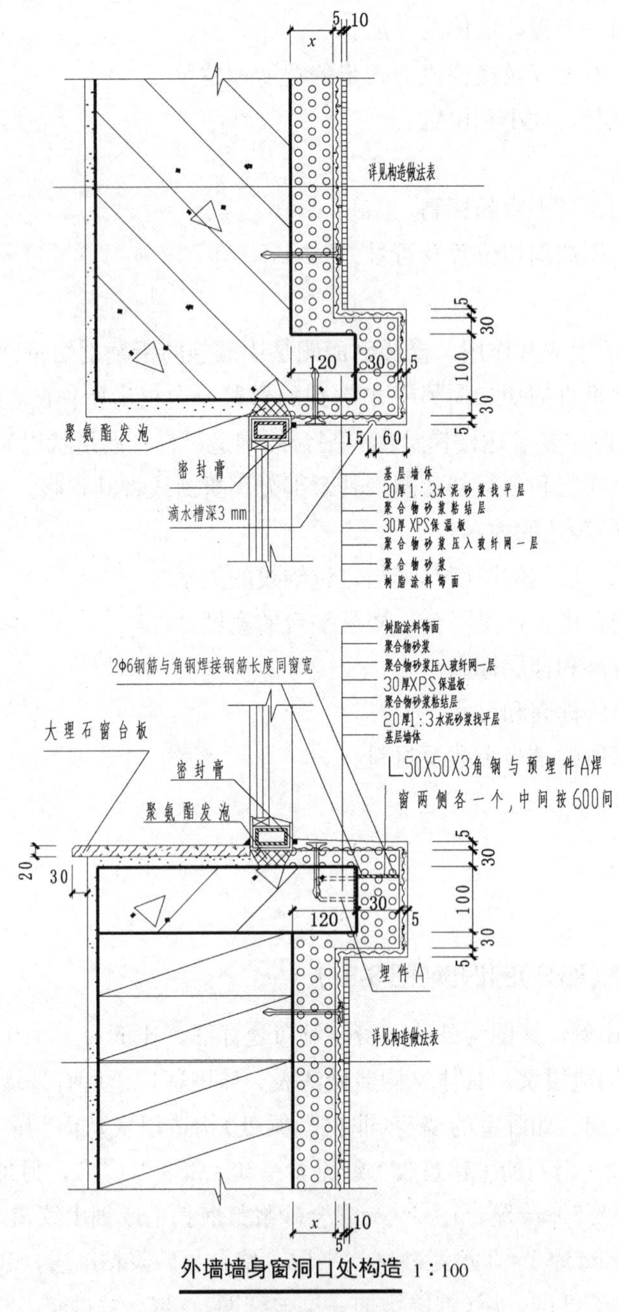

图 3-37　外墙墙身窗洞口处详图

二、楼梯建筑详图的识读

1. 楼梯平面图的识读

图 3-38 所示为某住宅楼楼梯平面图，现以其为例说明楼梯平面图的识读方法。

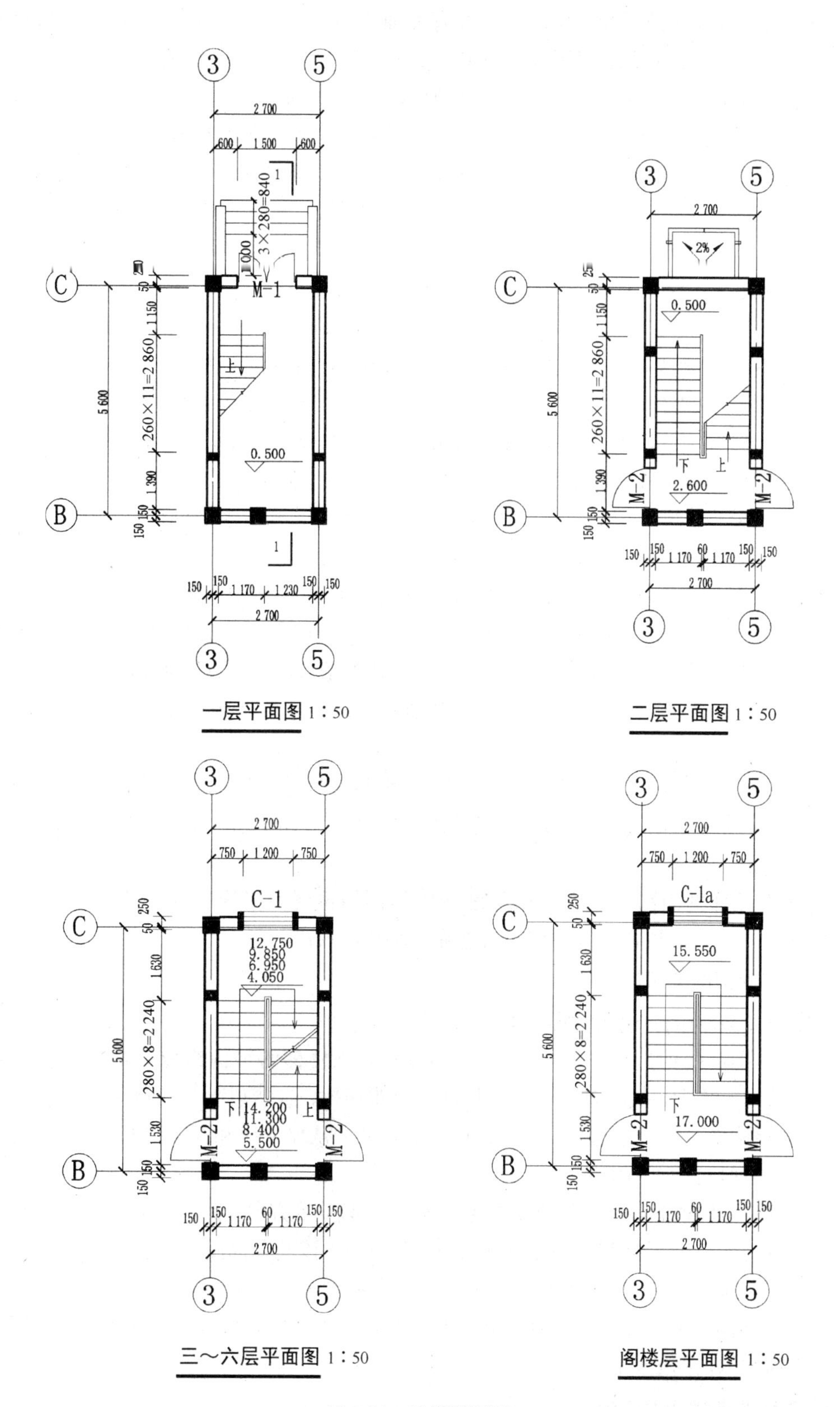

3
5
2 700
600
1 500
600
3×280=840
M-1
1 150
260×11=2 860
1 390
5 600
0.500
上
C
B
150
1 170
1 230
一层平面图 1∶50
2%
0.500
2.600
M-2
下
二层平面图 1∶50
750
1 200
C-1
12.750
9.850
6.950
4.050
280×8=2 240
1 630
1 530
14.200
11.300
8.400
5.500
60
三～六层平面图 1∶50
C-1a
15.550
17.000
阁楼层平面图 1∶50

图 3-38　楼梯平面图

(1)了解楼梯在建筑平面图中的位置及有关轴线的布置。从平面图中可知该建筑物有2部相同的楼梯，从图中可知此楼梯位于横向③～⑤轴线和纵向Ⓑ～Ⓒ轴线之间。

(2)了解各层平面图中不同梯段的投影形状。在一层平面图中，只有一个被剖切到梯段，注有“上”字的长箭头并以45°细折断线表示其断开位置。在中间层平面图中，既要画出被剖切到的向上走的梯段(即画有“上”的长箭头)，还要画出该层向下走的完整梯段(画有“下”的长箭头)、楼梯平台、中间平台及平台向下的梯段，这部分楼梯段与被剖切到的楼梯投影重合，以45°折断线为分界。在顶层平面图中，由于剖切位置在水平扶手之上，在图中绘出两段完整的梯段和楼梯平台，只有一个注有“下”的长箭头。

(3)了解楼梯间、梯段、梯井、休息平台等处的平面形式和尺寸以及楼梯踏步的宽度、数量。该楼梯间平面为矩形，其开间尺寸为2 700 mm，进深尺寸为5 600 mm。梯段宽度为1 170 mm，2个梯段中间梯井的宽度为60 mm。入口处平台宽度为1 150 mm，其余楼层平台宽度为1 530 mm，中间平台宽度为1 630 mm。由于每个梯段最后一个踏步与平台重合，所以平面图上梯段踏面投影数比梯段的踏步个数少1。如一层平面图中标注260×11=2 860 (mm)，表示第一梯段踏步宽度为260 mm，踏步个数为11+1=12，梯段水平投影长为2 860 mm。同理可知，其余各梯段踏步宽度为280 mm，踏步个数为9。

(4)了解楼梯间各楼层平面、休息平台面的标高。从图3-38中可知，一层入口处的平台标高为0.500 m，二层楼层平台标高为2.600 m，二层和三层之间休息平台的标高为4.050 m。由于二～六层层高都为2.9 m，并且二层以上各梯段的踏步尺寸、数量都相同，所以其余各层的楼层平台标高在其下一层楼层平台标高的基础上增加2.900 m，其余上下两层间的休息平台的标高也是在对应的下面标高的基础上增加2.900 m。

(5)了解楼梯间的墙、门、窗的平面位置、编号和尺寸。楼梯间的墙均为300 mm，外墙定位轴线分别为50 mm、250 mm，定位轴线平分内墙。门窗的编号、规格详见平面图和门窗统计表。

(6)了解楼梯剖面图在一层楼梯平面图中的剖切位置及投影方向。从图3-38中可知，剖切符号为1—1，该位置可以剖切到每层靠⑤轴线的那段。

2. 楼梯剖面图的识读

现以图3-39为例，说明楼梯剖面图的识读方法。

(1)了解楼梯的构造形式。从图3-39中可知，该楼梯的结构组成为梯段板、平台板、平台梁，结构形式为板式楼梯，一、二层间为单跑楼梯，二层以上为双跑楼梯。

(2)了解楼梯在进深方向和高度方向的有关尺寸。从尺寸线和标高可知各平台的宽度和平台标高，数据同平面图识读。

(3)了解被剖切梯段的踏步级数及高度。第一个梯段高度方向上标注12×175=2 100 (mm)，表示该梯段的踏步个数为12，每个踏步高为175 mm，该其余标注1 450 mm九等分，说明梯段踏步个数为9，踏步高为1 450/9(mm)，梯段高度为1 450 mm。

(4)了解踏步、扶手、栏板的详图索引符号。从图3-39中的索引符号可知，扶手、栏板和踏步均在本页图纸绘制详图。

3. 楼梯节点详图的识读

从编号为①的节点详图(图3-40)可以看出：楼板及楼梯均为钢筋混凝土材料，梯段板底部刮大白腻子两道，踏步面层在1∶3水泥砂浆20 mm厚上做20 mm厚的大理石踏步板。为保证使用安全，在梯段临空一侧设栏杆和扶手。栏杆采用ϕ20不锈钢，扶手采用ϕ76不锈钢，高度为900 mm。栏杆的下端与预埋于踏步中的5 mm厚的扁钢焊接，扁钢的固定见详图A。

编号为②的详图表示顶层水平扶手处的构造，与详图①的区别是扶手高度为1 050 mm，其余构造同详图①。

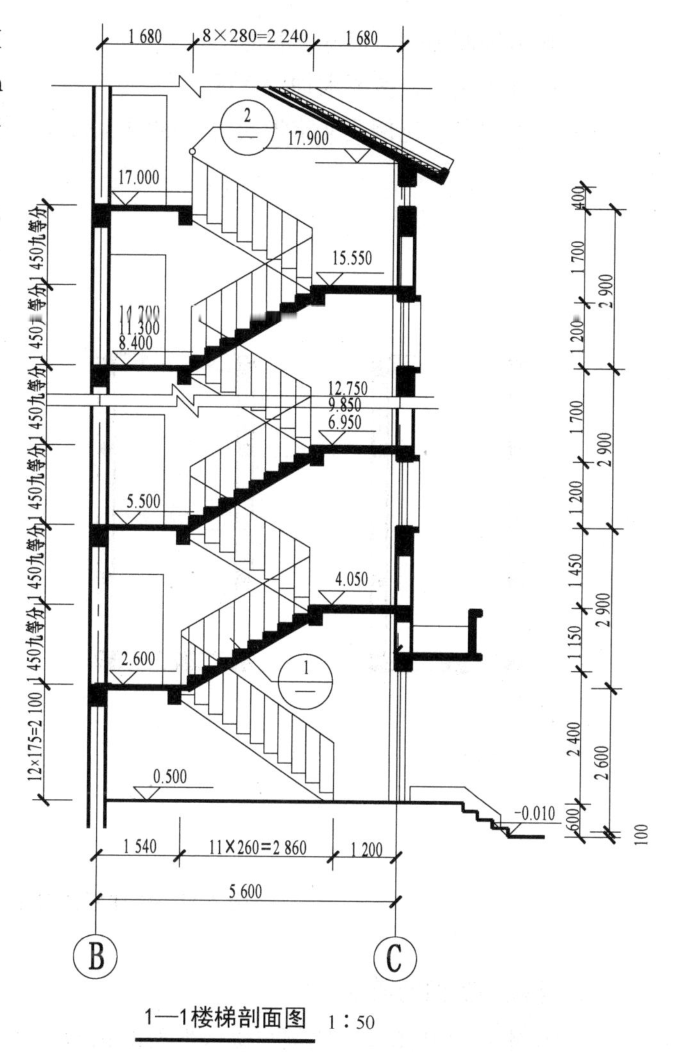

图3-39 楼梯剖面图

三、楼梯详图的绘制

1. 楼梯平面图的绘制

(1)确定楼梯详图的比例和图幅，为了能够较好地反映楼梯的全貌，楼梯详图的比例通常为1∶50，图幅同其他图纸。

(2)画出楼梯间的定位轴线、楼梯间的墙身，确定楼梯段的长度、宽度及其起止线，平台的宽度，如图3-41(a)所示。

(3)在梯段起止线内等分梯段，画出踏步，如图3-41(b)所示。

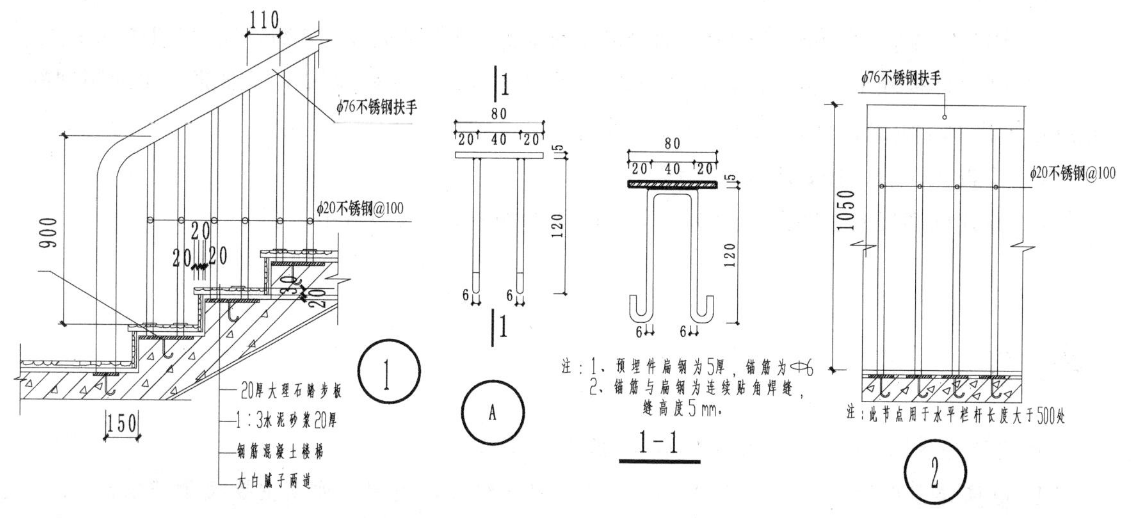

图3-40 楼梯节点详图

(4)画出细部图例、尺寸、符号等。

(5)检查无误后，按要求加深图线。

(6)标注图名、比例及文字说明等，如图 3-41(c)所示。

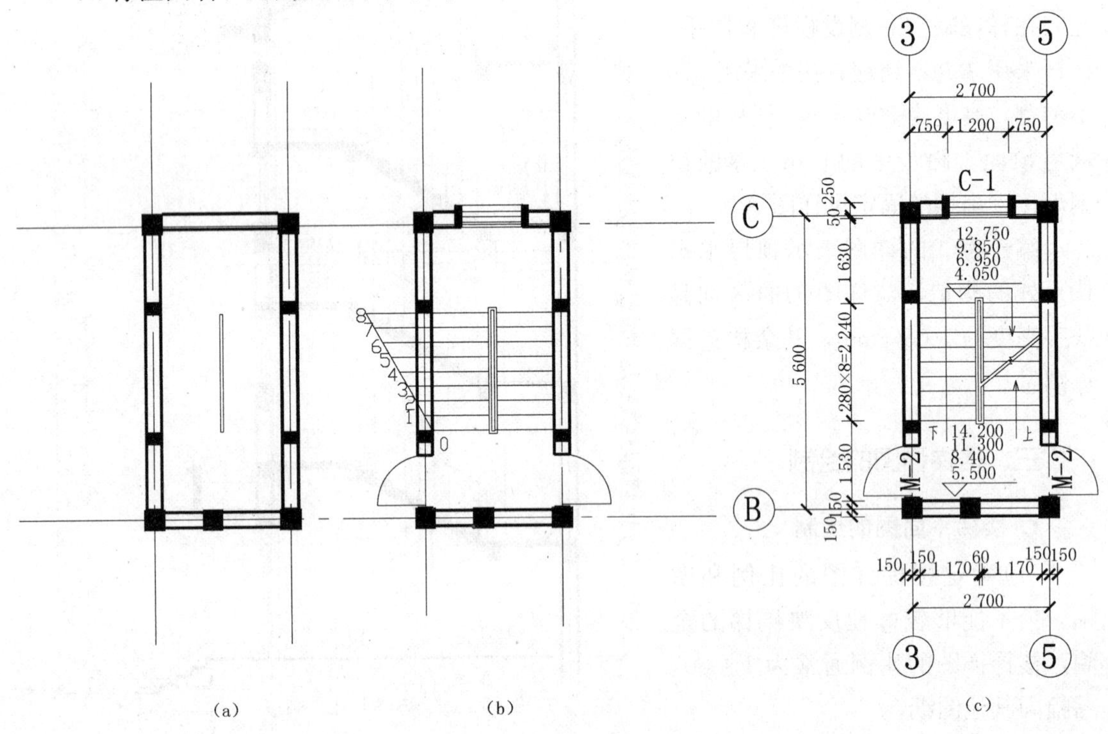

图 3-41　楼梯平面图的绘制

2. 楼梯剖面图的绘制

(1)确定比例和图幅，比例与楼梯平面图相同，并与楼梯平面图画在同一张图纸上。

(2)画轴线，确定室内外地面与楼面线、平台位置及墙身，量取楼梯段的水平长度，竖直高度及起步点的位置，如图 3-42(a)所示。

(3)用等分两平行线间距离的方法划分踏步的宽度、步数和高度、级数，如图 3-42(b)所示。

(4)画出楼板和平台板厚度，画楼梯段、门窗平台梁、栏杆及扶手等细部，在剖切到的轮廓范围内画上材料图例，如图 3-42(c)所示。

(5)检查无误后，按要求加深图线。

(6)标注标高尺寸、图名、比例、文字说明，如图 3-42(d)所示。

练　习

识读楼梯详图(图 3-43、图 3-44)，完成以下题目。

1. 楼梯详图由(　　)、(　　)、(　　)三部分组成，楼梯平面图主要表示楼梯(　　)，楼梯剖面图主要表示楼梯(　　)。

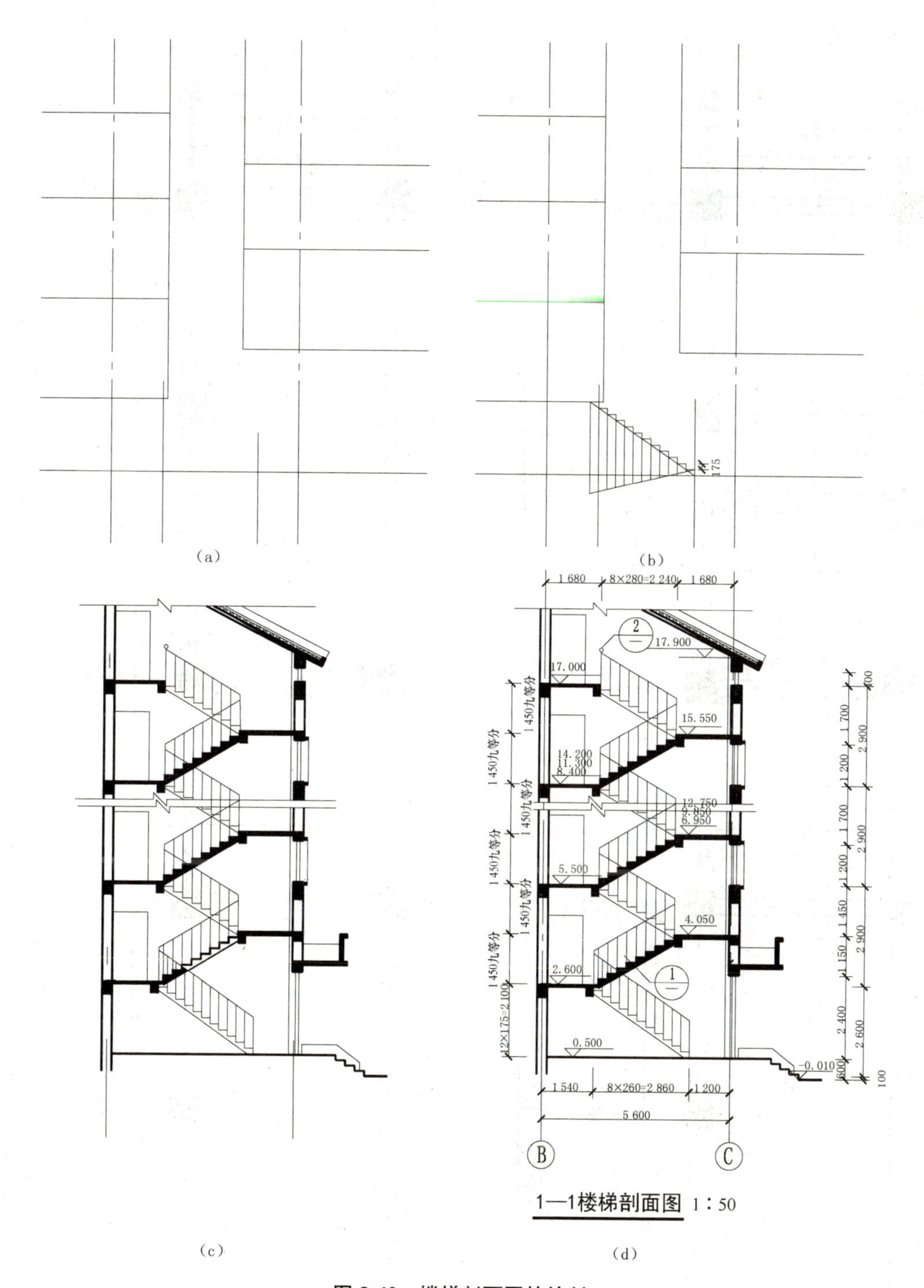

图 3-42　楼梯剖面图的绘制

2. 楼梯间开间为(　　)，进深为(　　)。墙体的厚度为(　　)。

3. 此楼梯共有(　　)跑梯段，每个梯段的踏步数量分别为(　　)，踏面宽为(　　)，踢面高为(　　)，梯段的宽度为(　　)，梯井的宽度为(　　)。

4. 在剖面图中看到的门窗编号为(　　)，楼层平台的标高为(　　)，中间平台的标高为(　　)。

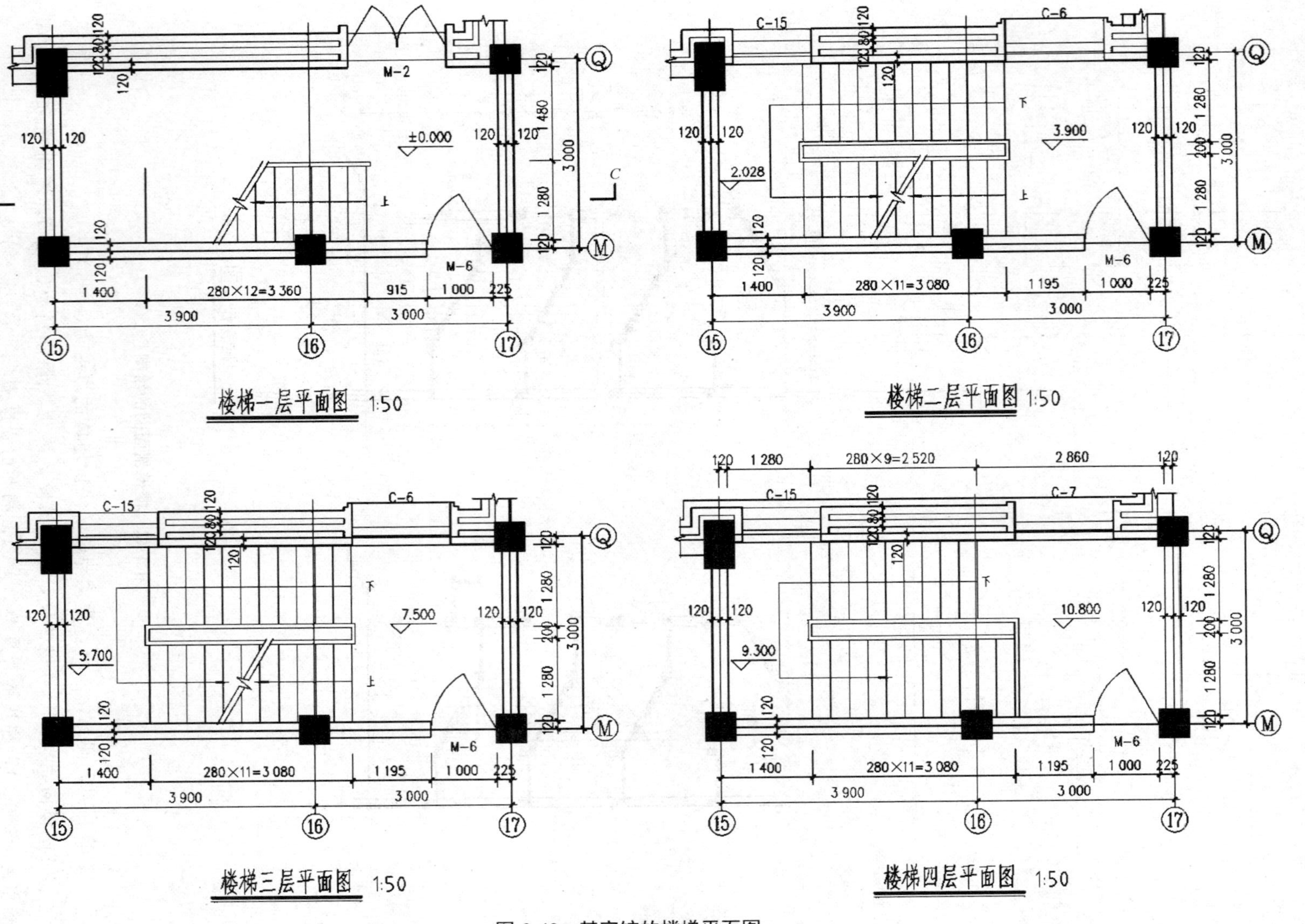

图 3-43 某宾馆的楼梯平面图

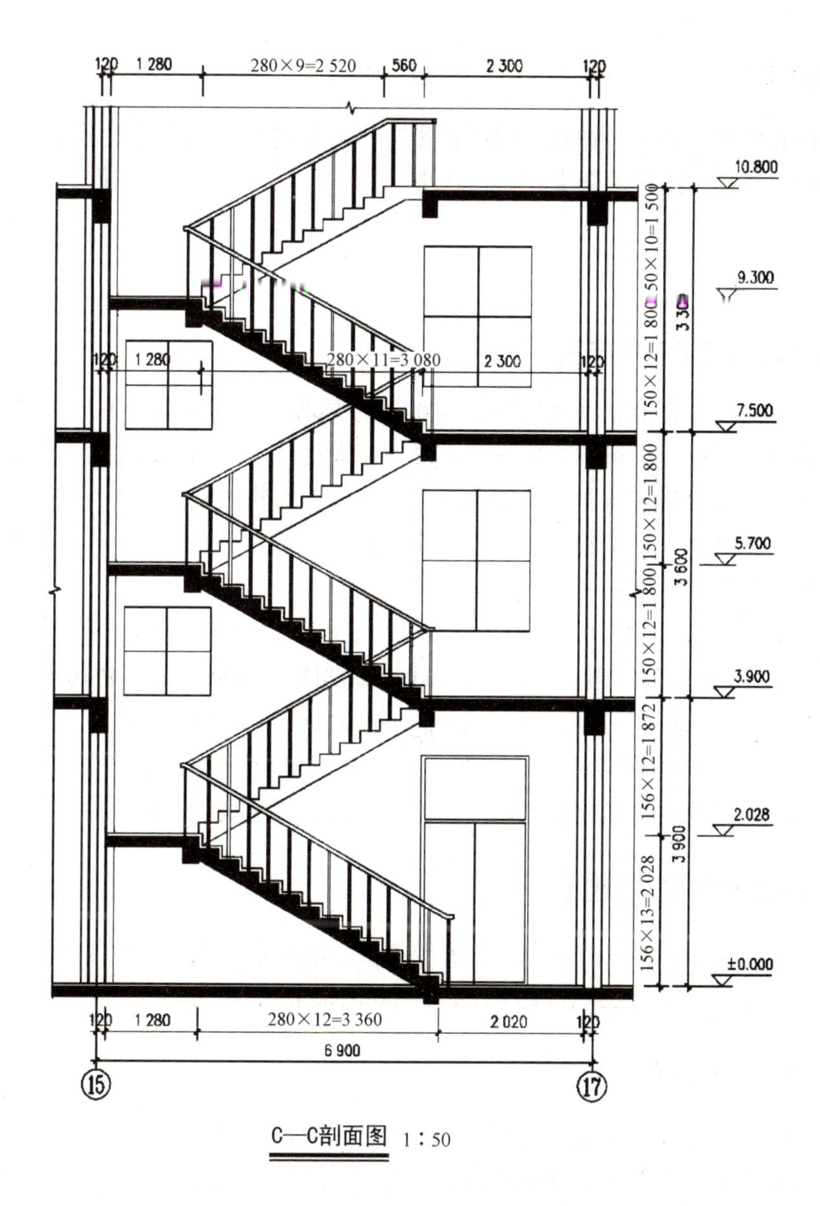

图 3-44　某宾馆的楼梯剖面图

任务七　建筑装饰施工图的识读

任务介绍

建筑装饰施工图一般由哪些相关文件和图样组成？应如何识读这些文件或图样中的符号和标注等的意义，以指导现场施工？

任务分析

完成本任务要了解建筑装饰施工图的产生方法，掌握各组成部分的形成方式和绘制内容，熟悉各图中图样、图例的含义。

相关知识

一、建筑装饰施工图的产生

建筑物修建完工后，根据其使用特点和业主的要求，由专业设计人员在建筑工程图或房屋现场勘测图的基础上进行的二次设计，称为装饰设计。它的目的主要是保护主体结构、完善使用功能，以及美化建筑空间。设计人员绘制相应的装饰施工图，用于表达空间造型、材料用法、施工工艺等，是工程施工和管理的依据。

装饰设计的范围包括室外和室内两部分。

(1)室外部分主要包括檐口、外墙、幕墙及主要出入口部分(雨篷、外门、门廊、台阶、花台、橱窗等)，一般还包括阳台、栏杆、窗楣、遮阳板、围墙、大门和其他装饰小品等。

(2)室内部分包括地面、顶棚、墙(柱)面、隔墙(断)、门窗套等。

装饰施工图的图示原理与建筑施工图完全一样，目前国内没有统一的装饰制图标准，主要是套用国家有关现行建筑制图标准，必要时可以绘制透视图、轴测图等予以辅助。

二、建筑装饰施工图的组成

建筑装饰施工图包括装饰平面图(平面布置图、地面布置图、顶棚平面图)、装饰立面图(装饰剖立面图)、装饰详图(装饰构配件详图和装饰节点详图)等。

三、常用图例和符号

装饰工程图的图例绝大多数都直接引用建筑制图标准图例。

对于国家标准中已有但不完善的图例，一般进行变形补充，并在图中加图例符号进行说明。如灯具图例，必须补充筒灯、吸顶灯、牛眼射灯、轨道灯、吊灯、花灯、台灯、落地灯等。

对于国家标准中没有的图例，则尽可能写实绘制图例，以加强其易识别性。表 3-6 所示为装饰施工图常用图例。

表 3-6　装饰施工图常用图例

图例	名称	图例	名称
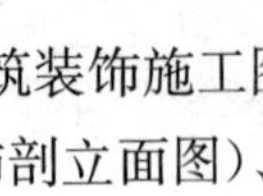	双人床	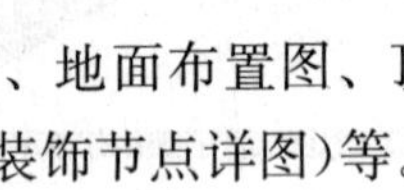	灯具
	单人床及床头柜		燃气灶

续表

图例	名称	图例	名称
	沙发		坐便器
	座椅		小便器
	办公桌		妇女卫生盆
	会议桌		蹲式大便器
	餐桌		洗衣机
	茶几、花几		电冰箱
	钢琴		洗面盆
	计算机		洗涤盆
	电视		浴缸
	衣柜		花草
	沙发、椅子立面		小汽车

任务实施

一、装饰平面图的识读

装饰平面图可套用原始的建筑平面图，为了突出装饰结构与布置，其简化了不属于装饰范围的部分，主要反映建筑空间的平面布局、各部位装饰做法、家具陈设等布局，是形体定形、定位的主要依据。

装饰平面图包括平面布置图和顶棚平面图等；对于复杂工程，可细分为平面布置图、地面布置图、顶棚平面图、顶棚造型及尺寸定位图、隔墙布置图、照明开关布置图、电位平面图、陈设品布置图等。

1. 平面布置图的图示内容

(1)图名、比例。图 3-45 所示为三居室平面布置图，比例为 1∶50。

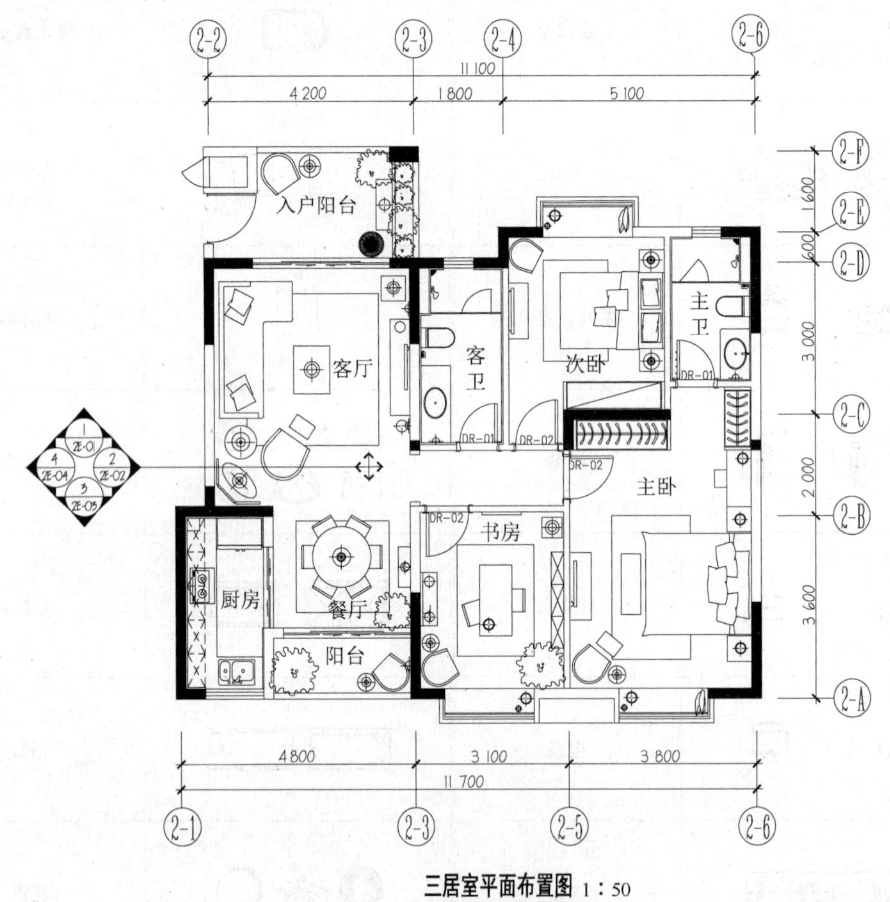

图 3-45　三居室平面布置图

(2)建筑的平面形状及基本尺寸。标明建筑平面图的有关内容。墙柱断面和门窗洞口、定位轴线及其编号及其他细部的位置、尺寸等，由此还可了解到该装饰空间在整个建筑物中的位置

(当不了解整个房屋的轴线编号、标高等资料时，可省略不写)。剖切到的构件使用粗线，看到的用细线。

图 3-46 所示为一套住宅，三室两厅两卫，可看出各房间的面积、相对位置。

(3)装饰要素的平面位置、形式。

1)标明地面饰面材料、尺寸、标高及工艺要求。对条块状地面材料，应画出分格线，以显示铺装方向(图 3-46，地面布置图单独画出)。

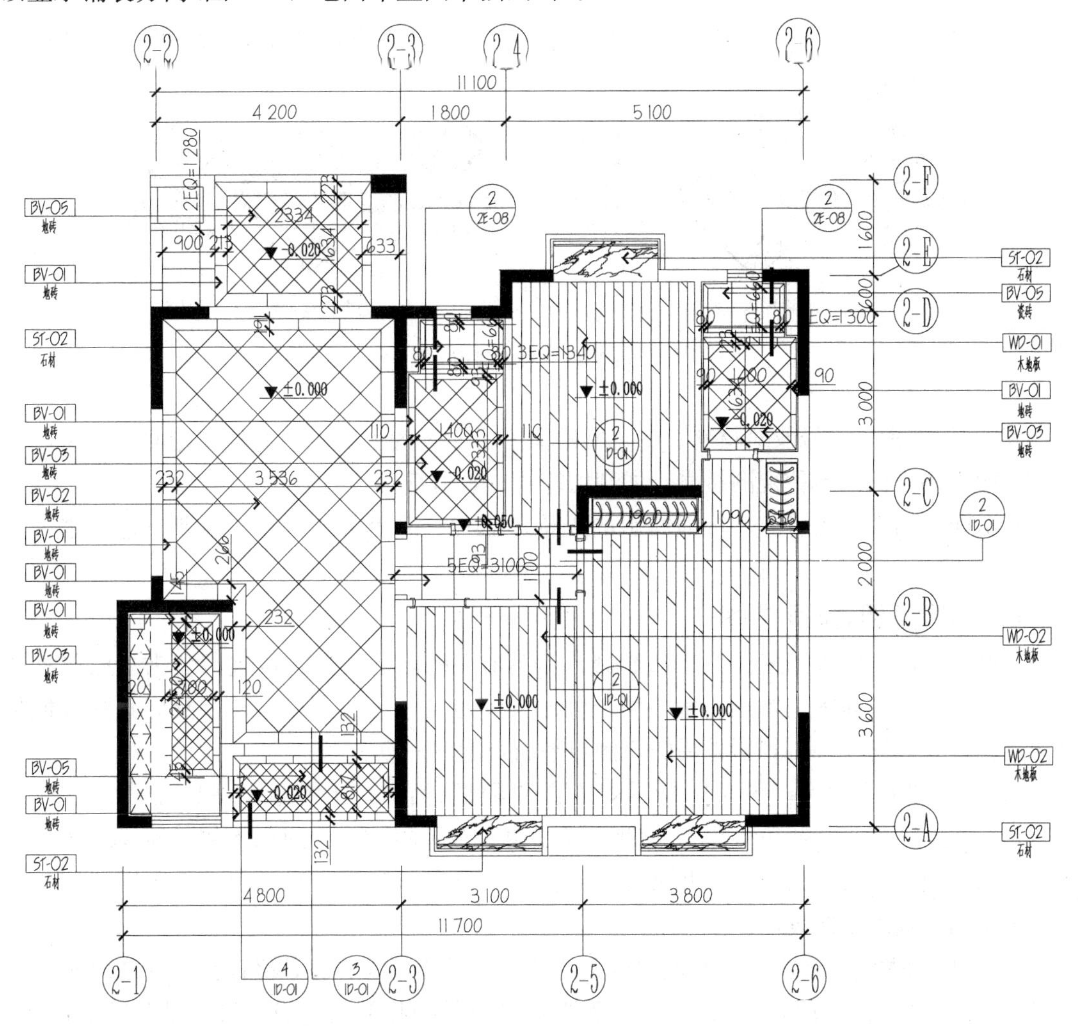

三居室地面布置图 1∶50

图 3-46　三居室地面布置图

2)标明门窗和门窗套、隔断、装饰柱等的平面形式和位置。门窗应标明是里装、外装还是中装等，并应注上它们各自的设计编号。

3)标明室内家具、陈设、设备、绿化和装饰小品等的平面形状和位置。明确它们的种类、规格和数量，以便购买。

4)垂直构件的水平外轮廓可用中实线画出，如门窗套、包柱、壁饰、隔断及配套装饰要素等；墙柱的一般饰面、装饰美化线则用细实线表示。

如图 3-45 所示，客厅中布置有沙发、茶几，对面有视听柜，与阳台之间采用推拉门；餐厅中设圆形餐桌，分别向厨房、阳台开推拉门。主卫向主卧开平开门。

(4)内视符号。为了表示立面图在平面布置图中的位置，应在平面布置图上用内视符号注明视点位置、方向及立面编号。内视符号画在平面图内，或就近引到平面外。在图 3-45 中，客厅的内视符号就近引到平面外。

内视符号中的圆圈用细实线绘制，根据图面比例，圆圈直径可选 8～12 mm，立面编号用拉丁字母或阿拉伯数字(图 3-47)。

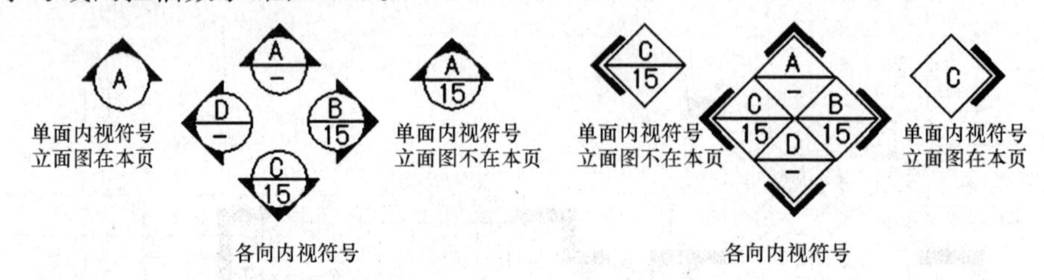

图 3-47　内视符号

(5)剖切、索引符号及对材料、工艺等的文字说明。为了表示与其他图的对应关系，平面布置图中还应标注各种视图符号，如剖切符号、索引符号等。

对房间、构件等的名称，饰面材料的规格、品种、颜色等，要根据需要，进行进一步的文字说明。

2. 顶棚平面图的图示内容

顶棚平面图一般采用镜像投影法绘制，其图形上的前后、左右位置与装饰平面布置图完全相同。顶棚平面图主要是用来表明顶棚的装饰造型、尺寸和材料，以及灯具和其他顶部设施的位置和尺寸等。其所采用的比例与平面布置图一致。

(1)标注图名、比例。图 3-48 所示为三居室顶棚平面图，比例为 1∶50。

(2)建筑的平面形状及基本尺寸。表明建筑平面图的有关内容，与平面布置图的这部分一致。

顶棚平面图一般不图示门扇及其开启方向线，只图示门窗过梁底面。为区别门洞与窗洞，窗扇用两条细虚线表示。

(3)顶棚的做法、要求。标明顶棚造型的平面形式和尺寸、各跌级标高，并通过附加文字说明其所用材料、色彩及工艺要求；还要画出与顶棚相接的家具、设备的位置、尺寸，如本图中的吊柜、壁柜。

顶棚的跌级变化应结合造型平面分区用标高的形式来表示，以本层地面为零点。由于所注是顶棚各构件底面的高度，因而标高符号的尖端应向上。

(4)标明顶部灯具的种类、规格、数量及安装位置。

(5)标明空调风口、顶部消防报警系统与吊顶相关的音响设备等的安装位置。

(6)标明墙体顶部有关装饰配件(如窗帘盒、窗帘等)的形式和位置。

(7)索引符号、图例以及必要的文字说明。

3. 照明开关图的图示内容

照明开关图同样采用镜像投影法绘制，以顶棚平面图为基础，主要表明照明及其开关的位置和相互关系。采用比例与平面布置图一致。

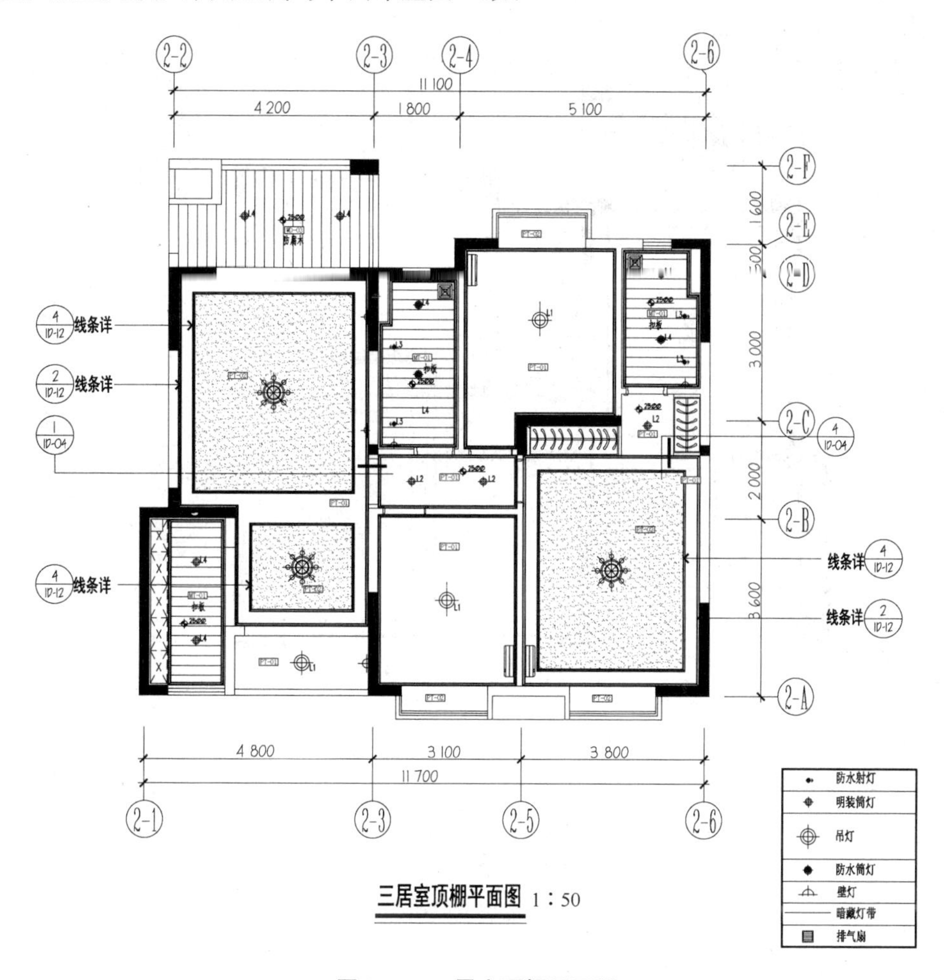

图 3-48　三居室顶棚平面图

(1)标注图名、比例。图 3-49 所示为三居室照明开关图，比例为 1：50。

(2)建筑的平面形状及基本尺寸。表明顶棚平面图的有关内容，与顶棚平面图的这部分一致。

(3)照明灯具及开关的平面位置、形式及它们的相互关系。表明照明灯具的种类、规格、数量及安装位置、灯具控制开关的平面位置，以及其与相应灯具的相互关系等，如顶棚平面图中已表示或详细说明，这里可适当简略。

(4)进一步的文字说明。根据需要，具体地说明各开关的样式、位置。如图 3-49 所示，“入户阳台筒灯开关，距地 1 350 mm”，详细说明了该开关的所在空间、被控制灯具、名称、立面高度等。

4. 电位平面图的图示内容

电位平面图主要表明插座的种类、数量和位置，采用比例与平面布置图一致。

(1)标注图名、比例。图 3-50 所示为三居室电位平面图，比例为 1：50。

(2)建筑的平面形状及基本尺寸。表明建筑平面图的有关内容，与平面布置图的这部分一致。

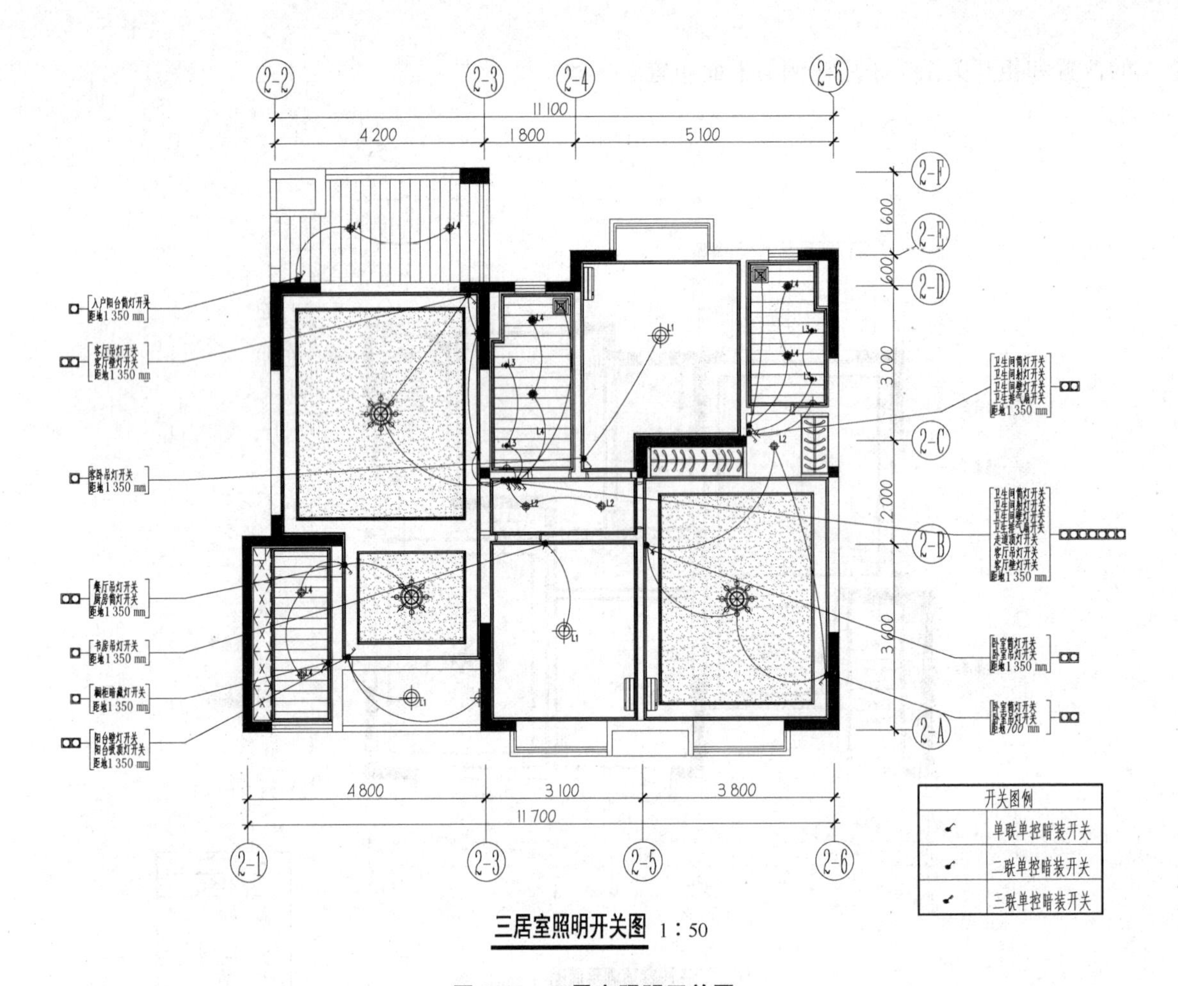

图 3-49　三居室照明开关图

(3)标注插座的种类、数量和安装位置。在图中相应位置绘制各类插座，并在图外适当位置列出相应图样的图例，如图 3-50 中右下角“插座图例”列表，详细表明插座的种类、数量和安装位置等。

(4)进一步的文字说明。根据需要，具体地说明各插座的样式、位置。如图 3-50 所示，“2 个防水多功能电源插座，距地 350 mm”，详细说明了该位置插座的数量、名称、种类及其立面高度等。

二、装饰立面图的识读

装饰立面图主要反映墙柱面装饰。装饰立面图是假想将室内空间垂直剖开，移去前面的部分，对余下部分作正投影而成。这种立面图实质上是带有立面图示的剖面图。将室内各墙面沿墙角拆开，依次展开，可形成立面展开图。

1. 装饰立面图的图示内容

(1)图名、比例和立面图两端的定位轴线及其编号。立面图的命名与内视符号一致。某一空间的立面应尽可能画在一张图上。

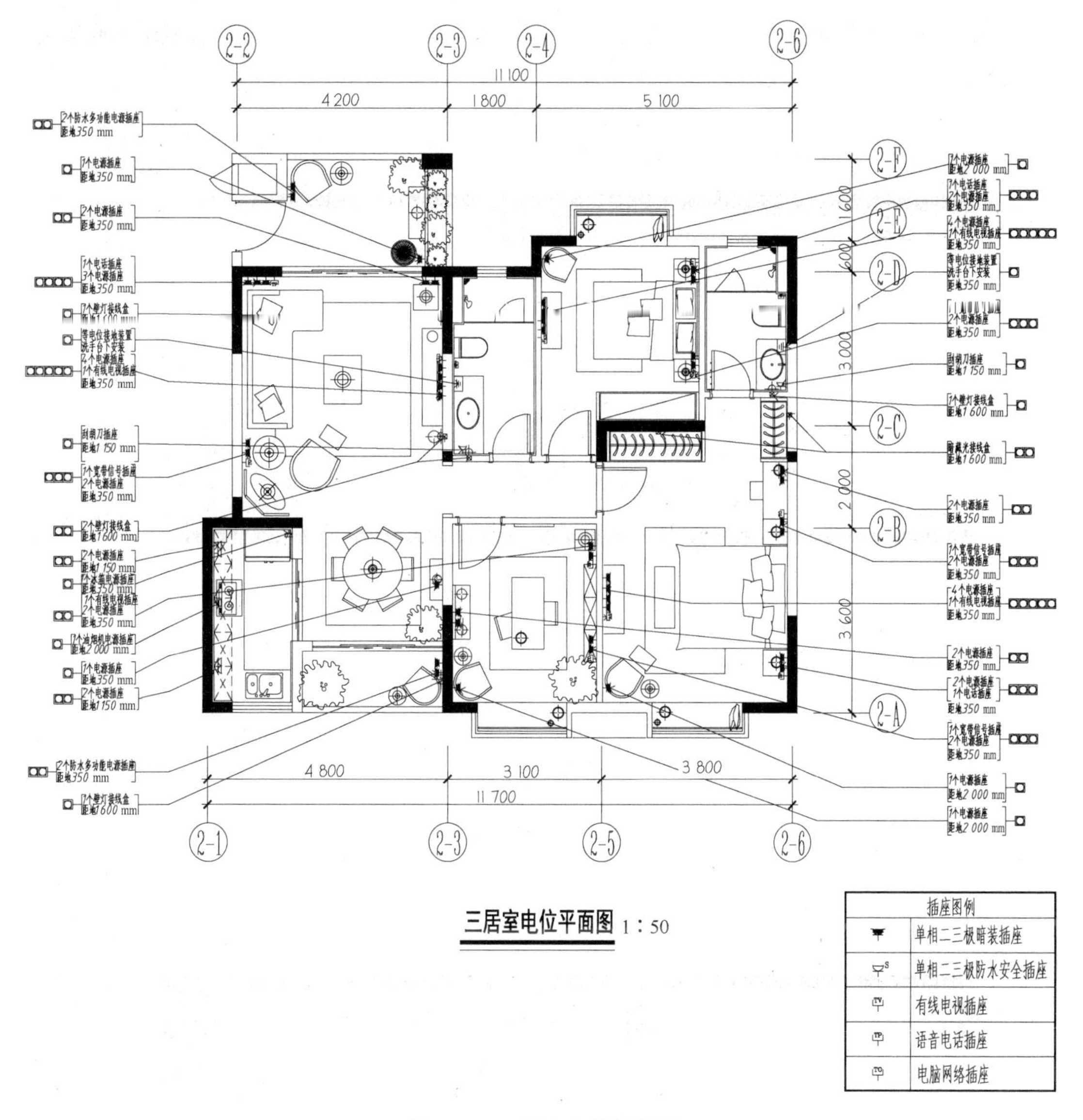

图 3-50　三居室电位平面图

(2)可见的室内各部位轮廓线，包括墙面装饰造型、固定家具设备(影视墙、壁柜、暖气罩等)、陈设品(如壁画、壁挂等)、灯具和门窗、花格、装饰隔断等构配件及其他装饰件等。

(3)对活动家具，用虚线画出可见轮廓线。

(4)顶棚的跌级变化、灯槽等的剖切轮廓，各种装饰面的衔接收口形式。立面上各装饰面间的衔接收口较多，一般比较概括，要结合节点详图识读。

(5)各部位的式样、位置和尺寸，必要时，用文字说明它们的名称、规格、色彩和工艺要求。标注尺寸，一般在图外部标注一至两道，在图内部标注主要的定形、定位尺寸；标注相对标高，以室内地面为零点，标明有关部位的标高。

(6)详图索引符号、剖切符号。

识读装饰立面图时，要结合平面布置图、顶棚平面图和该室内其他立面图对照阅读，以明确该室内装饰的整体做法与要求(图 3-51～图 3-54)。

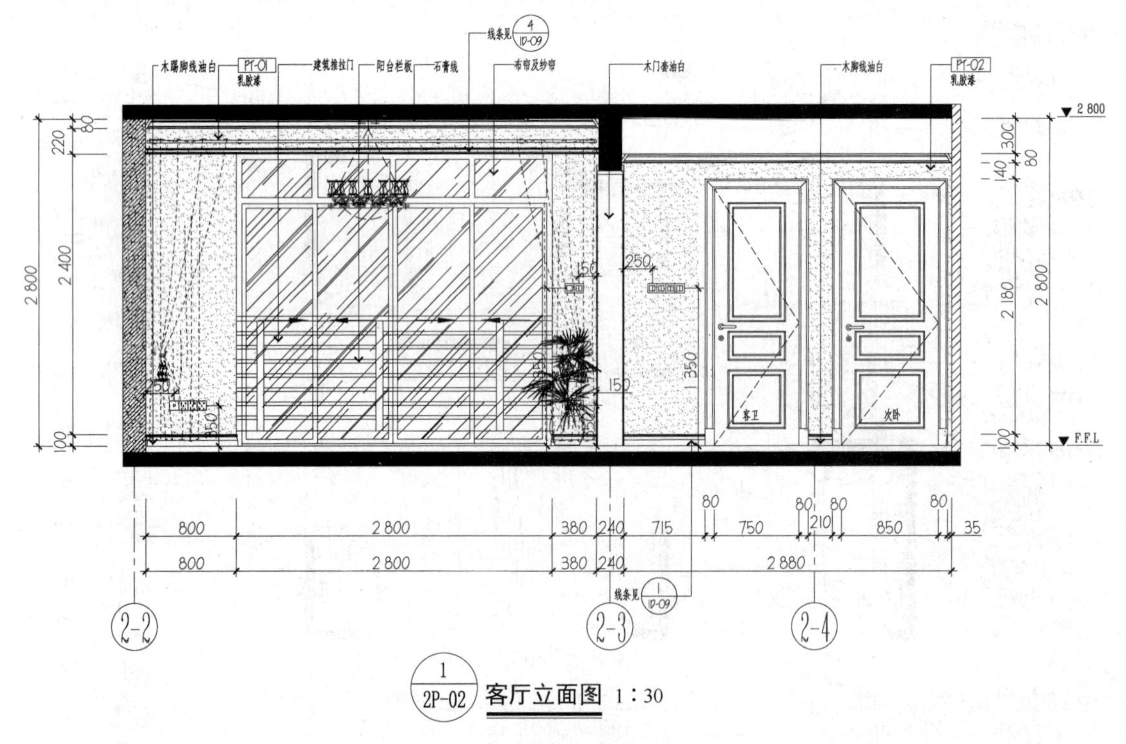

图 3-51　客厅立面图之一

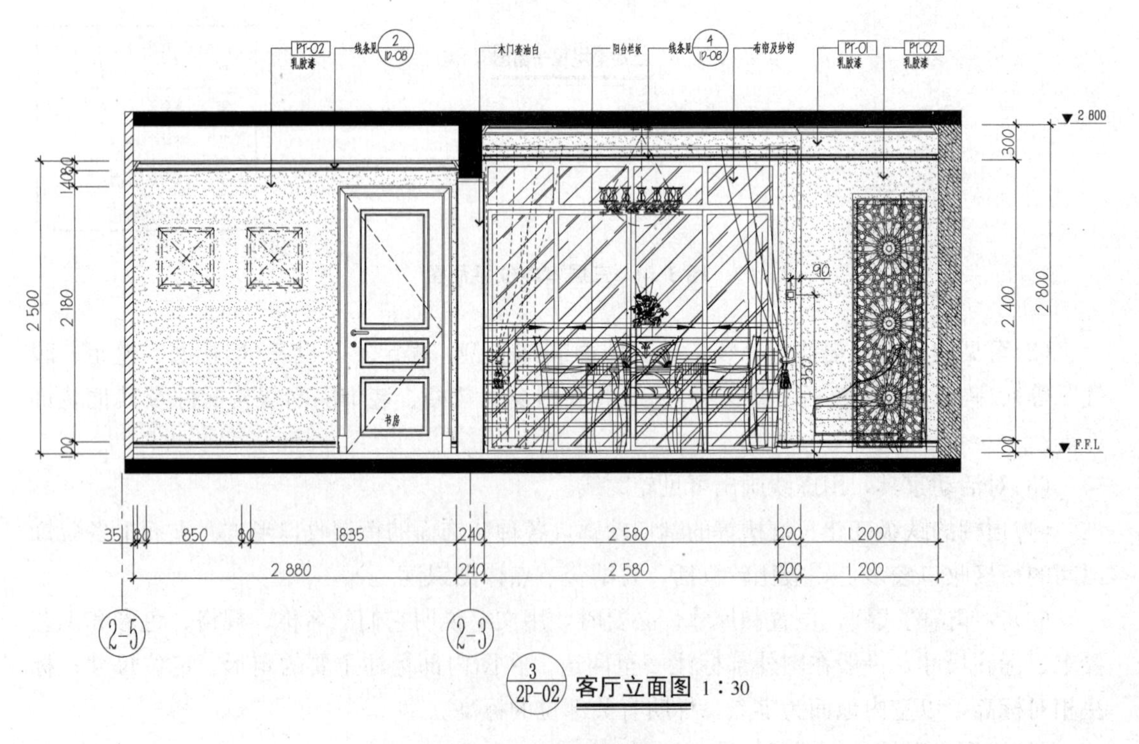

图 3-52　客厅立面图之二

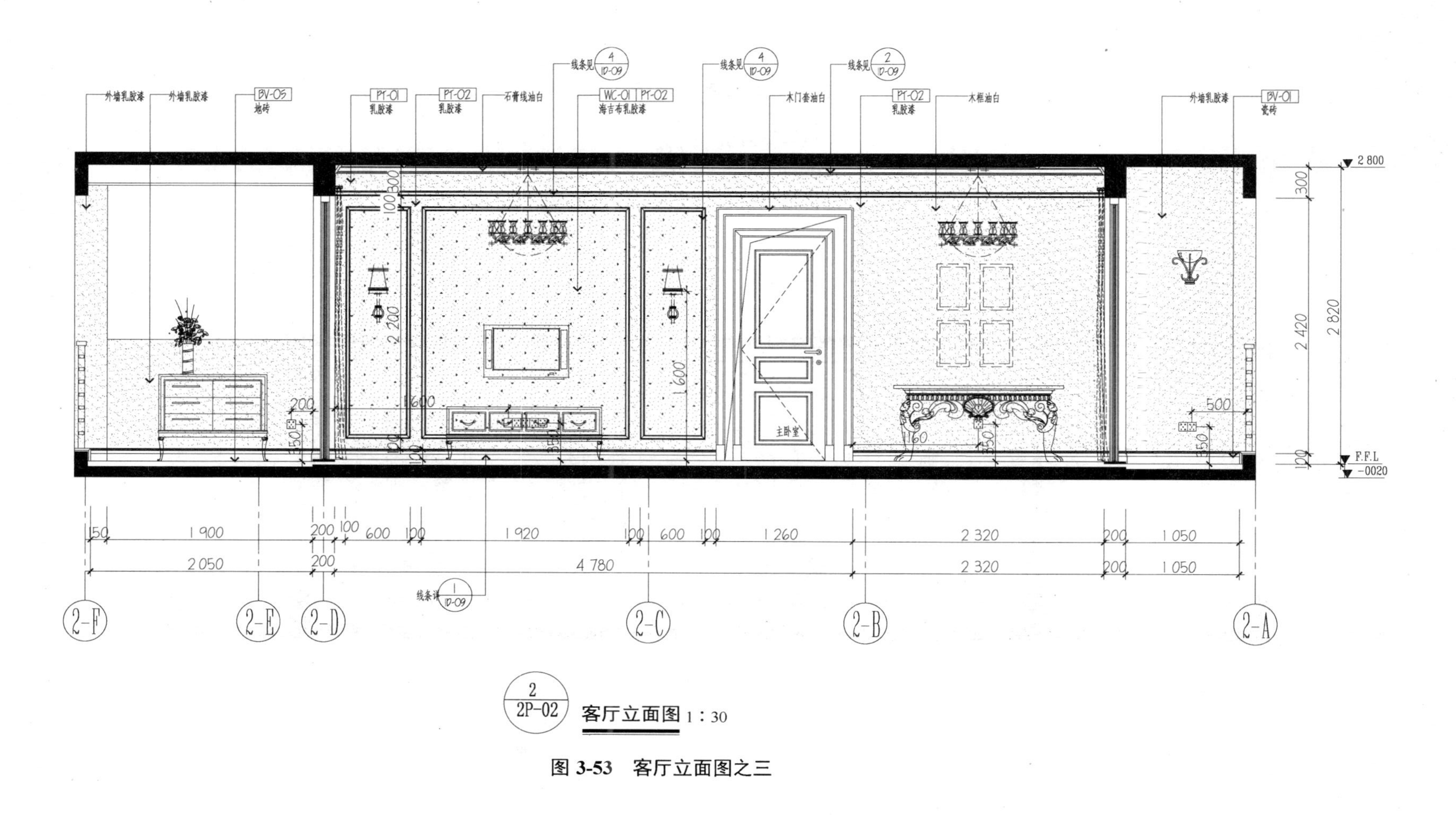

图 3-53　客厅立面图之三

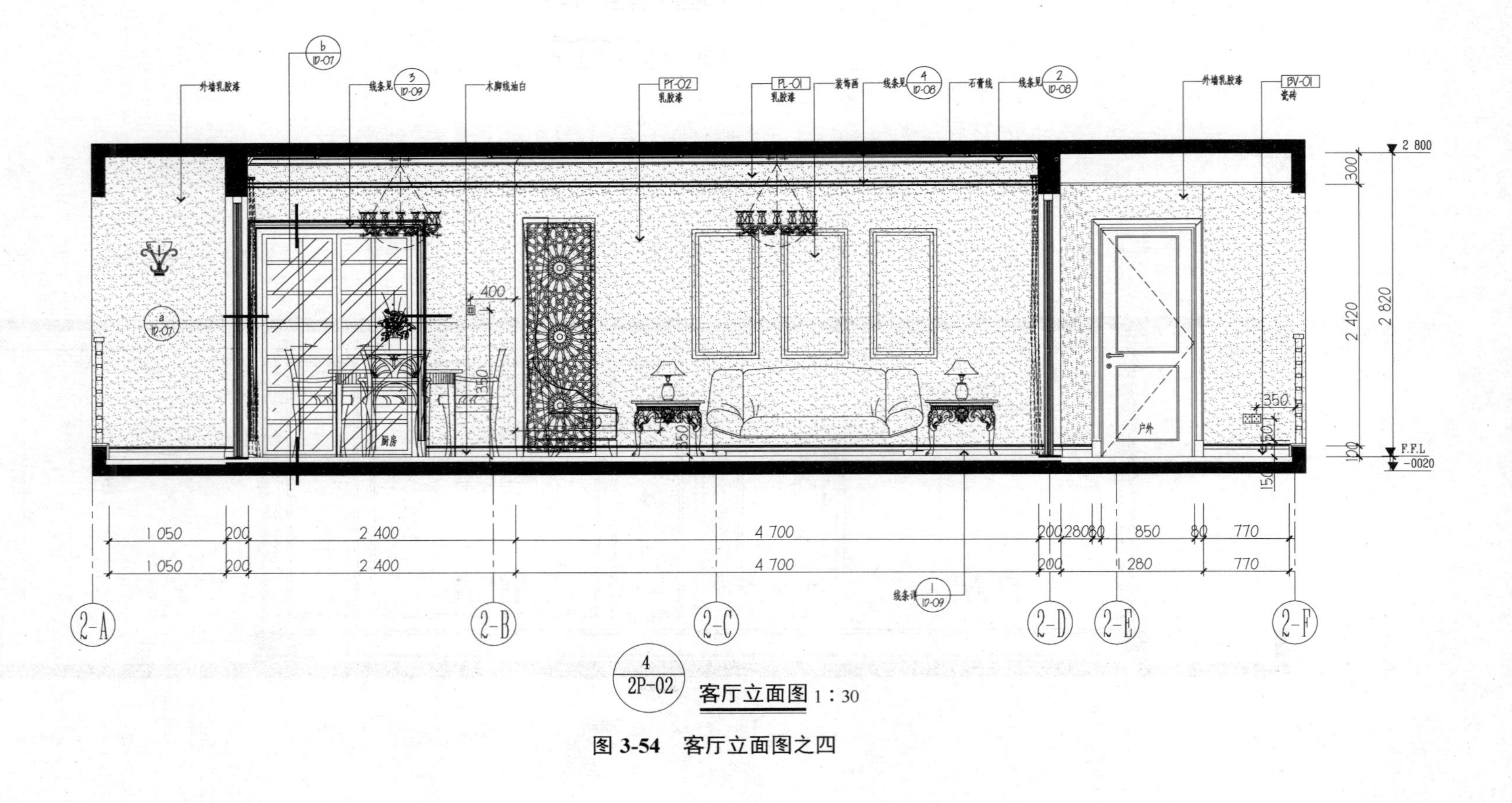

图 3-54　客厅立面图之四

三、装饰详图的识读

1. 装饰详图的形成

装饰详图也称为大样图，它是把在装饰平面图和装饰立面图中无法表示清楚的细部，按比例放大而成的图纸。装饰详图种类较多，构造复杂，因此对习惯做法可以只做说明。装饰详图可以在详图中再套详图，因此应注意详图索引的隶属关系。

2. 装饰详图的图示内容与分类

装饰详图的图示内容包括详图符号、图名、比例；构配件的形状、尺寸和材料图例；各部分所用材料的品名、规格、色彩以及施工做法。装饰详图的比例常采用 1∶1～1∶20。

(1)装饰节点详图：将两个或多个装饰面的交汇点或构造的连接部位剖开并绘出。它有时供构配件详图引用，有时又直接供基本图所引用[图 3-55(a)]。

(2)装饰构配件详图：建筑装饰所属的构配件项目很多。其包括各种室内配套，如影视墙、吧台、酒吧柜、服务台和各种家具等；还包括结构上的一些构件，如墙柱、吊顶、装饰门、门窗套、装饰隔断、花格、楼梯栏板(杆)等[图 3-55(b)、(c)、(d)]。

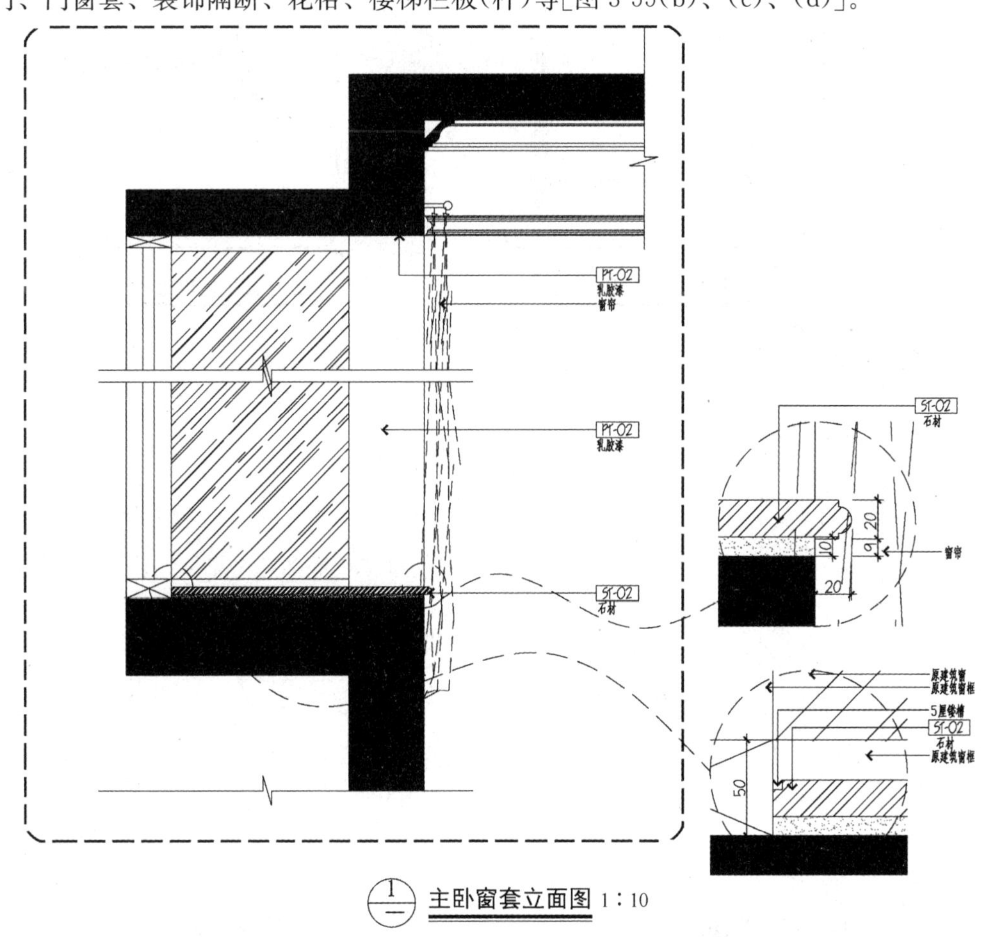

(a)

图 3-55　装饰详图

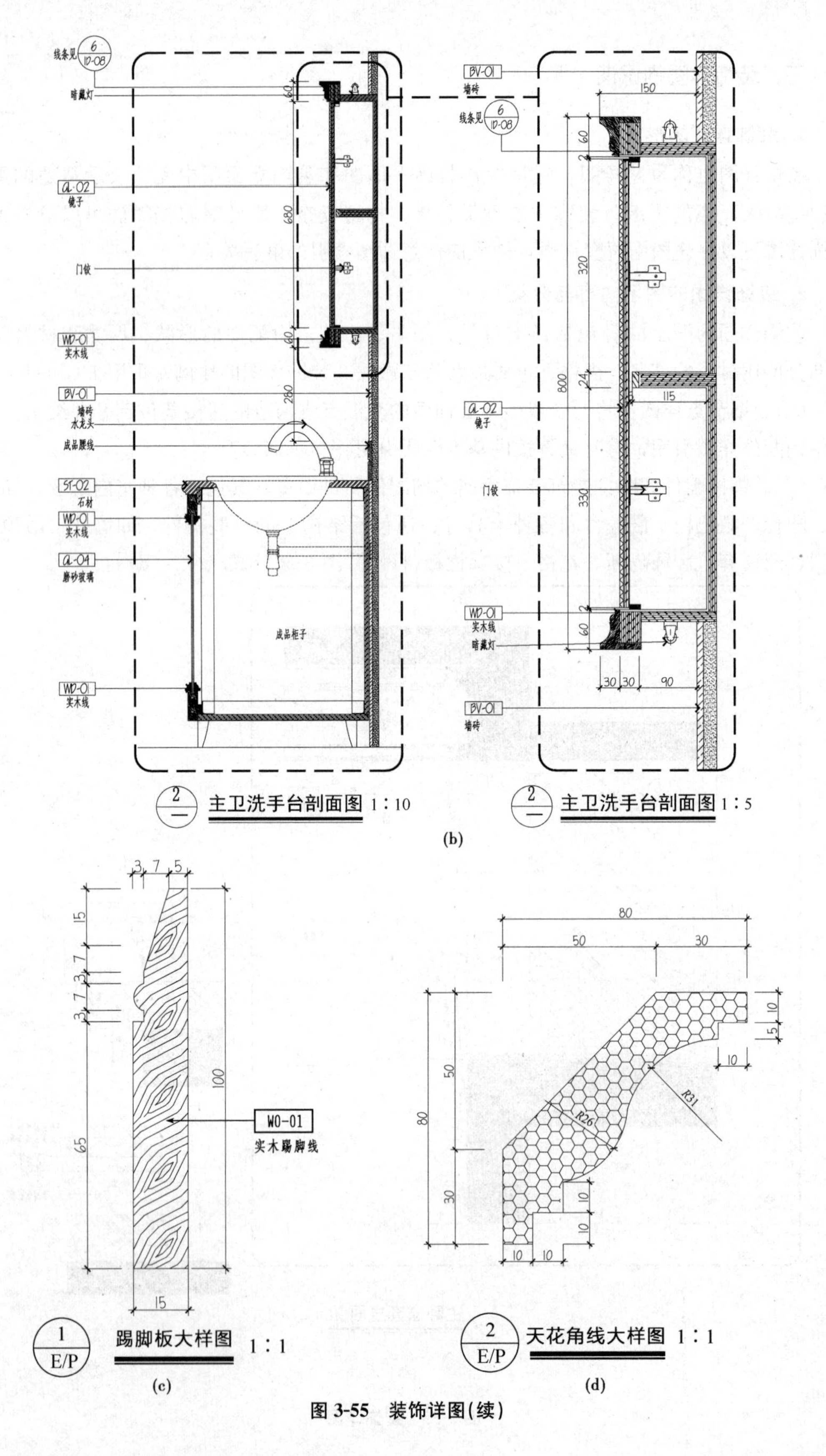

线条见 6 10-08
暗藏灯
AL-02
镜子
门铰
WD-01
实木线
BV-01
墙砖
水龙头
成品腰线
ST-02
石材
WD-01
实木线
AL-04
磨砂玻璃
成品柜子
WD-01
实木线
主卫洗手台剖面图 1∶10
BV-01
墙砖
线条见 6 10-08
AL-02
镜子
门铰
WD-01
实木线
暗藏灯
BV-01
墙砖
主卫洗手台剖面图 1∶5
(b)
WO-01
实木踢脚线
踢脚板大样图 1∶1
E/P
(c)
天花角线大样图 1∶1
E/P
(d)

图 3-55 装饰详图(续)

练　习

1. 建筑装饰施工图的组成有哪些?
2. 装饰平面布置图的形成、图示内容是什么？怎样熟练识读装饰平面布置图?
3. 内视符号的画法有哪些?
4. 装饰顶棚布置图的形成、图示内容是什么？怎样熟练识读装饰顶棚布置图?
5. 装饰立面布置图的形成、图示内容是什么？怎样熟练识读装饰立面布置图?
6. 装饰详图的分类、图示内容有哪些？怎样熟练识读装饰详图?

项目四　结构施工图的识读

知识目标

1. 了解结构施工图的作用，熟悉结构施工图的组成。
2. 了解钢筋混凝土结构的基本知识。
3. 掌握基础施工图、楼层施工图、构件详图的形成、图示内容及识读方法。
4. 熟悉建筑结构制图标准的相关内容及常用构件代号。
5. 掌握混凝土结构施工图平面整体表示方法的基本知识。

能力目标

1. 能正确识读结构施工图中出现的钢筋代号、钢筋常用图例、钢筋画法、构件代号等。
2. 能正确识读一般简单的结构施工图。

任务一　结构施工图的基本知识及构件详图的识读

任务介绍

识读钢筋混凝土构件详图，了解梁、柱等构件配筋情况。

任务分析

识读钢筋混凝土构件详图，需要了解钢筋混凝土的基本知识，钢筋代号、钢筋常用图例、钢筋画法等知识。

相关知识

一、结构施工图的基本知识

1. 结构施工图的形成和作用

结构施工图是根据建筑的要求，经过结构选型、构件布置及力学计算，确定建筑各承重构件(图 4-1 中的基础、梁、板、柱等)的材料、形状、大小和内部构造等，并把这些设计结果绘制成图样，用以指导施工，简称“结施”。它是施工定位，放线，支模板，绑扎钢筋，设置预埋件，浇筑混凝土，安装梁、板、柱和编制预算等的重要依据。

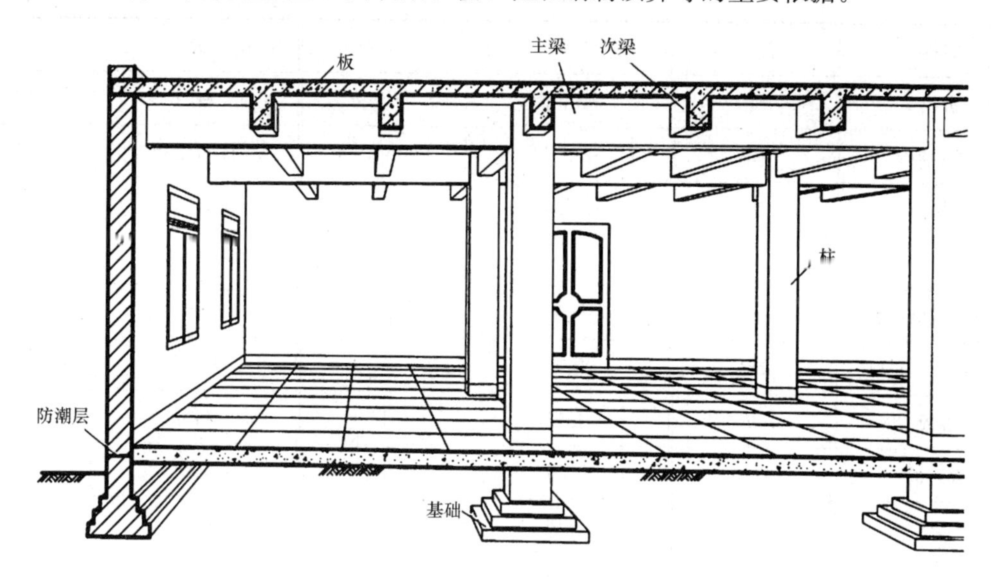

图 4-1　钢筋混凝土结构示意图

2. 结构施工图的组成

(1)结构设计说明。其内容有设计的依据，建筑结构安全等级和设计使用年限，自然条件(如地基情况、风雪荷载、抗震情况等)，工程概况，主要结构材料情况、结构构造和设计施工要求，地基基础的设计类型与设计等级，图纸目录和标准图统计表等。

(2)结构平面布置图。其表达建筑结构构件的位置、数量、型号及相互关系，与建筑平面图一样属于全局性的图纸，包括基础平面图、楼层结构平面图、屋顶结构平面布置图和柱网平面图等。

(3)结构构件详图。构件详图是表达结构构件的形状、大小、材料和具体做法，如梁、板、柱、基础、楼梯等的详图。

3. 结构施工图的有关规定

绘制结构施工图既要满足《房屋建筑制图统一标准》(GB/T 50001—2017)的规定，还应遵循《建筑结构制图标准》(GB/T 50105—2010)的相关要求。

构件的名称应用代号表示，代号后应用阿拉伯数字标注该构件的型号或编号，也可为构件的顺序号，构件的顺序号采用不带角标的阿拉伯数字连续编排，常用的构件代号见表 4-1。

表 4-1　常用的构件代号

名称	代号	名称	代号	名称	代号
板	B	圈梁	QL	承台	CT
屋面板	WB	过梁	GL	设备基础	SJ
空心板	KB	连系梁	LL	桩	ZH
槽形板	CB	基础梁	JL	挡土墙	DQ

续表

名称	代号	名称	代号	名称	代号
折板	ZB	楼梯梁	TL	地沟	DG
密肋板	MB	框架梁	KL	柱间支撑	ZC
楼梯板	TB	框支梁	KZL	垂直支撑	CC
盖板或沟盖板	GB	屋面框架梁	WKL	水平支撑	SC
挡雨板或檐口板	YB	檩条	LT	梯	T
吊车安全走道板	DB	屋架	WJ	雨篷	YP
墙板	QB	托架	TJ	阳台	YT
天沟板	TGB	天窗架	CJ	梁垫	LD
梁	L	框架	KJ	预埋件	M—
屋面梁	WL	刚架	GJ	天窗端壁	TD
吊车梁	DL	支架	ZJ	钢筋网	W
单轨吊车梁	DDL	柱	Z	钢筋骨架	G
轨道连接	DGL	框架柱	KZ	基础	J
车挡	CD	构造柱	GZ	暗柱	AZ
注：1. 预制钢筋混凝土构件、现浇钢筋混凝土构件、钢构件和木构件，一般可直接采用本表中的构件代号。在绘图中，当需要区别上述构件的材料种类时，可在构件代号前加注材料代号，并在图纸中加以说明。 2. 预应力钢筋混凝土构件的代号，应在构件代号前加注“Y—”，如“Y—DL”，表示预应力钢筋混凝土吊车梁。					

二、钢筋混凝土结构图的有关知识

1. 钢筋混凝土的概念

混凝土是由水泥、砂、石子和水按一定比例混合，经搅拌、浇筑、凝固和养护而制成的人工石料。用混凝土制作的构件称为混凝土构件，其特点是抗压能力强，抗拉能力较低，易因受拉而断裂。由于钢筋的抗拉能力较强，因此，为了提高混凝土构件的承载能力，常在其受拉区配置一定数量的钢筋来共同承受荷载。这种由混凝土和钢筋两种材料构成的整体称为钢筋混凝土。

2. 混凝土与钢筋的等级

(1)混凝土的等级。混凝土按其抗压强度划分等级，一般分为C15、C20、C25、C30、C35、C40、C45、C50、C55、C60、C65、C70、C75和C80共14个等级，数字越大，表示混凝土的抗压强度越高。例如，C20表示混凝土的标准抗压强度为20 MPa，即20 N/mm^2。

(2)常用钢筋强度等级。钢筋按其强度和品种分成不同的等级，并用不同的符号表示，钢筋混凝土结构中的常用钢筋代号及强度标准值见表4-2。

表 4-2　常用钢筋代号及强度标准值

种类	强度等级	符号	强度标准值 $f_{yk}/(\text{N}\cdot\text{mm}^{-2})$
热轧钢筋	HPB300	Φ	300
	HRB335	Φ	335
	HRB400	Φ	400
	RRB400	Φ^R	400

3. 钢筋的标注

构件中钢筋(或钢丝束)的标注应包括钢筋的编号、数量或间距、级别、直径及其所在位置，通常应沿钢筋的长度标注或标注在有关钢筋的引出线上。标注方法有以下两种。

(1)标注钢筋的级别、根数和直径。

【示例 4-1】 2Φ20——分别表示钢筋根数(2 根)、HPB300 级钢筋、钢筋直径(20 mm)。

(2)标注钢筋级别、直径和相邻钢筋的中心距离。

【示例 4-2】 Φ8@100——分别表示 HPB300 级钢筋、钢筋直径(8 mm)、中心距离相等、相邻钢筋中心距(≤100 mm)。

4. 钢筋的种类和作用

按在构件中所起的作用不同，钢筋一般可分为以下几种：

(1)受力筋。承受拉力、压力或扭矩的主要受力钢筋，也称为纵筋或主筋。承受拉力的钢筋称为受拉筋；承受压力的钢筋称为受压筋；承受扭矩的钢筋称为抗扭钢筋。

(2)架立筋。一般用于梁内，固定箍筋位置，并与受力筋一起构成钢筋骨架。架立筋是按构造配置的。

(3)箍筋。用来固定纵向受力钢筋的位置，承受剪力或扭矩的钢筋，一般与受力筋垂直。

(4)分布筋。一般用于单向板、剪力墙中，并与受力筋垂直布置，与板、墙内的受力筋一起构成钢筋骨架而配置的钢筋。

(5)构造筋。因构造要求或施工安装需要而配置的钢筋，如腰筋、预埋件的锚固筋等。

各种钢筋的形式及在梁、板、柱中的位置及形状如图 4-2 所示。

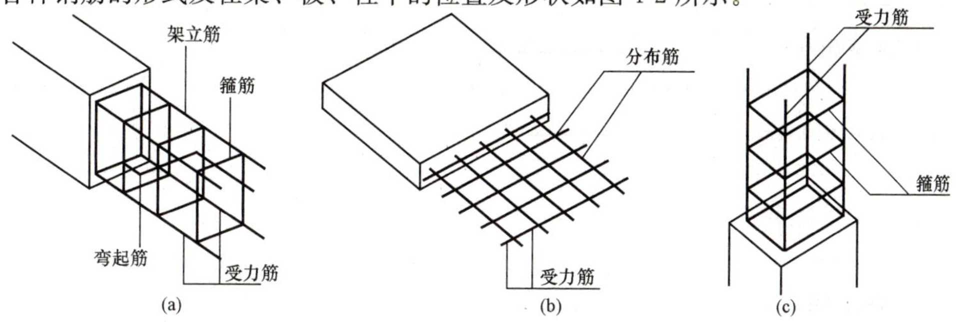

图 4-2　钢筋混凝土梁、板、柱配筋示意

(a)钢筋混凝土梁；(b)钢筋混凝土板；(c)钢筋混凝土柱

5. 保护层

为了防止钢筋锈蚀和保证钢筋与混凝土之间的粘结力，需在最外层钢筋的外缘至构件表面之间留置一定厚度的混凝土，称为保护层。一般梁、柱保护层的厚度为 20～25 mm，板保护层的厚度为 15～20 mm，保护层厚度在图上一般不需标注。各种构件混凝土保护层厚度的具体要求可参见钢筋混凝土结构的相关设计规范。

6. 钢筋的弯钩

为了增加钢筋与混凝土之间的粘结力，光圆钢筋两端需要做弯钩，如图 4-3 所示。

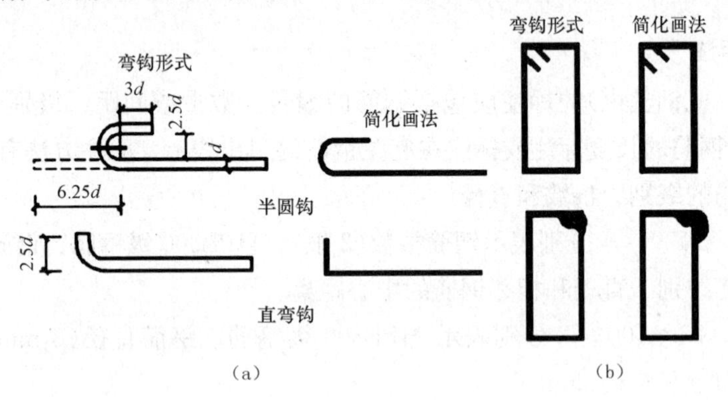

图 4-3　钢筋和箍筋的弯钩

7. 钢筋的一般表示方法与画法

钢筋的一般表示方法与画法见表 4-3、表 4-4。

表 4-3　钢筋的一般表示方法

名称	图例	说明
一般钢筋		
钢筋横断面	●	—
无弯钩的钢筋端部		表示长短钢筋投影重叠时，可在短钢筋的端部用 45°短画线表示
无弯钩的钢筋搭接		—
带半圆形弯钩的钢筋端部		—
带半圆形弯钩的钢筋搭接		—
带直钩钢筋的端部		—
带直钩的钢筋搭接		—

续表

名称	图例	说明
花篮螺栓钢筋接头	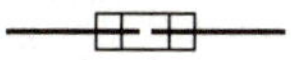	—
机械连接的钢筋接头		用文字说明机械连接的方式(如冷挤压或直螺纹等)
预应力钢筋		
单根预应力钢筋断面	+	—
后张法预应力钢筋断面 无粘结预应力钢筋断面		—
预应力钢筋或钢绞线		—

表 4-4　钢筋的画法

序号	说明	图样
1	在结构楼板中配置双层钢筋时，底层钢筋弯钩应向上或向左，顶层钢筋则向下或向右	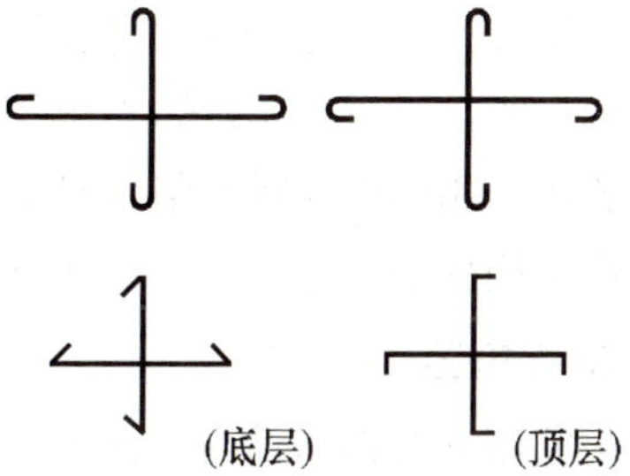 (底层)　(顶层)
2	钢筋混凝土墙体配双层钢筋时，在配筋立面图中，远面钢筋的弯钩应向上或向左，而近面钢筋则向下或向右(JM——近面，YM——远面)	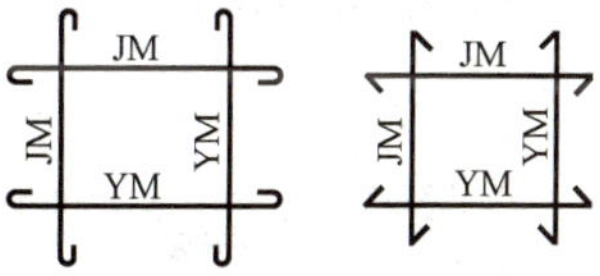 JM　YM　JM　YM　JM　YM　JM　YM
3	如在断面图中不能表示清楚钢筋布置，应在断面图外面增加钢筋大样图(如钢筋混凝土墙、楼梯等)	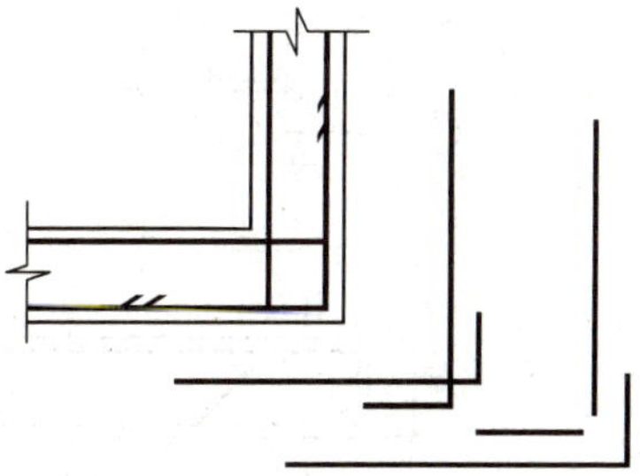
4	图中所示的箍筋、环筋，如布置复杂，应加画钢筋大样及说明	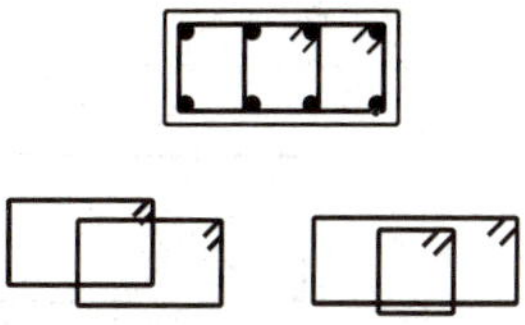
5	每组相同的钢筋、箍筋或环筋，可以用一根粗实线表示，同时用一两端带斜短画线的横穿细线，表示其余钢筋的起止范围	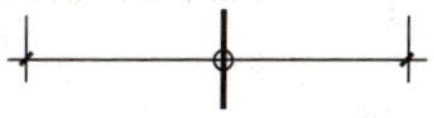

任务实施

一、某钢筋混凝土梁详图的识读

表达钢筋混凝土构件，不仅要用投影表达构件的形状和大小，还要表达钢筋本身及其在混凝土中的情况。其包括钢筋的品种、直径、形状、位置、长度、数量及间距等。在绘制钢筋混凝土结构图时，应假设混凝土为透明体，使其构件中的钢筋在施工图中可见。钢筋在结构图中的长度和方向按其投影用单根粗实线表示，钢筋断面用圆黑点表示，构件的外形轮廓线用细实线绘制。钢筋混凝土构件图是加工制作钢筋、现浇混凝土的依据，其图示内容主要包括模板图(可不画)、配筋图、钢筋表。读图时先看图名，再看立面图和断面图，后看钢筋详图和钢筋表。

1. 模板图

模板图也称为外形图，它为浇筑构件的混凝土而绘制，主要表达构件的外形尺寸、预埋件的位置、预留孔洞的大小和位置。对于外形较复杂或预埋件较多的构件，一般要单独画出模板图，以便于模板的制作和安装。模板图的图示方法就是按构件的外形绘制的视图，外形轮廓线用中粗实线绘制。对于外形简单的构件，一般不必单独绘制模板图，只需在配筋图中把构件的尺寸标注清楚即可。

2. 配筋图

配筋图就是钢筋混凝土构件(结构)中的钢筋配置图，主要表示构件内部所配置钢筋的形状、直径、数量和排放位置。梁的配筋图分为立面图、断面图和钢筋详图，如图 4-4 所示。

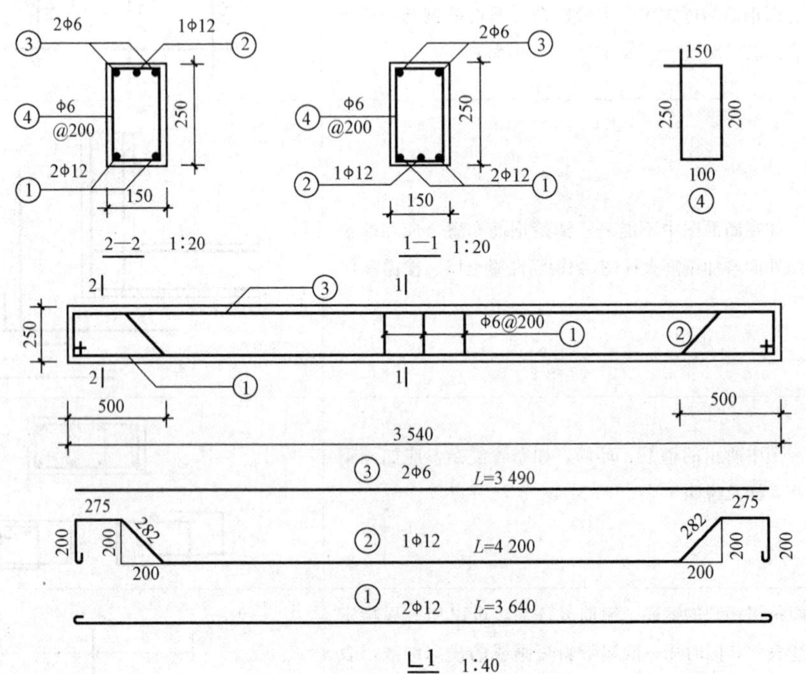

图 4-4 梁的配筋图

图 4-4 中梁为矩形断面的现浇梁，断面尺寸为宽 150 mm、高 250 mm，梁长为 3 540 mm。梁的配筋情况如下：

从断面 1—1 可知梁跨中配筋：下部受力钢筋①筋为两根直径 12 mm 的 HPB300 级钢筋，②筋为一根直径为 12 mm 的 HPB300 级钢筋，在距两端 500 mm 处弯起。

上部架立筋③筋为两根直径 6 mm 的 HPB300 级钢筋。箍筋④筋采用简化画法，只绘出其中几个，采用直径为 6 mm 的 HPB300 级钢筋，中心距为 200 mm。

从断面 2—2 可知梁端部配筋，结合立面图和断面图可知，在端部只是②筋由底部弯折到上部，其余配筋与中部相同。

从钢筋详图可知，每种钢筋的编号、根数、直径、各段设计长度和总尺寸(下料长度)以及弯起角度，以方便下料加工。如图中②筋为一弯起钢筋，各段尺寸标注如图 4-4 所示。

3. 钢筋表

为了便于编制施工预算，统计用料，在配筋图中还应列出钢筋表，表内应注明构件名称、构件数量、钢筋编号、钢筋简图、直径、长度、数量、总数量、总长和质量等，见表 4-5。

表 4-5　梁 L1 钢筋明细表

构件名称	构件数量	编号	规格	简图	单根长度/mm	根数	累计质量/kg
L1	1	1	Φ12		3 640	2	7.41
		2	Φ12		4 204	1	4.45
		3	Φ6		3 490	2	1.55
		4	Φ6		650	18	2.60

对于比较简单的构件，可不画钢筋详图，只列钢筋表即可。

二、柱构件详图的识读

钢筋混凝土柱构件详图主要包括立面图和断面图。如果柱的外形变化复杂或有预埋件，还应增画模板图。

图 4-5 所示为一现浇钢筋混凝土柱(Z1)的构件详图。该柱从标高为−0.030 m 起直通顶层标高为 11.100 m 处。柱为长方形断面，长 300 mm、宽 250 mm，由 1—1 断面可知受力筋是 4 根直径为 25 mm 的 HRB335 级钢筋，由 2—2 断面可知受力筋是 4 根直径为 20 mm 的 HRB335 级钢筋，3—3 断面处是 4 根直径为 16 mm 的 HRB335 级钢筋，越向上断面所需受力筋面积越小。箍筋用直径为 6 mm 的 HPB300 级钢筋，在柱 Z1 上的不同位置，箍筋的疏密程度不同，可在 Z1 边上画出一条箍筋分布线明确表示箍筋的分布情况，其中@200 表示箍筋间距为 200 mm，图中标注了箍筋非加密区段的具体数值。@100 表示箍筋加密区间距为 100 mm，具

体位置及区段数值见图中标注。

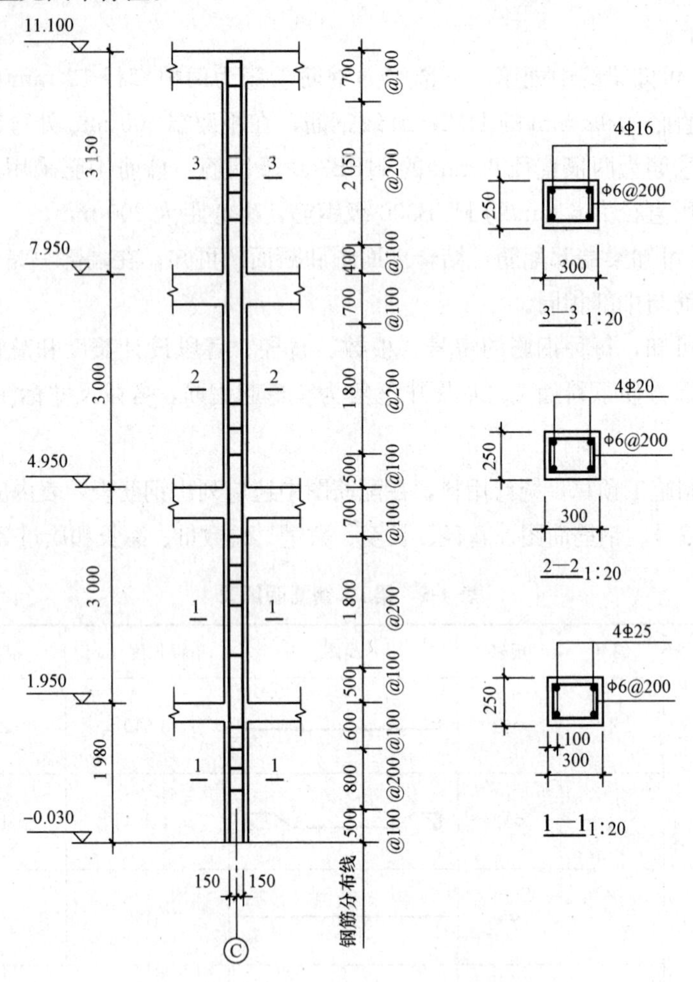

图 4-5　现浇钢筋混凝土柱的构件详图

练　习

1. 由混凝土和钢筋两种材料构成的整体，称为(　　)。混凝土的抗(　　)能力强、抗(　　)能力差，而钢筋的特点是(　　)，因而在钢筋混凝土结构中，钢筋主要承受(　　)，混凝土主要承受(　　)。

2. 为了突出表示钢筋的配置情况，在构件结构图中，把钢筋画成(　　)实线，把构件的外形轮廓线画成(　　)实线；在构件断面图中，不画材料图例，钢筋用(　　)表示。

3. 为了使钢筋和混凝土具有良好的粘结力，避免钢筋在受拉时滑动，应在光圆钢筋的两端设置(　　)。

4. 为了保护钢筋、防腐蚀、防火以及加强钢筋与混凝土的粘结力，在构件中钢筋外边缘至构件表面之间应留有一定厚度的(　　)。

5. 在结构平面图中配置双层钢筋时，底层钢筋的弯钩应向(　　)或向(　　)画出，顶层钢筋的弯钩则向(　　)或向(　　)画出。

6. 钢筋按其强度和品种分成不同等级，其中 HPB300 级钢筋的符号为(　　)；HRB335 级钢筋的符号为(　　)；HRB400 级钢筋的符号为(　　)。

7. 写出下列常用结构构件的代号名称：Z(　　)、QL(　　)、TB(　　)。

任务二　基础结构施工图的识读

任务介绍

基础是建筑物的重要组成部分，其承受上部结构传来的荷载并传给其下部的地基。施工过程中需要哪些图纸？这些图纸应如何识读？

任务分析

基础结构施工图包括基础平面图和基础详图。识读这些图纸需要掌握基础平面、基础详图的形成、图示方法和图示内容。

相关知识

基础是建筑物的重要组成部分。基础是位于建筑物底层地面以下，承受着房屋全部荷载的结构构造，它将荷载传递到下面的地基。基础的构造形式一般包括条形基础、独立基础、桩基础等，如图 4-6 所示。

基础结构施工图是表示建筑基础施工做法的图样，由基础平面图和基础详图组成。

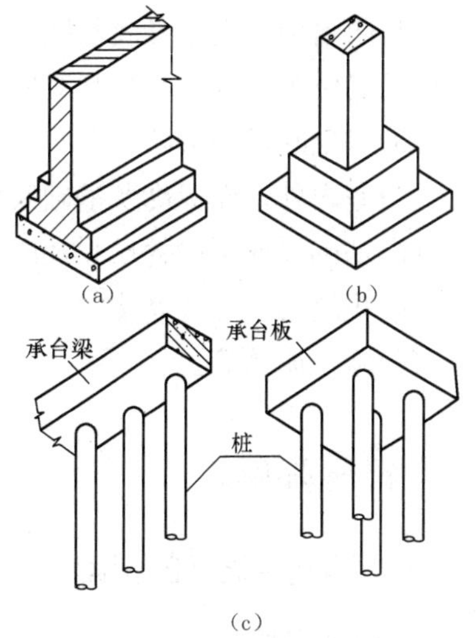

图 4-6　常见基础的类型

(a)条形基础；(b)独立基础；(c)桩基础

一、基础平面图

1. 基础平面图的形成和作用

用一个水平剖切平面沿建筑底层地面下一点剖切建筑，将剖切平面上面的部分去掉，并移去回填土所得到的水平投影图，称为基础平面图。基础平面图主要表达基础的平面位置、形式及其种类，是基础施工时定位、放线、开挖基坑的依据。

2. 基础平面图的图示方法

在基础平面图中只需画出基础墙、基础梁、柱以及基础底面的轮廓线。基础墙、基础梁的轮廓线为粗实线，基础底面的轮廓线为细实线，柱的断面一般涂黑，基础细部的轮廓线通常省略不画，各种管线及其出入口处的预留孔洞用虚线表示。

3. 基础平面图的图示内容

(1)图名、比例一般与对应建筑平面图一致，如1∶100。

(2)定位轴线及编号、轴线尺寸须与对应建筑平面图一致。

(3)尺寸和标高，基础底面的形状、大小及其与轴线的关系。

(4)基础、柱、构造柱的水平投影的位置和编号。

(5)基础构件配筋。

(6)基础详图的剖切符号及编号。

(7)有关说明。

二、基础详图

1. 基础详图的形成与作用

基础详图是将基础垂直切开所得到的断面图。结构相同的只画一个，结构不同的应分别编号绘制，对独立基础，有时还附一张单个基础的平面图，对柱下条形基础，也可采用只画一个的简略画法。基础详图表示基础的形状、大小、材料、构造和埋置深度，是基础施工的重要依据。

2. 基础详图的图示方法

对不同构造的基础应分别画出其详图。当基础构造相同，而仅部分尺寸不同时，也可用一个详图表示，但需标出不同部分的尺寸。基础断面图的边线一般用粗实线画出，断面内应画出材料图例；若是钢筋混凝土基础，则只画出配筋情况，不画出材料图例。

3. 基础详图的图示内容

(1)图名为剖断编号或基础代号及其编号，如1—1或J1，比例较大，如1∶20。

(2)定位轴线及其编号与对应基础平面图一致。

(3)基础断面的形状、尺寸、材料以及配筋。

(4)室内外地面标高及基础底面的标高。

(5)基础梁或圈梁的尺寸及配筋。

(6)垫层的尺寸及做法。

(7)施工说明等。

任务实施

一、基础平面图的识读

1. 识读步骤

阅读基础平面图时，要看基础平面图与建筑平面图的定位轴线是否一致，注意了解墙厚、基础宽、预留洞的位置及尺寸、剖面及剖面的位置等。

基础平面图的识读步骤如下：

(1)查看图名、比例。

(2)与建筑平面图对照，校核基础平面图的定位轴线。

(3)根据基础的平面布置，明确结构构件的种类、位置、代号。

(4)查看剖切编号，通过剖切编号明确基础的种类、各类基础的平面尺寸。

(5)阅读基础施工说明，明确基础的施工要求、用料。

2. 识读基础平面图

图4-7所示为某住宅的基础平面图，比例为1∶100，定位轴线与建筑施工图轴线一致，从图中可以了解到该建筑的基础为桩基础，由于受力等不同，基础的底面尺寸也不同，为了便于区分，每个基础(承台)都进行了编号，从JC-1至JC-7。如JC-4共有4个，以位置在①轴线和Ⓐ轴线交汇处的为例。JC-4为坡形截面独立承台，其承受上部1根框架柱传来的荷载，并把荷载传给下部的3根桩。承台底面的尺寸为2 500 mm×2 500 mm，定位轴线与承台的中心线重合。1根桩的中心与对应的横向定位轴线重合，距Ⓐ轴850 mm，另2根桩距Ⓐ轴、①轴的距离均为850 mm。由于在楼梯间及附近共设有4根框架柱并且柱间距较小，因此在4根框架柱下设共同承台JC-7。该承台下共有8根桩承受承台传来的荷载，具体定位方法不再赘述。

二、基础详图的识读

1. 识读步骤

(1)查看图名与比例，因基础的种类往往比较多，在读图时，可将基础详图的图名与基础平面图的剖切符号、定位轴线对照，了解该基础在建筑中的位置。

(2)明确基础的形状、大小与材料。

(3)明确基础各部位的标高，计算基础的埋置深度。

(4)明确基础的配筋情况。

(5)明确垫层的厚度尺寸与材料。

(6)明确基础梁或圈梁的尺寸及配筋情况。

2. 识读基础详图

本工程由于基础(承台)较多，可划分为Ⅰ、Ⅱ类，以列表的方式体现每个基础(承台)的具体数据(见表4-6)。图4-8所示为基础详图，详图由平面图和剖面图组成，平面图表示各种类型基础(承台)的平面尺寸和与定位轴线的关系；剖面图表示基础(承台)底面和顶面标高，底板横向筋和纵向筋的种类、直径、间距、垫层厚度、材料及基础断面形状等。如从表4-6中可知，其JC-4属于Ⅰ型基础，结合图4-8(a)可知：JC-4基础的底面尺寸为2 500 mm×2 500 mm，截面形状为坡形，每部分高度自下而上均为350 mm，基础底标高为－4.900 m，底板横向筋和纵向筋均为ɸ14@160，基础底面设有100 mm厚的C10素混凝土垫层，每边超出承台100 mm；垫层下设200 mm厚的褥垫层(褥垫层为颗粒级配良好、质地坚硬的粗砂、中砂)，每边超出垫层100 mm。竖向钢筋与上部框架柱的钢筋相同，竖向钢筋需插至基础板底部，支在底板钢筋网上，并弯折200 mm。基础内设2道矩形封闭箍筋2ɸ10(非复合箍)，第一道距基础上表面100 mm。

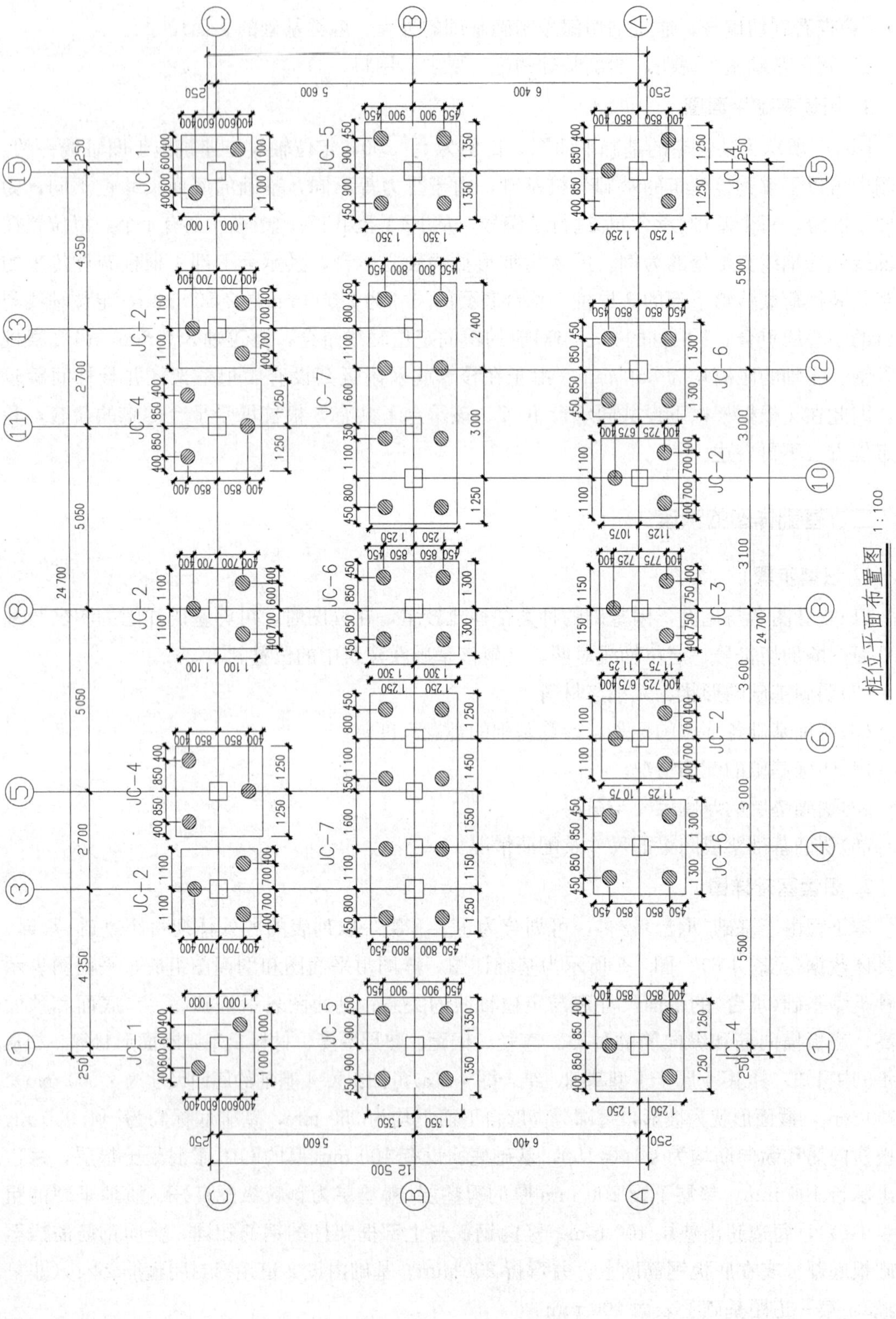

桩位平面布置图 1:100

图 4-7 桩位平面布置图

从表 4-6 中可知，其 JC-7 属于Ⅱ型基础，结合图 4-8(b)可知：JC-7 与 JC-4 最主要的区别在于 JC-7 设有基础梁，其余识读方法同 JC-4。该基础梁编号为 JL-A，梁的截面宽度为 400 mm，梁的截面高度同基础高，即 350＋350＝700(mm)。梁的上部、下部钢筋均为 5Φ22，梁的两个侧面共配置 2Φ12，每面配置 1Φ12，拉结钢筋为 Φ8@400，箍筋为 Φ8@200，有 4 肢箍。

表 4-6　基础尺寸及配筋表

基础编号	基础类型	底面尺寸 (A×B)/mm	基础高度/mm		基础底标高/m	基础配筋		附注
			h_1	h_2		①	②	
JC-1	Ⅰ	2 000×2 000	300	300	−4.900	Φ14@200	Φ14@200	基础平面尺寸详见平面布置图
JC-2	Ⅰ	2 200×2 200	300	300	−4.900	Φ14@200	Φ14@200	
JC-3	Ⅰ	2 300×2 300	300	300	−4.900	Φ14@200	Φ14@200	
JC-4	Ⅰ	2 500×2 500	350	350	−4.900	Φ14@160	Φ14@160	
JC-5	Ⅰ	2 700×2 700	350	350	−4.900	Φ14@140	Φ14@140	
JC-6	Ⅰ	2 600×2 600	350	350	−4.900	Φ14@160	Φ14@160	
JC-7	Ⅱ	6 650×2 500	350	350	−4.900	Φ14@100	Φ14@150	

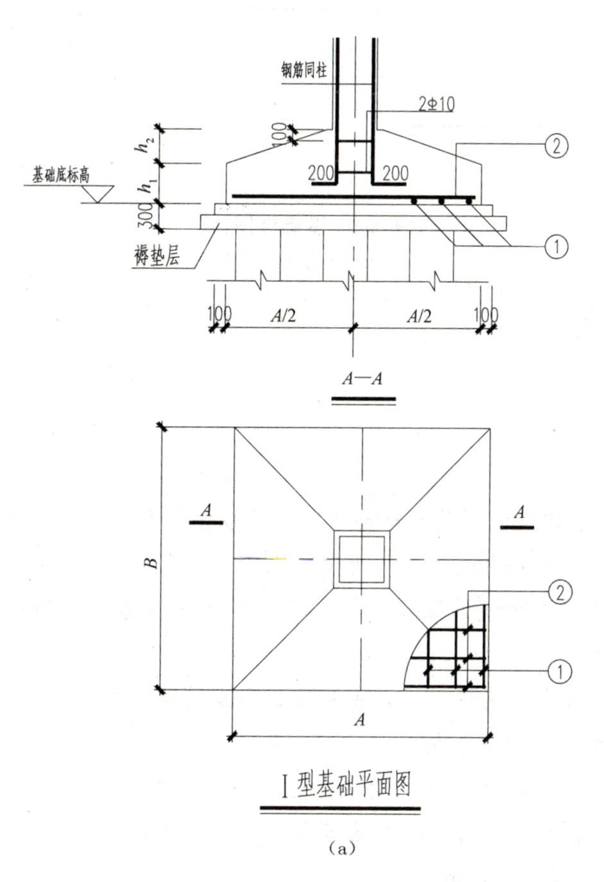

(a)

图 4-8　基础详图

(a) Ⅰ型基础详图

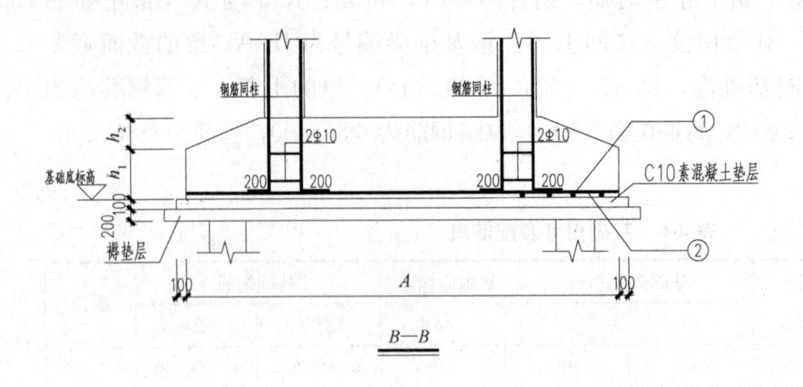

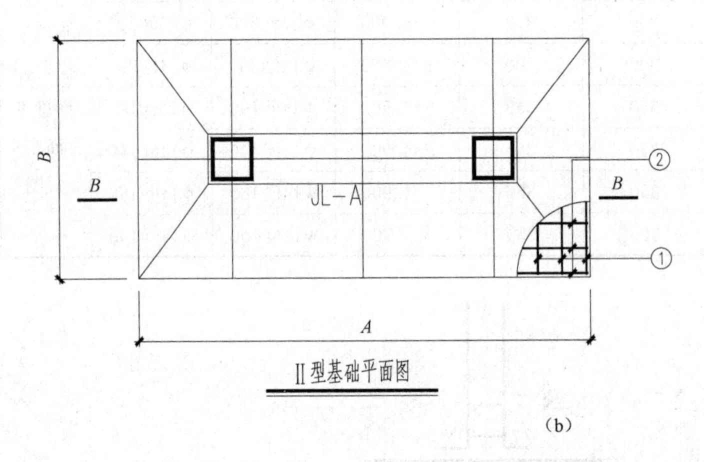

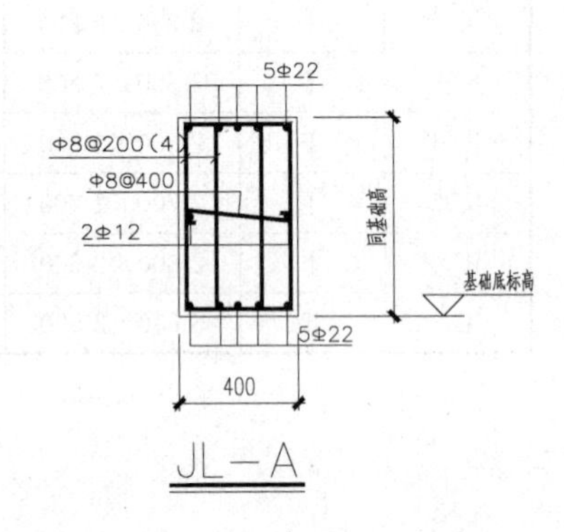

(b)

图 4-8　基础详图(续)

(b)Ⅱ型基础详图

练　习

识读图 4-9 所示基础平面图及基础详图，完成以下题目。

1. 本工程基础所用材料为(　　)，形式上属于(　　)。

2. 基础平面图中横向轴线的编号为(　　)，应与建筑施工图轴线一致。独立基础类型有(　　)，基础梁有(　　)。

3. JC5 的基础底面尺寸为(　　)，基础梁的截面宽度为(　　)。

4. JC4 每阶高为(　　)，总高为(　　)；基底长宽为(　　)。

5. JC4 基础底部双向配置钢筋的情况是(　　)，竖向埋置钢筋的情况是(　　)，其中 4 根角筋伸出基础顶面(　　)mm，下端弯折(　　)mm，并设(　　)根直径为(　　)的(　　)级箍筋，间距为(　　)mm。

6. 基础下设(　　)垫层；基础底部标高为(　　)m。

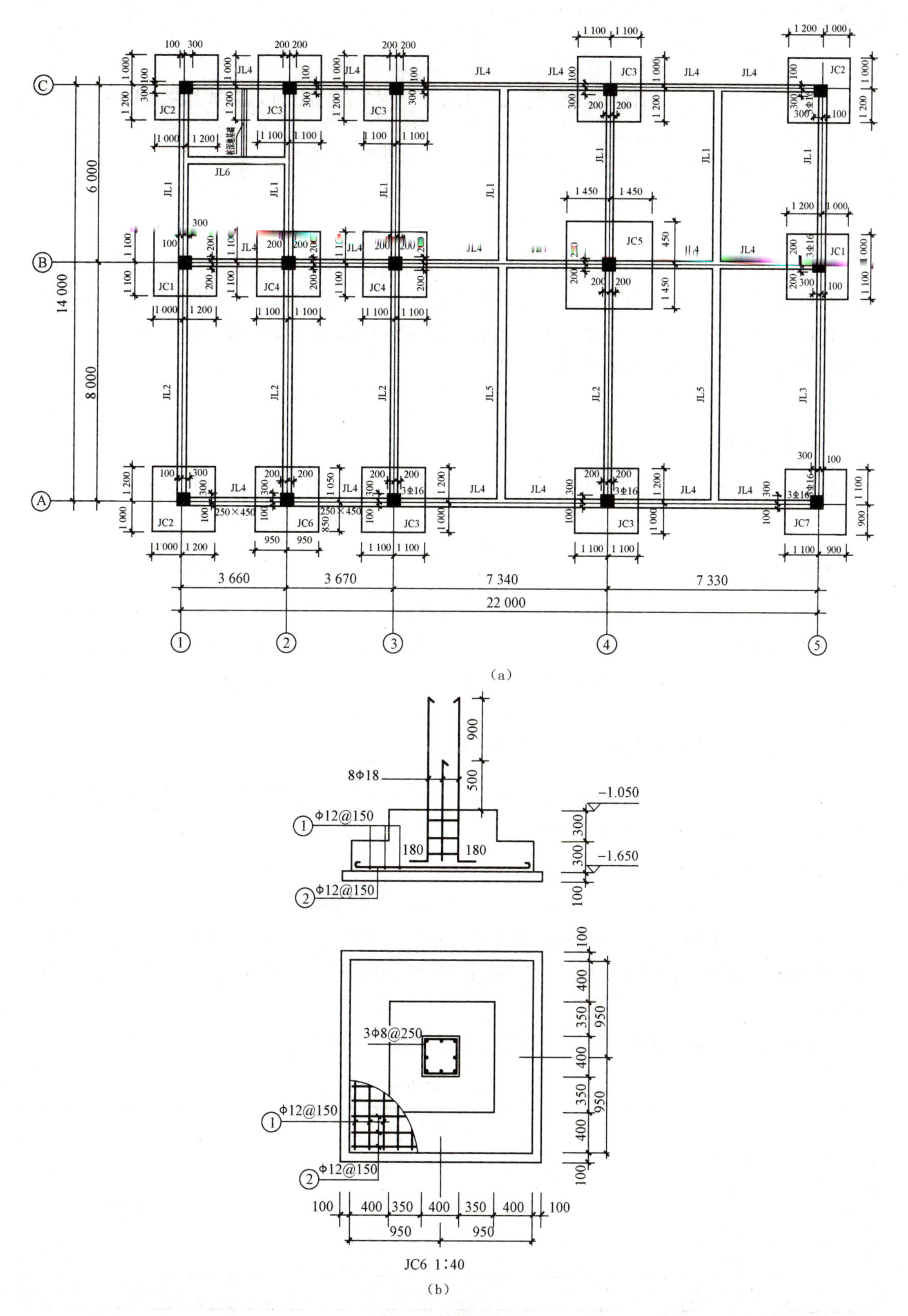

（a）

（b）

图 4-9 基础结构图

（a）基础平面图；（b）基础详图

任务三　钢筋混凝土柱、梁平法施工图的识读

任务介绍

随着国民经济的发展和建筑设计标准化的提高，各设计单位采用了一些简便的图示方法，即钢筋混凝土结构平面整体表示法(简称平法)。目前现浇钢筋混凝土框架、剪力墙、板、楼梯、独立基础、条形基础、筏形基础及桩基承台都可采用平法标注，本任务仅学习识读钢筋混凝土柱、梁平法施工图的识读。

任务分析

识读钢筋混凝土柱、梁平法施工图，需要了解其制图规则，熟悉各符号的含义。

相关知识

平法，概括来讲，就是把结构构件的尺寸和配筋等，按照平法制图规则，整体直接表达在各类构件的结构平面布置图上，再与标准构造详图相配合，即构成一套新型完整的结构设计。它改变了传统的那种将构件从结构平面图中索引出来，再逐个绘制配筋详图的烦琐方法。

一、钢筋混凝土柱平法施工图的图示内容

柱平法施工图是在柱平面布置图上，采用截面注写方式或列表注写方式，只表示柱的截面尺寸和配筋等具体情况的平面图。

1. 列表注写方式

列表注写方式是在柱平面布置图上，分别在同一编号的柱中，选择一个或几个截面标注与轴线关系、几何参数代号，通过列表注写柱号、柱段起止标高、几何尺寸(包括柱截面对轴线的偏心情况)与配筋具体数值，并配以各种柱截面形状及其箍筋类型图说明箍筋形式的方式。

(1)柱编号。柱编号由柱类型、代号和序号组成，见表4-7。

表4-7　柱编号

柱类型	代号	序号
框架柱	KZ	××
转换柱	ZHZ	××
芯柱	XZ	××
梁上柱	LZ	××
剪力墙上柱	QZ	××

(2)各段柱的起止标高。自柱根部往上以变截面位置或截面未变但配筋改变处为界分段注写。

(3)柱截面尺寸及其与定位轴线的关系。对于矩形柱，注写柱截面尺寸 $b\times h$ 及与轴线关系的几何参数代号 b_1、b_2 和 h_1、h_2 的具体数值。其中，$b=b_1+b_2$，$h=h_1+h_2$。对于圆柱，表中 $b\times h$ 一栏改用在圆柱直径数字前加 d 标识。为了表达简便，圆柱截面与轴线关系也可用 b_1、b_2 和 h_1、h_2 表示，并使 $d=b_1+b_2=h_1+h_2$。

(4)柱纵筋。当柱纵筋直径相同，各边根数也相同时，将纵筋写在"全部纵筋"一栏中；除此之外，柱纵筋分角筋、截面 b 边中部筋和 h 边中部筋三项分别注写(采用对称配筋的可仅注写一侧中部钢筋，对称边省略不写)。当为圆柱时，表中"角筋"一栏注写全部纵筋。

(5)箍筋类型号及箍筋肢数，如图 4-10 所示。

(6)柱箍筋，包括钢筋级别与间距。用"/"区分柱端箍筋加密区与柱身非加密区长度范围内箍筋的不同间距。当箍筋沿柱全高为一种间距时，则不使用"/"线。

【示例 4-3】 Φ10@100/200，表示箍筋为 HPB300 级钢筋，直径为 10 mm，加密区间距为 100 mm，非加密区间距为 200 mm。

【示例 4-4】 Φ10@100，表示箍筋为 HPB300 级钢筋，直径为 10 mm，沿柱全高加密，间距为 100 mm。

【示例 4-5】 LΦ10@100/200，表示采用螺旋箍筋，HPB300 级钢筋，直径为 10 mm，加密区间距为 100 mm，非加密区间距为 200 mm。

2. 截面注写方式

截面注写方式，是在分标准层绘制的柱平面布置图的柱截面上，分别在同一编号的柱中选择一个截面，以直接注写截面尺寸和配筋具体数值的方式来表达柱平法施工图的内容。

从相同编号的柱中选择一个截面，按另一种比例放大绘制柱截面配筋图，并在各配筋图中继其编号后再注写截面尺寸 $b\times h$、角筋或全部纵筋(当纵筋采用一种直径且能够图示清楚时)、箍筋的具体数值以及在柱截面配筋图上标注柱截面与轴线关系 b_1、b_2、h_1、h_2 的具体数值，如图 4-11 所示。

二、梁平法施工图的图示内容

梁平法施工图是在梁平面布置图上采用平面注写方式或截面注写方式表达。

1. 平面注写方式

平面注写方式，是在梁平面布置图上，分别在不同编号的梁中选一根梁，在其上注写截面尺寸的配筋具体数值的方式来表达梁平法施工图的内容，如图 4-12 所示。

梁平面注写方式包括集中标注和原位标注。集中标注表达梁的通用数值，原位标注表达梁的特殊数值。当梁的某部位不适用集中标注中的某项数值时，则在该部位将该项数值原位标注。在图纸中，原位标注取值优先。

(1)梁集中标注。梁集中标注的内容，有五项必注值及一项选注值(集中标注可以从梁的任意一跨引出)，规定如下：

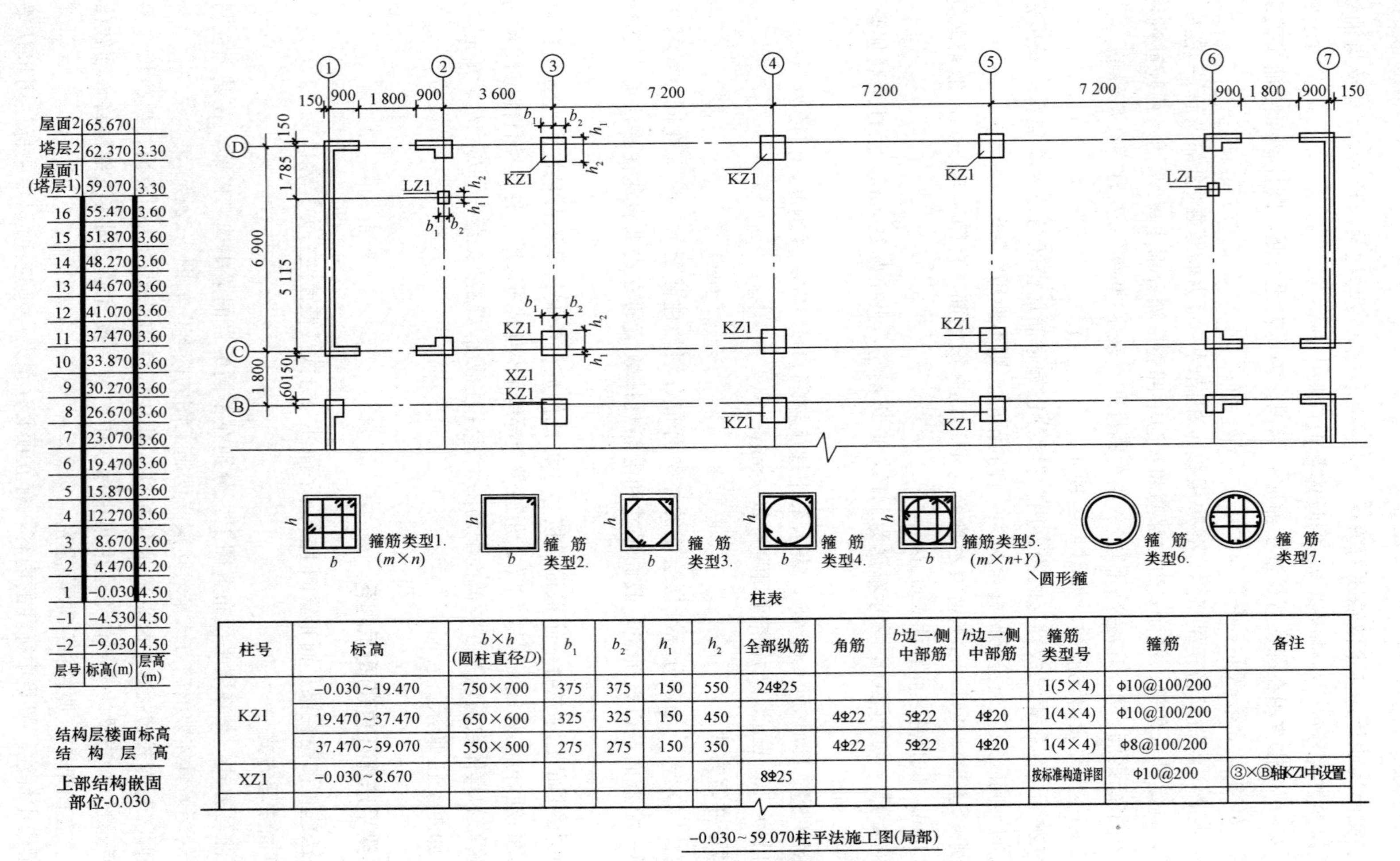

屋面2	65.670	
塔层2	62.370	3.30
屋面1(塔层1)	59.070	3.30
16	55.470	3.60
15	51.870	3.60
14	48.270	3.60
13	44.670	3.60
12	41.070	3.60
11	37.470	3.60
10	33.870	3.60
9	30.270	3.60
8	26.670	3.60
7	23.070	3.60
6	19.470	3.60
5	15.870	3.60
4	12.270	3.60
3	8.670	3.60
2	4.470	4.20
1	−0.030	4.50
−1	−4.530	4.50
−2	−9.030	4.50
层号	标高(m)	层高(m)

结构层楼面标高
结 构 层 高

上部结构嵌固部位-0.030

柱表

柱号	标高	$b\times h$(圆柱直径D)	b_1	b_2	h_1	h_2	全部纵筋	角筋	b边一侧中部筋	h边一侧中部筋	箍筋类型号	箍筋	备注
KZ1	−0.030~19.470	750×700	375	375	150	550	24Φ25				1(5×4)	Φ10@100/200	
	19.470~37.470	650×600	325	325	150	450		4Φ22	5Φ22	4Φ20	1(4×4)	Φ10@100/200	
	37.470~59.070	550×500	275	275	150	350		4Φ22	5Φ22	4Φ20	1(4×4)	Φ8@100/200	
XZ1	−0.030~8.670						8Φ25				按标准构造详图	Φ10@200	③×Ⓑ轴KZ1中设置

−0.030~59.070柱平法施工图(局部)

图 4-10　柱平法施工图列表注写方式

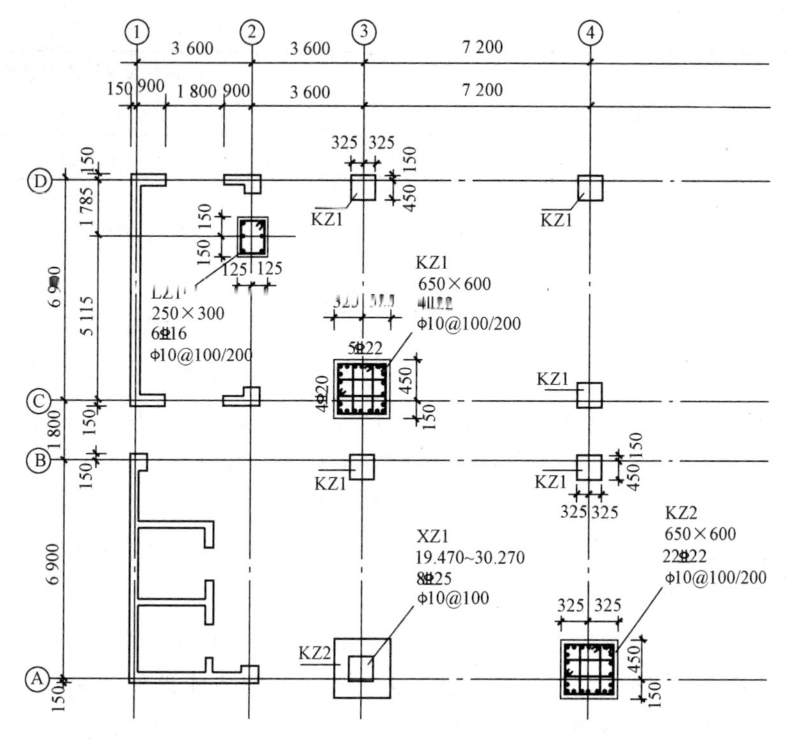

图 4-11　柱平法截面注写方式

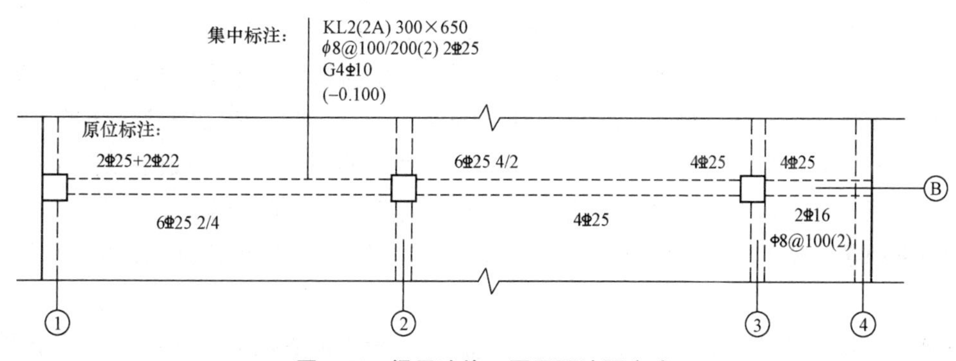

图 4-12　梁平法施工图平面注写方式

1)第一项：梁编号。编号由梁类型、代号、序号、跨数及是否带有悬挑组成(见表 4-8)。悬挑代号有 A 和 B 两种，A 表示一端悬挑，B 表示两端悬挑。

表 4-8　梁编号

梁类型	代号	序号	跨数及是否带有悬挑
楼层框架梁	KL	××	(××)、(××A)或(××B)
托柱转换梁	TZL	××	(××)、(××A)或(××B)
屋面框架梁	WKL	××	(××)、(××A)或(××B)
框支梁	KZL	××	(××)、(××A)或(××B)
楼层框架扁梁	KBL	××	(××)、(××A)或(××B)
非框架梁	L	××	(××)、(××A)或(××B)

续表

梁类型	代号	序号	跨数及是否带有悬挑
悬挑梁	XL	××	(××)
井字梁	JZL	××	(××)、(××A)或(××B)

2)第二项：梁截面尺寸。当为等截面梁时用 $b\times h$ 表示。截面尺寸注写宽×高，位于编号的后面。如KL7(5A)300×700表示第7号框架梁，5跨，一端有悬挑，截面宽为300 mm，高为700 mm。

3)第三项：梁箍筋，包括钢筋级别、直径、加密区与非加密区间距及肢数。加密区与非加密区的不同间距及肢数用“/”分隔；当梁箍筋为同一种间距及肢数时，则不需要用斜线；当加密区与非加密区的箍筋肢数相同时，则将肢数注写一次；箍筋肢数应注写在括号内。

【示例4-6】 ϕ10@100/200(4)，表示箍筋为HPB300级钢筋，直径为10 mm，加密区间距为100 mm，非加密区间距为200 mm，均为四肢箍。

【示例4-7】 ϕ8@100(4)/150(2)，表示箍筋为HPB300级钢筋，直径为8 mm，加密区间距为100 mm，四肢箍；非加密区间距为150 mm，双肢箍。

当抗震结构中的非框架梁、悬挑梁、井字梁及非抗震结构中的各类梁采用不同的箍筋间距及肢数时，也用“/”将其分隔开来。注写时，先注写梁支座端部的箍筋(包括箍筋的箍数、钢筋级别、直径、间距与肢数)，在“/”后注写梁跨中部分的箍筋间距及肢数。

【示例4-8】 18ϕ12@150(4)/200(2)，表示箍筋为HPB300级钢筋，直径为12 mm，梁的两端各有18个四肢箍，间距为150 mm；梁跨中部分，间距为200 mm，双肢箍。

4)第四项：梁上部通长筋或架立筋配置。所注规格与根数应根据结构受力要求及箍筋肢数等构造要求而定。当同排纵筋中既有通长筋又有架立筋时，应用“+”将通长筋和架立筋相连。注写时须将角部纵筋写在“+”的前面，将架立筋写在“+”后面的括号内，以示不同直径及与通长筋的区别。当全部采用架立筋时，则将其写入括号内。

【示例4-9】 2⌀22用于双肢箍；2ϕ22+(4ϕ12)，表示梁上部角部通长筋为2ϕ22，4ϕ12为架立筋。

当梁的上部纵筋和下部纵筋为全跨相同，且多数跨配筋相同时，此项可加注下部纵筋的配筋值，用“;”将上部与下部纵筋的配筋值分隔开来，少数跨不同者，按平面注写方式的规定进行处理。

【示例4-10】 3⌀22；3⌀20，表示梁的上部配置3⌀22的通长筋，梁的下部配置3⌀20的通长筋。

5)第五项：梁侧面纵向构造钢筋或受扭钢筋配置。当梁腹板高度 $h_w \geqslant 450$ mm时，须配置纵向构造钢筋，所注规格与根数应符合规范的规定。此项注写值以大写字母G开头，接续注写配置在梁的两个侧面的总配筋值，且对称配置。

【示例4-11】 G4ϕ12，表示梁的两个侧面共配置4根直径为12 mm的HPB300级纵向构造钢筋，每侧各配置2ϕ12。

当梁侧面需配置受扭纵向钢筋时，此项注写值以大写字母N开头，接续注写配置在梁的两个侧面的总配筋值，且对称配置。

【示例4-12】 N6⌀22，表示梁的两个侧面共配置6⌀22的受扭纵向钢筋，每侧各配置3⌀22。

6)第六项：梁顶面标高高差。梁顶面标高高差，是指相对于结构层楼面标高的高差值。有高差时，必将其写入括号内，无高差时不注。当某梁的顶面高于所在结构层的楼面时，其标高高差为正值，反之为负值。

【示例 4-13】 某结构层的楼面标高为 44.950 m 和 48.250 m，当某梁的梁顶面标高高差注写为(－0.050)时，即表明该梁顶面标高分别相对于 44.950 m 和 48.250 m，低 0.050 m。

以上六项中，前五项为必注值，后一项为选注值。

(2)梁原位标注。梁原位标注的内容规定如下：

1)梁支座上部纵筋。梁支座上部纵筋含通长筋在内的所有纵筋。

①当上部纵筋多于一排时，用“/”将各排纵筋自上而下分开。

【示例 4-14】 梁支座上部纵筋注写为 6Φ25 4/2，则表示上一排纵筋为 4Φ25，下一排纵筋为 2Φ25。

②当同排纵筋有两种直径时，用“＋”将两种直径相连，注写时将角部纵筋写在前面。

【示例 4-15】 梁支座上部纵筋注写为 2Φ25＋2Φ22，则表示梁支座上部有 4 根纵筋，2Φ25 放在角部，2Φ22 放在中部。

③当梁中间支座两边的上部纵筋不同时，须在支座两边分别标注；当梁中间支座两边的上部纵筋相同时，可仅在支座的一边标注配筋值，另一边省去标注。

2)梁下部纵筋。

①当下部纵筋多于一排时，用“/”将各排纵筋自上而下分开。

【示例 4-16】 梁下部纵筋注写为 6Φ25 2/4，则表示上一排纵筋为 2Φ25，下一排纵筋为 4Φ25，全部伸入支座。

②当同排纵筋有两种直径时，用“＋”将两种直径的纵筋相连，注写时角筋写在前面。

③当梁下部纵筋不全部伸入支座时，将梁支座下部纵筋减少的数量写在括号内。

【示例 4-17】 梁下部纵筋注写为 6Φ25 2(－2)/4，则表示上一排纵筋为 2Φ25，且不伸入支座；下一排纵筋为 4Φ25，全部伸入支座。

④当在梁的集中标注中，已按规定注写了梁上部和下部均为通长的纵筋值时，则不需在梁下部重复做原位标注。

3)当在梁上集中标注的内容不适用于某跨或某悬挑部分时，则将其不同数值原位标注在该跨或该悬挑部位，施工时应按原位标注数值取用。

4)附加箍筋和吊筋。附加箍筋和吊筋可直接画在平面图中的主梁上，用线引注总配筋值，如图 4-13 所示。当多数附加箍筋、吊筋相同时，可在梁平法施工图上统一注明，少数与统一注明值不同时，再原位引注。

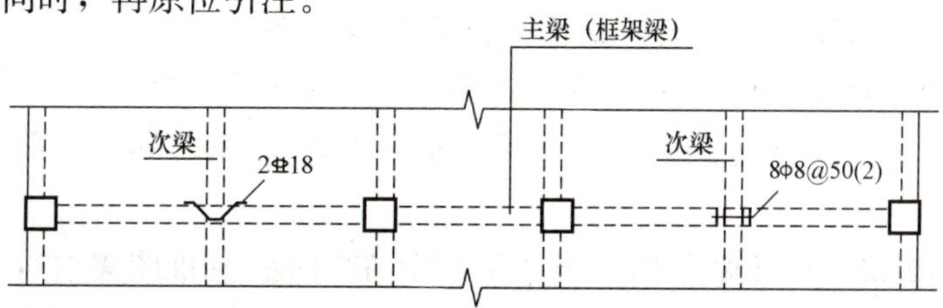

图 4-13　附加箍筋和吊筋的画法示例

2. 截面注写方式

梁截面注写方式，是在分标准层绘制的梁平面布置图上，分别在不同编号的梁中选择一根梁用剖面号引出配筋图，并在其上注写截面尺寸和配筋具体数值的方式来表达梁平法施工图的内容，如图 4-14 所示。在截面配筋详图上注写截面尺寸 $b\times h$，上部筋、下部筋、侧面构造筋或受扭筋，以及箍筋的具体数值时，其表达形式与平面注写方式相同。

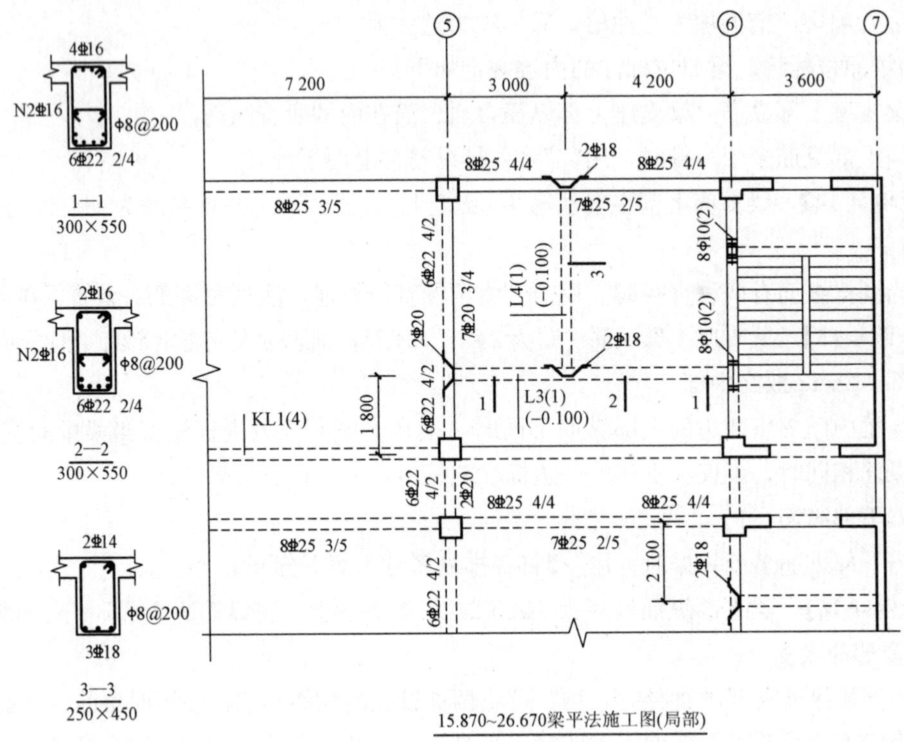

图 4-14　梁截面注写方式

任务实施

一、柱平法施工图的识读

1. 识图步骤

(1)查看图名、比例。

(2)核对轴线编号及其间距尺寸是否与建筑施工图、基础平面图一致。

(3)与建筑施工图配合，明确各柱的编号、数量及位置。

(4)通过结构设计说明或柱的施工说明，明确柱的材料及等级。

(5)根据柱的编号，查阅截面标注图或柱表，明确各柱的标高、截面尺寸以及配筋情况。

(6)根据抗震等级、设计要求和标准构造详图(在“平法”标准图集中)，确定纵向钢筋和箍筋的构造要求，如纵向钢筋的连接方式、搭接长度、弯折要求、锚固要求、箍筋加密区的范围等。

2. 识读柱平法施工图

图 4-15 所示为标高 2.500 m 至标高 5.400 m 柱配筋图，所用比例为 1：100，采用截面注写方式。本图中有 KZ-1、KZ-2、KZ-3、KZ-4、KZ-5、KZ-6、KZ-7、KZ-8、KZ-9 共九种类型柱。KZ-1 表示框架柱 1，截面尺寸为 450 mm×450 mm，b_1＝250 mm，b_2＝200 mm，h_1＝250 mm，h_2＝200 mm，图上已标注。KZ-1 在标高 2.500～5.400 m 段所配纵筋中的角筋为 4⌀18，截面 b 边一侧中部筋为 1⌀18 和 h 边一侧中部筋为 1⌀18，即全部纵筋为 8⌀18。KZ-1 框架柱箍筋类型号为 1(3×3)，箍筋均为 Φ8@100/200，表示箍筋为 HPB300 级钢筋，直径为 8 mm，加密区间距为 100 mm，非加密区间距为 200 mm。其他柱的识读方法同 KZ-1。

二、梁平法施工图的识读

1. 识读步骤

(1)查看图名、比例。

(2)核对轴线编号及其间距尺寸是否与建筑施工图、基础平面图、柱平面图一致。

(3)与建筑施工图配合，明确各梁的编号、数量及位置。

(4)通过结构设计说明或梁的施工说明，明确梁的材料及等级。

(5)明确各梁的标高、截面尺寸及配筋情况。

(6)根据抗震等级、设计要求和标准构造详图(在“平法”标准图集中)，确定纵向钢筋、箍筋和吊筋的构造要求，如纵向钢筋的连接方式、搭接长度、弯折要求、锚固要求、箍筋加密区的范围、附加箍筋和吊筋的构造等。

2. 识读梁平法施工图

图 4-16 所示为标高 5.400 m、8.300 m 梁配筋图。以⑧轴的框架梁为例说明梁配筋图的识读。集中标注的部分中 KL6(2A)表示第 6 号框架梁，2 跨，单面悬挑(在Ⓐ轴外侧)；250 mm×550 mm 表示矩形截面梁，梁的截面宽度 b 为 250 mm，截面高度 h 为 550 mm；⌀8@100/200(2)，表示箍筋为 HRB335 级钢筋，直径为 8 mm，加密区间距为 100 mm，非加密区间距为 200 mm，为两肢箍。2⌀18 表示梁的上部通长纵筋(角筋)。该梁采用原位标注的部分说明：该梁Ⓐ轴支座处左右、Ⓑ轴支座处左右的上部钢筋采用原位标注均为 4⌀18，Ⓒ轴支座处左侧上部钢筋采用原位标注为 3⌀18，这些原位标注的钢筋中有 2⌀18 是梁的上部通长纵筋(角筋)，其余不通长。Ⓐ～Ⓑ轴之间跨梁的下部钢筋为 2⌀16＋2⌀14，都伸入支座。Ⓑ～Ⓒ轴之间跨梁的下部钢筋、Ⓐ轴外悬挑部分梁下部钢筋均为 3⌀16，都伸入支座。

现说明③轴 KL2 梁配筋图。集中标注的部分中 KL2(1)表示第 2 号框架梁，1 跨，无悬挑；300 mm×600 mm 表示矩形截面梁，截面宽度 b 为 300 mm，截面高度 h 为 600 mm；⌀8@100/200(2)，表示箍筋为 HRB335 级钢筋，直径为 8 mm，加密区间距为 100 mm，非加密区间距为 200 mm，为两肢箍。2⌀16；4⌀16 表示梁的上部通长纵筋为 2⌀16；梁的下部通长纵筋为 4⌀16，都伸入支座。N4⌀12 表示梁的两个侧面共配置 4⌀12 的受扭纵向钢筋，每侧共配置 2⌀12。该梁Ⓑ轴支座处右侧、Ⓒ轴支座处左侧的上部钢筋采用原位标注均为 4⌀16，这些原位标注的钢筋中有 2⌀16 是梁的上部通长纵筋(角筋)，其余不通长。由于 KL2 承受 L9 传来的集中荷载，在 KL2 对应位置设附加吊筋。

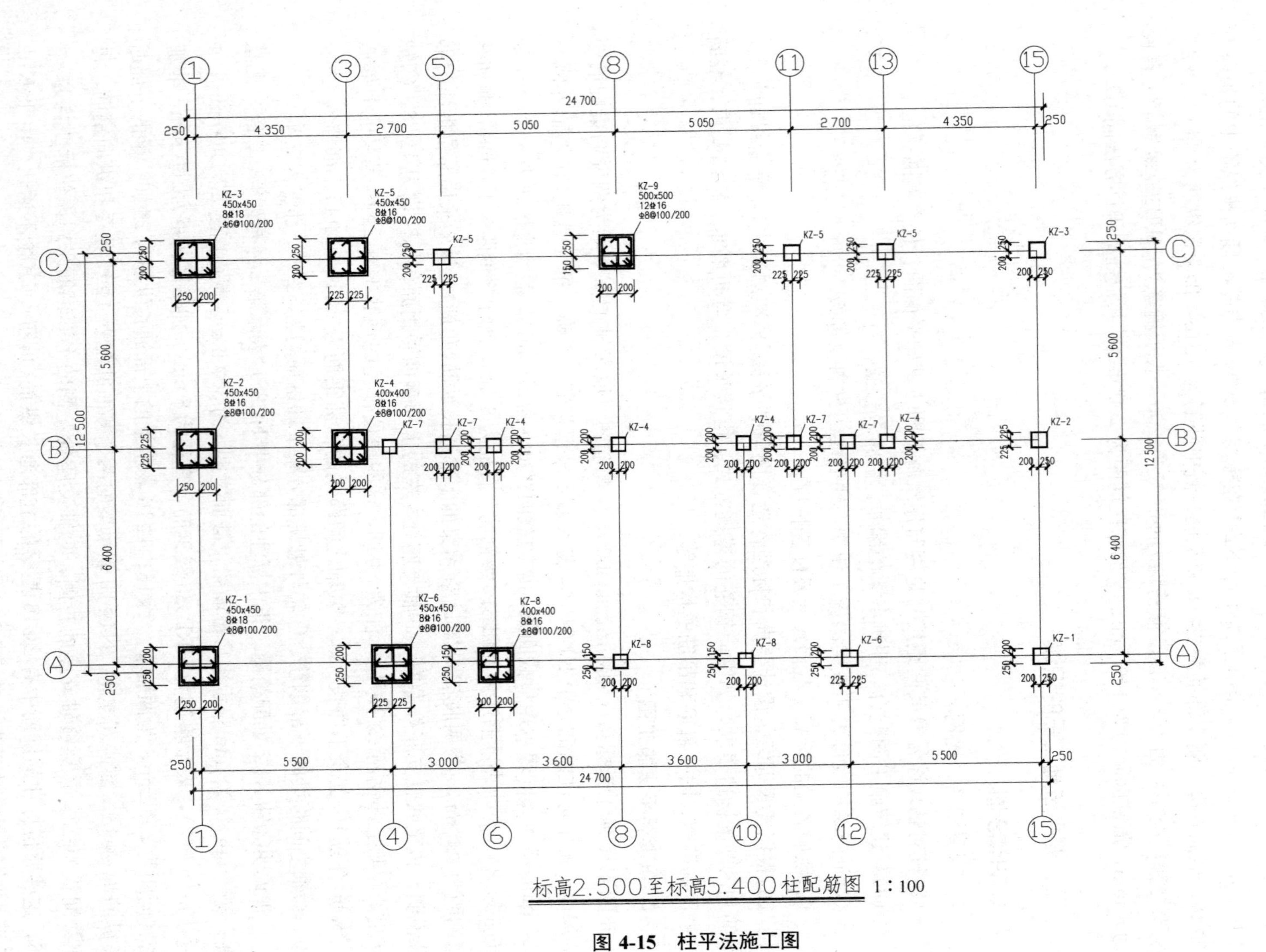
KZ-1
450x450
8⌀16
⌀8@100/200
KZ-2
450x450
8⌀16
⌀8@100/200
KZ-3
450x450
8⌀18
⌀6@100/200
KZ-4
400x400
8⌀16
⌀8@100/200
KZ-5
450x450
8⌀16
⌀8@100/200
KZ-6
450x450
8⌀16
⌀8@100/200
KZ-8
400x400
8⌀16
⌀8@100/200
KZ-9
500x500
12⌀16
⌀8@100/200
标高2.500至标高5.400柱配筋图 1∶100

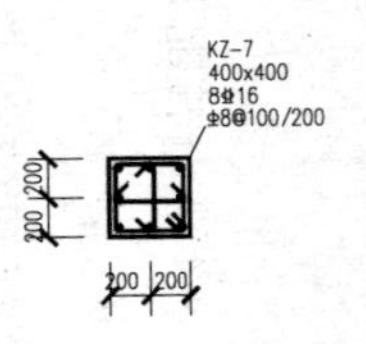
KZ-7
400x400
8⌀16
⌀8@100/200

图 4-15 柱平法施工图

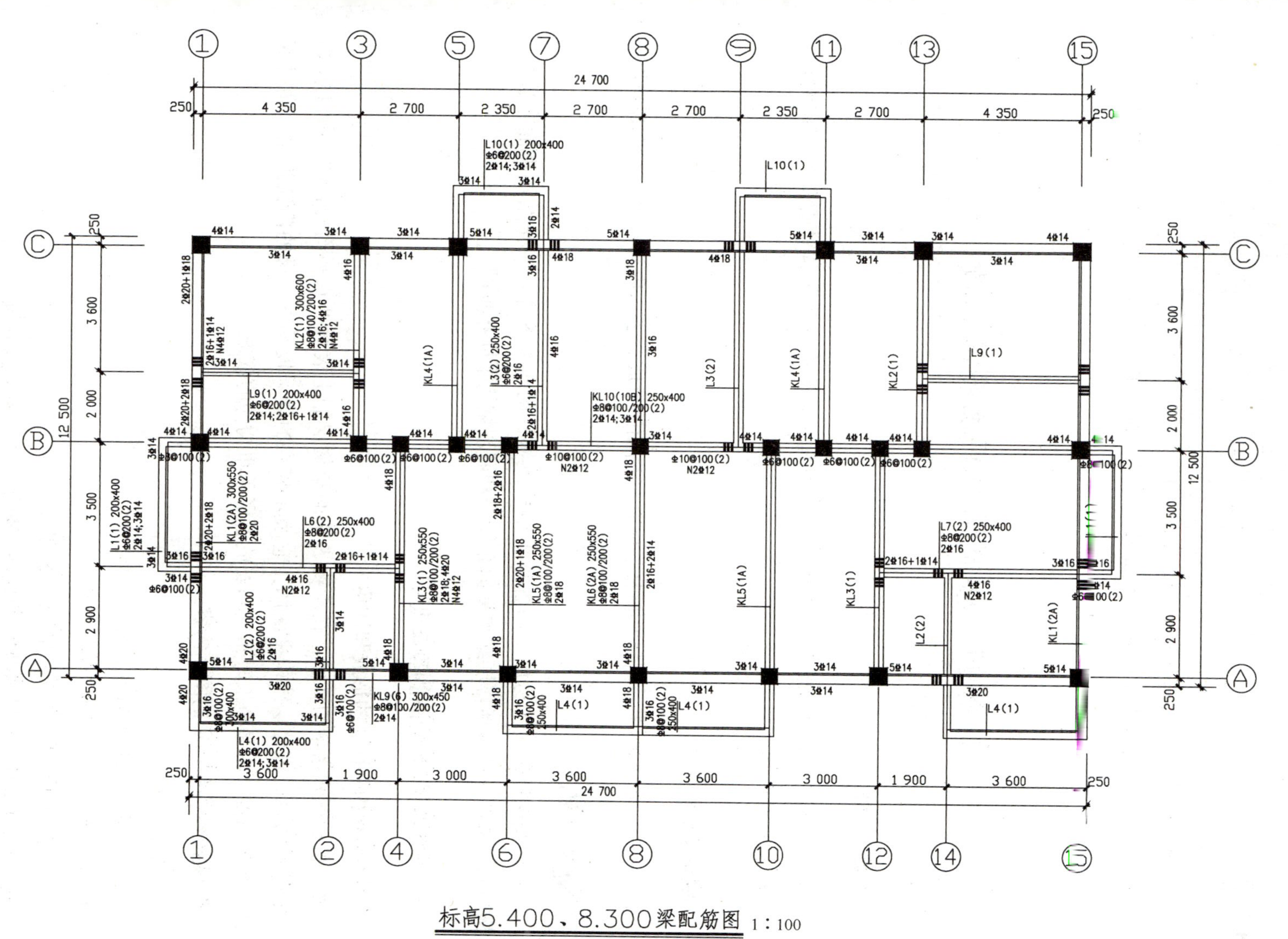

图 4-16　梁配筋图

练 习

1. 将图 4-15 改成列表注写方式，参见图 4-10。

2. 图 4-16 中④轴 KL3 选择 3 个典型位置剖切(支座、跨中)，绘制其断面图，比例为 1∶20。

任务四 楼层结构平面图的识读

任务介绍

楼板和屋面板是建筑物水平方向的重要承重构件，为表示其结构情况需要哪些图纸?这些图纸应如何识读?

任务分析

识读楼层结构平面图，需要掌握楼层结构平面图的形成、表示内容、表示方法等知识。

相关知识

以平面图的形式表示房屋上部各承重结构或构件的布置图样，叫作结构平面布置图。结构平面布置图一般包括楼层结构平面布置图和屋顶结构平面布置图。

一、楼层结构平面图的基本知识

1. 楼层结构平面图的形成和作用

作一假想的水平剖切平面，在所要表明的结构层的上表面处水平剖开，向下作正投影而得的水平投图，即楼层结构平面图。它表示该层的梁、板及下一层的门窗过梁、圈梁等构件的布置情况。它是施工时布置和安放各层承重构件的依据。

2. 楼层结构平面图的图示内容

(1)图名和比例。

(2)定位轴线、尺寸标注、标高。

(3)承重墙、柱子(包括构造柱)和梁。

(4)现浇板的位置、编号、配筋、板厚。

(5)如有预制板，标出预制板的规格、数量、等级和布置情况。

3. 楼层结构平面图的表示方法

楼层结构平面图中被楼板挡住而看不见的墙、柱和梁的轮廓用中虚线表示。有时为了画图方便，习惯上也把楼板下的不可见的轮廓线，由虚线改画成细实线。钢筋混凝土柱断面涂黑表示，梁的中心位置用粗点画线表示。

(1)结构平面图的定位轴线必须与建筑平面图一致。

(2)对于承重构件布置相同的楼层，可只画一个结构平面图，该图为标准层结构平面图。

(3)楼梯间的结构布置，一般在结构平面图中不予表示，只用双对角线表示，楼梯间这部分内容在楼梯详图中表示。

(4)楼层上各种梁、板、柱构件，在图上都用规定的代号和编号标记，查看代号、编号和定位轴线就可以了解各种构件的位置和数量。

(5)预制构件的代号、型号与编号标注方法，如图 4-17 所示。

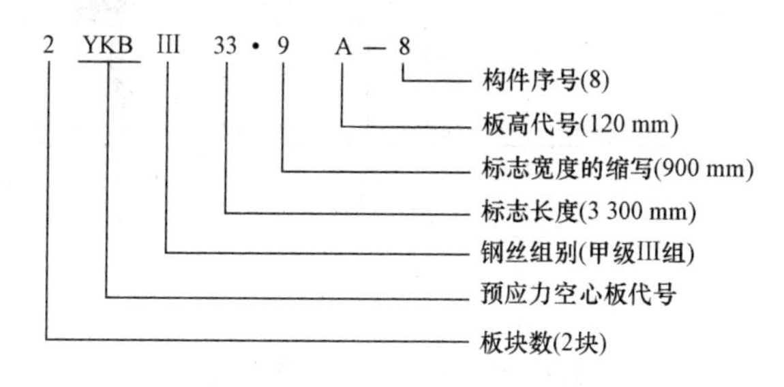

图 4-17 预制构件的代号、型号与编号标注方法

(6)预制板在平面图中的表达方式，如图 4-18 所示。

(7)现浇板在平面图中的表达方式，如图 4-19 所示。其表示出受力筋、分布筋和其他构造钢筋的配置情况，并注明编号、规格、直径、间距等。每种规格的钢筋只画出一根，按其形状画在相应位置上。对配筋相同的楼板，只需将其中一块板的配筋画出，其余各板应分别在该楼板范围内画一对角线，并注明相同板号。

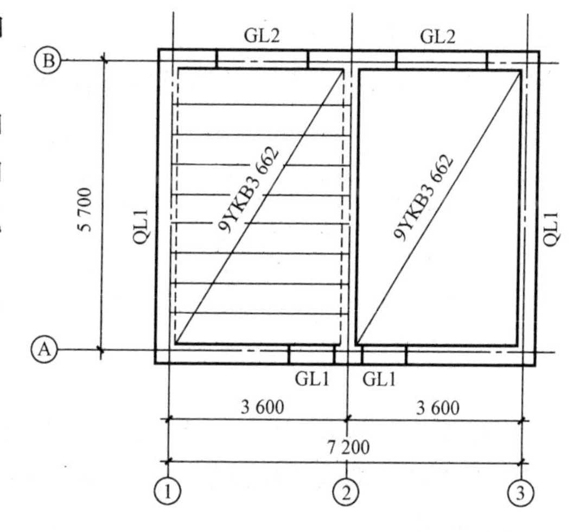

图 4-18 预制板的表达方式

二、有梁楼盖平法施工图的表示方法

有梁楼盖平法施工图，是在楼板面和屋面板布置图上，采用平面注写的表达方式。板平面注写方式主要包括板块集中标注和板支座原位标注。

为方便设计表达和施工识图，标准设计图集规定结构平面的坐标方向如下：

(1)当两向轴网正交布置时，图面从左至右为 X 向，从下至上为 Y 向；

(2)当轴网转折时，局部坐标方向顺轴网转折角度做相应转折；

(3)当轴网向心布置时，切向为 X 向，径向为 Y 向。

1. 板块集中标注

板块集中标注的内容为板块编号、板厚、贯通纵筋，以及当板面标高不同时的标高高差。

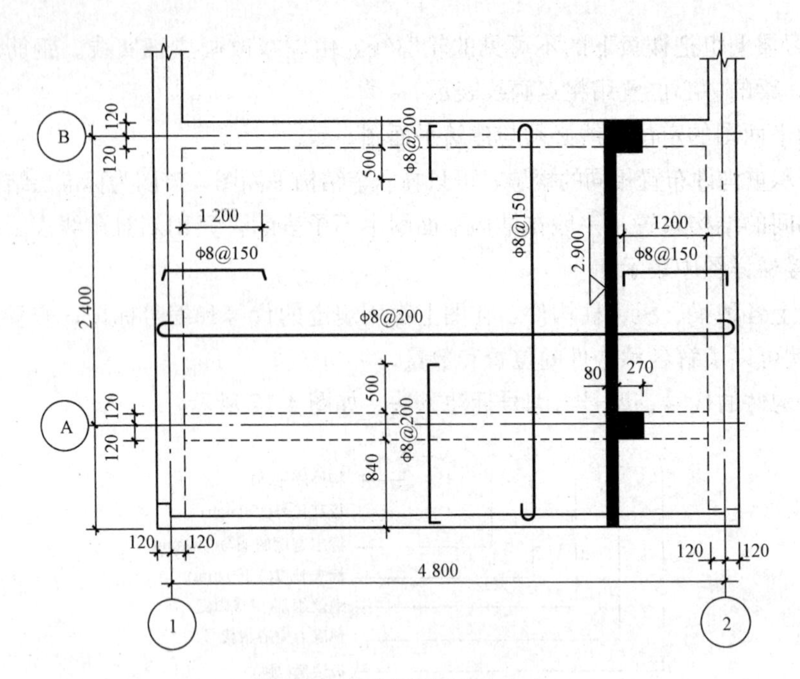

图 4-19　现浇板的表达方式

(1)对于普通楼面，两向均以一跨为一板块；对于密肋楼盖，两向主梁(框架梁)均以一跨为一板块(非主梁密肋不计)。所有板块应逐一编号(见表 4-9)，相同编号的板块可择其一做集中标注，其他仅注写置于圆圈内的板块编号，以及当板面标高不同时的标高高差。

表 4-9　板块编号

板类型	代号	序号
楼面板	LB	××
屋面板	WB	××
悬挑板	XB	××

(2)板厚注写为 h=×××(为垂直于板面的厚度)。当悬挑板的端部改变截面厚度时，用“/”分隔根部与端部的高度值，注写为 h=×××/×××。当设计已在图中统一注明板厚时，此项可不注。

(3)贯通纵筋按板块的下部和上部分别注写(当板块上部不设贯通纵筋时则不注)，并以 B 代表下部，以 T 代表上部，B&T 代表下部与上部；X 向贯通纵筋以 X 打头，Y 向贯通纵筋以 Y 打头，两向贯通纵筋配置相同时则以 X&Y 打头。

当为单向板时，另一向贯通的分布筋可不必注写，而在图中统一注明。

当在某些板内(例如在悬挑板 XB 的下部)配置有构造钢筋时，则 X 向以 X_C，Y 向以 Y_C 开头注写。

【示例 4-18】　有一楼面板块注写为 LB5 h=110

B：X⌀12@120；Y⌀12@120

其表示 5 号楼面板，板厚为 110 mm，板下部配置的贯通纵筋 X 向为 ⌀12@120，Y 向为⏀12@120；板上部未配置贯通钢筋。

【示例 4-19】 设有一延伸悬挑板注写为 XB2　h=150/100

B：X_C&Y_C⏀8@200

其表示 2 号延伸悬挑板，板根部厚 150 mm，端部厚 100 mm，板下部配置构造钢筋双向均为 ⏀8@200(上部受力钢筋见板支座原位标注)。

2. 板支座原位标注

板支座原位标注的内容为板支座上部非贯通纵筋和纯悬挑板上部受力钢筋。

板支座原位标注的钢筋，应在配置相同跨的第一跨表达(当在梁悬挑部位单独配置时则在原位表达)。在配置相同跨的第一跨(或梁悬挑部位)，垂直于板座(梁或墙)绘制一段适宜长度的中粗实线(当该筋通长设置在悬挑板或短跨上部时，实线段应画至对边或贯通短跨)，以该线段代表支座上部非贯通纵筋；在线段上方注写钢筋编号(如①、②等)、配筋值、横向连续布置的跨数(注写在括号内，且当为一跨时可不注)，以及是否横向布置到梁的悬挑端。

【示例 4-20】 (××)为横向布置的跨数，(××A)为横向布置的跨数及一端的悬挑部位，(××B)为横向布置的跨数及两端的悬挑部位。

(1)板支座上部非贯通筋。板支座上部非贯通筋自支座中线向跨内的延伸长度，注写在线段的下方。

当中间支座上部非贯通纵筋向支座两侧对称延伸时，可仅在支座一侧线段下方标注延伸长度，另一侧不注，如图 4-20(a)所示。

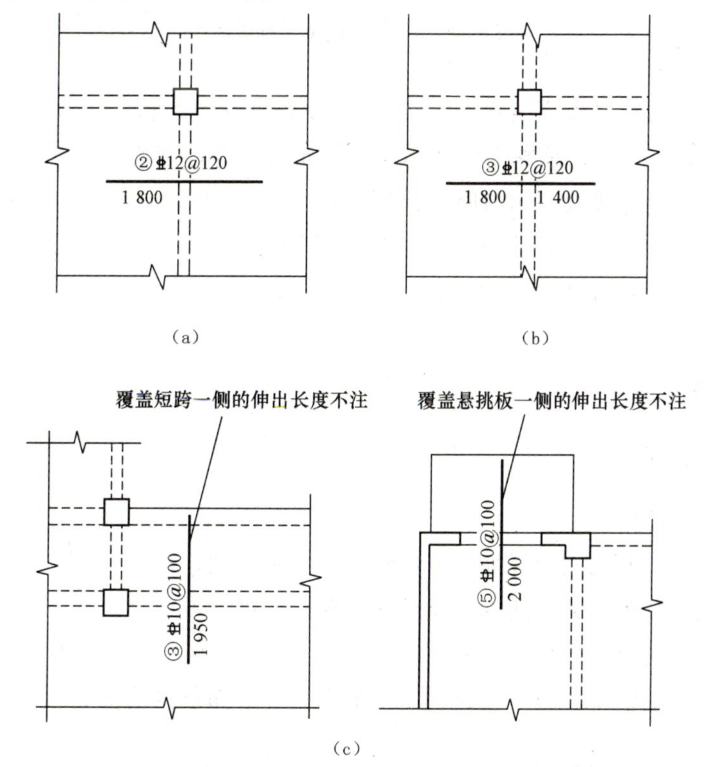

图 4-20　板支座上部非贯通筋

(a)对称伸出；(b)非对称伸出；(c)贯通全跨或伸出至悬挑端

当向支座两侧非对称延伸时，应分别在支座两侧线段下方注写延伸长度，如图 4-20(b)所示。

对线段画至对边贯通全跨或贯通全悬挑长度的上部通长纵筋，贯通全跨或延伸至全悬挑一侧的长度值不注，只注明非贯通筋另一侧的延伸长度值，如图 4-20(c)所示。

(2)关于悬挑板支座非贯通筋的注写方式如图 4-21 所示。

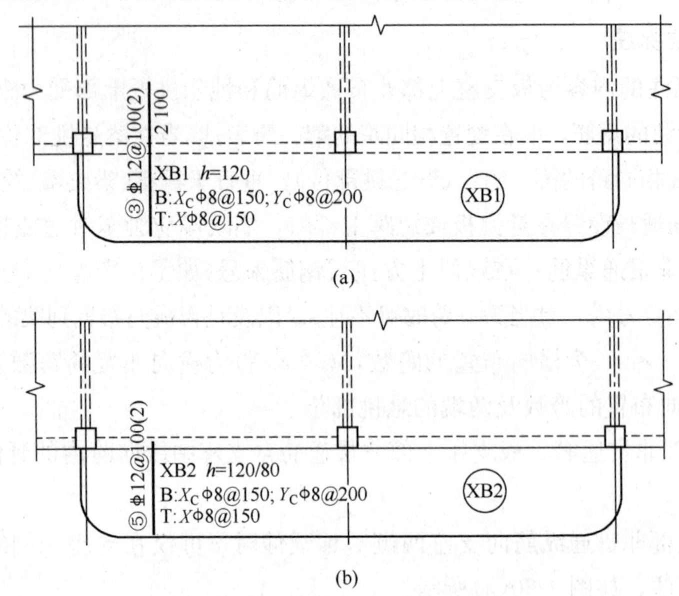

图 4-21　悬挑板支座非贯通筋

图 4-21(a)所示为悬挑板支座非贯通筋注写③⌀12@100(2)和 2 100，表示支座上部③号非贯通纵筋为 ⌀12@100，从该跨起沿支承梁连续布置 2 跨，该筋自支座中线向跨内的延伸长度均为 2 100 mm，悬挑板一侧的伸出长度不注。图 4-21(b)所示为悬挑板支座非贯通筋注写⑤⌀12@100(2)，表示支座上部⑤号非贯通纵筋为 ⌀12@100，从该跨起沿支承梁连续布置 2 跨，悬挑板一侧的伸出长度不注。

任务实施

一、识读步骤

(1)查看图名、比例。

(2)核对轴线编号及其间距尺寸是否与建筑施工图一致。

(3)通过结构设计说明或板的施工说明，明确板的材料及等级。

(4)明确现浇板的厚度和标高。

(5)明确板的配筋情况，并参阅说明，了解未标注分布筋的情况。

二、楼层板平面布置图的识读

图 4-22 所示是标高为 5.400 m、8.300 m、11.200 m、14.100 m 板配筋图，比例为

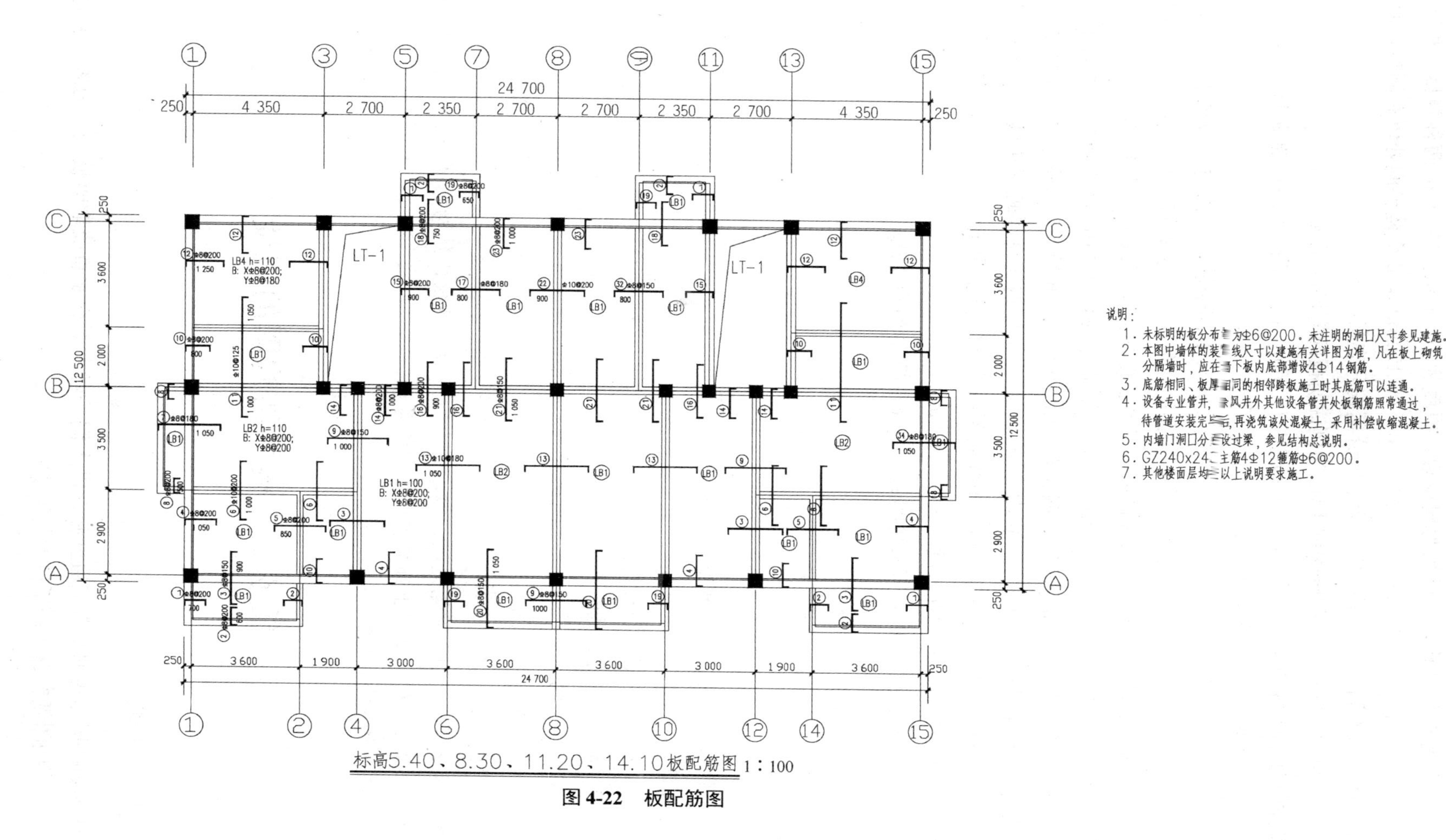

标高5.40、8.30、11.20、14.10板配筋图 1：100
说明：
1. 未标明的板分布筋为Φ6@200。未注明的洞口尺寸参见建施。
2. 本图中墙体的装修线尺寸以建施有关详图为准，凡在板上砌筑分隔墙时，应在其下板内底部增设4Φ14钢筋。
3. 底筋相同、板厚相同的相邻跨板施工时其底筋可以连通。
4. 设备专业管井，除风井外其他设备管井处板钢筋照常通过，待管道安装完后，再浇筑该处混凝土，采用补偿收缩混凝土。
5. 内墙门洞口分别设过梁，参见结构总说明。
6. GZ240x240主筋4Φ12箍筋Φ6@200。
7. 其他楼面层均按以上说明要求施工。
LT-1
LB4 h=110
B: XΦ8@200;
YΦ8@180
LB2 h=110
B: XΦ8@200;
YΦ8@200
LB1 h=100
B: XΦ8@200;
YΦ8@200
24 700
12 500

图 4-22 板配筋图

1∶100。因为是框架结构，该层均为现浇板，厚度为 100 mm、110 mm 两种规格，板顶标高分别为 5.400 mm、8.300 mm、11.200 mm、14.100 mm，2 个楼梯间处留有洞口，由于板的规格和受力不同，配筋不一样，为了区分用编号表示。

以左下角④～⑥、Ⓐ～Ⓑ轴房间 LB1 为例说明板的配筋的识读。

集中标注的内容说明：1 号楼面板，板厚 110 mm，板下部配置的贯通纵筋 X 向为 ⌀8@200，Y 向为 ⌀8@200；板上部未配置贯通钢筋。

板上部钢筋采用原位标注的方式，与梁交接处有上部钢筋，直钩向下或向右。X 向的钢筋有 3 号、9 号、13 号，三者都沿④～⑥轴方向布置。3 号钢筋、9 号钢筋均是 ⌀8@150，3 号钢筋自④轴梁中线向相邻两跨内的延伸长度均为 900 mm，9 号钢筋自④轴梁中线向相邻两跨内的延伸长度均为 1 000 mm；13 号钢筋是 ⌀10@180，自⑥轴梁中线向相邻两跨内的延伸长度均为 1 050 mm。Y 向钢筋有 4 号、14 号、16 号，三者都沿Ⓐ～Ⓑ轴方向布置。4 号钢筋、14 号钢筋、16 号钢筋均是 ⌀8@200，4 号钢筋自Ⓐ轴梁中线向跨内的延伸长度为 1 050 mm，14 号钢筋自Ⓑ轴梁中线向跨内的延伸长度为 1 000 mm，16 号钢筋自Ⓑ轴梁中线向相邻两跨内的延伸长度均为 1 000 mm。

从图纸右侧的说明可以知道未注明的板的分布筋为 ⌀6@200。

练　习

1. 解释板平法施工图中集中标注的含义。

(1)LB3　h=120

　B：X⌀12@120；Y⌀12@100

　T：X& Y ⌀12@120

(2)XB2　h=90

　B：X_C&Y_C⌀8@200

2. 根据图 4-19 填空。

图中板厚为(　　)，梁宽为(　　)，高为(　　)。楼板的结构标高为(　　)。板中下部贯通筋的编号为(　　)，上部非贯通筋的编号为(　　)。

4 号钢筋的布置情况解释(　　)。

任务五　楼梯结构图的识读

任务介绍

楼梯是楼房建筑的垂直交通设施，供人们平时上下和紧急疏散时使用。为表示其结构情况需要哪些图纸？这些图纸应如何识读？

任务分析

识读楼梯结构图，需要掌握楼梯结构图的形成、表示内容、表示方法等知识。

相关知识

一、楼梯结构图的内容

楼梯结构图由楼梯结构平面图、楼梯结构剖面图和楼梯配筋图组成。

(1)楼梯结构平面图是表明各构件(如楼梯梁、梯段板、平台板及楼梯间的门窗过梁等)的平面布置代号、大小和定位尺寸及它们的结构标高的图样。楼梯结构平面图应分层画出，当中间几层的结构布置和构件类型完全相同时，只需画出一个标准层楼梯结构平面图。楼梯结构平面图的图示要求与楼层结构平面图基本相同，它是用剖切在层间楼梯平台上方的一个水平剖面图来表示的。

(2)楼梯结构剖面图是表明各构件的竖向布置与构造，梯段板、楼梯梁的形状和尺寸，各构件的结构标高等的图样。它是垂直剖切在楼梯段上所得的剖面图。

(3)楼梯配筋图主要反映楼梯梁、梯段板、平台板以及梯梁等的配筋情况，如楼梯结构剖面图比例较大时，也可直接绘出梯板的配筋。

二、现浇钢筋混凝土楼梯分类

现浇钢筋混凝土楼梯是将楼梯段和楼梯平台整体浇注在一起的。现浇钢筋混凝土楼梯按楼梯段的受力和传力方式的不同，可分为板式楼梯和梁板式楼梯两种。

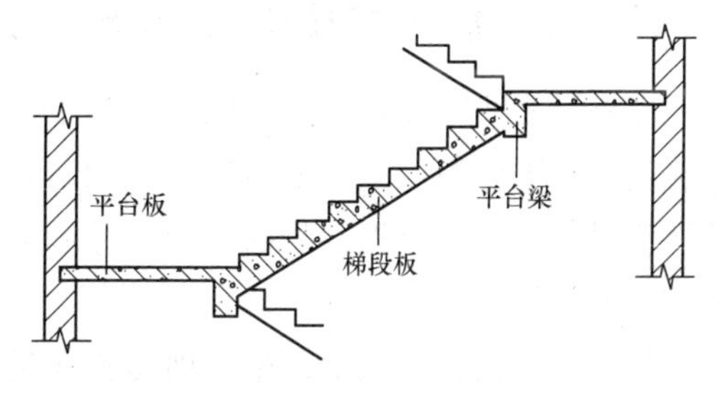

图 4-23　现浇钢筋混凝土板式楼梯

板式楼梯是指楼梯段作为一块整板，斜搁在楼梯的平台梁上。楼梯段承受梯段上全部的荷载。梯段相当于是一块斜放的现浇板，平台梁是支座(图 4-23)。当梯段较宽或楼梯负载较大时，采用板式楼梯往往不经济，须增加梯段斜梁(简称梯梁)以承受板的荷载，并将荷载传给平台梁，将这种楼梯称为梁板式楼梯(图 4-24)。工程中应用广泛的为板式楼梯。

任务实施

一、板式楼梯的类型

根据楼梯的截面形状和支座位置的不同，平板楼梯可分为无抗震构造措施的 AT、BT、CT、DT、ET、FT、GT、HT 型和有抗震构造措施的 ATa、ATb、ATc、CTa、CTb 型。图 4-25 所示为常见的三种楼梯类型截面形状与支座位置示意。

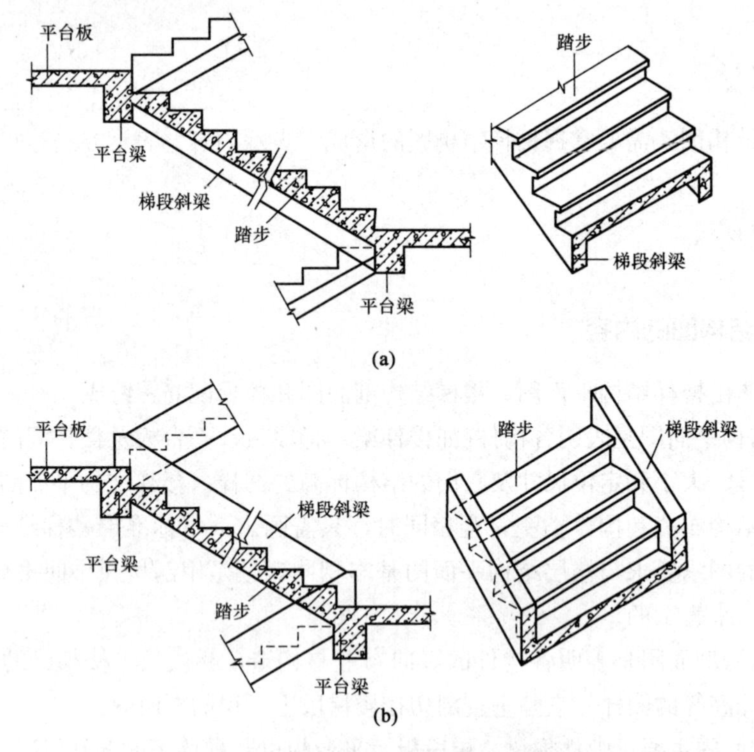

图 4-24　现浇钢筋混凝土梁板式梯段

(a)正梁式梯段；(b)反梁式梯段

二、板式楼梯的平面整体表示法

楼梯平面注写方式，是采用在楼梯平面布置图上注写截面尺寸和配筋具体数值的方式来表达楼梯平法施工图。平面注写的内容包括集中标注和外围标注。集中标注表达梯板的类型代号及序号、梯板的竖向几何尺寸和配筋；外围标注表达梯板的平面几何尺寸以及楼梯间的平面尺寸。

集中标注的具体规定：第 1 项为梯板类型代号与序号，如 ATxx；第 2 项为梯板厚度，注写 h=xxx；第 3 项为踏步板总高度 HS/踏步级数(m+1)；第 4 项为梯段支座上部纵筋和下部纵筋，之间以“;”分隔；第 5 项为梯段分布筋，以 F 开头注写分布钢筋的具体数值，该项也可在图中统一说明。

图 4-26 所示为 AT 型楼梯，编号为 1，梯板板厚为 120 mm。踏步段(梯段)总高度为 1 800 mm，踏步级数为 12 级。上部纵筋为 HRB400 级钢筋，直径为 10 mm，钢筋的中心距小于等于 200 mm；下部纵筋为 HRB400 级钢筋，直径为 12 mm，钢筋的中心距小于等于 150 mm；分布筋为 HPB300 级钢筋，直径为 8 mm，钢筋的中心距小于等于 250 mm。

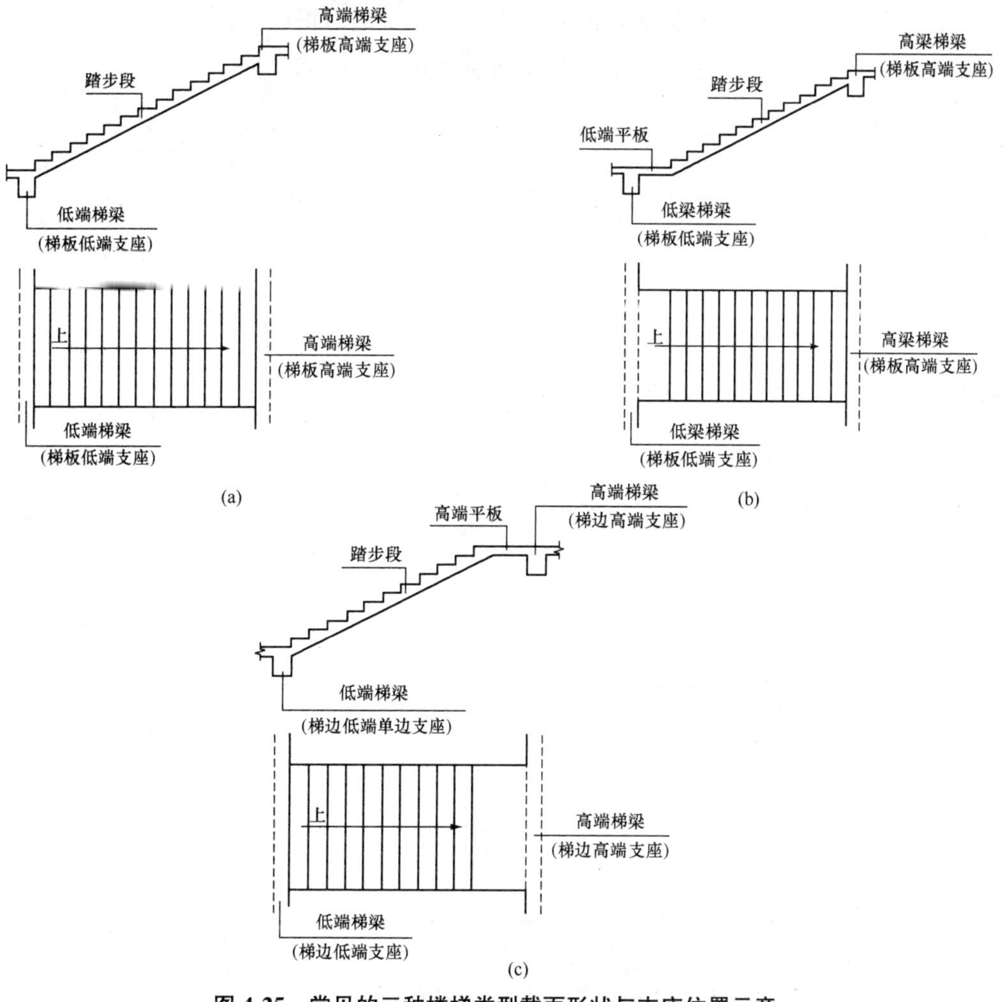

图 4-25　常见的三种楼梯类型截面形状与支座位置示意

(a)AT 型板式楼梯截面形状与支座位置；(b)BT 型板式楼梯截面形状与支座位置；

(c)CT 型板式楼梯截面形状与支座位置

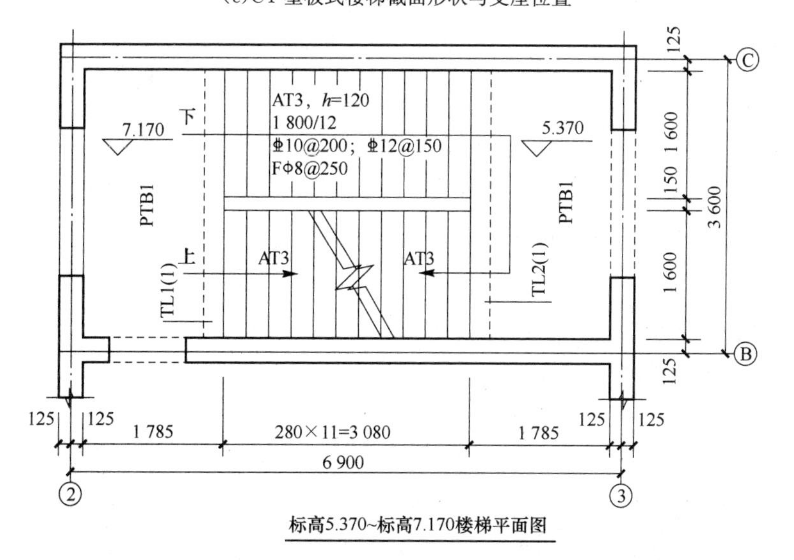

图 4-26　AT 型楼梯

由于楼梯结构平面图比较抽象，因此可结合图 4-27 进行识读。

板式楼梯中平台板(PTB)和梯梁(TL)的配筋识读方法同梁、板。

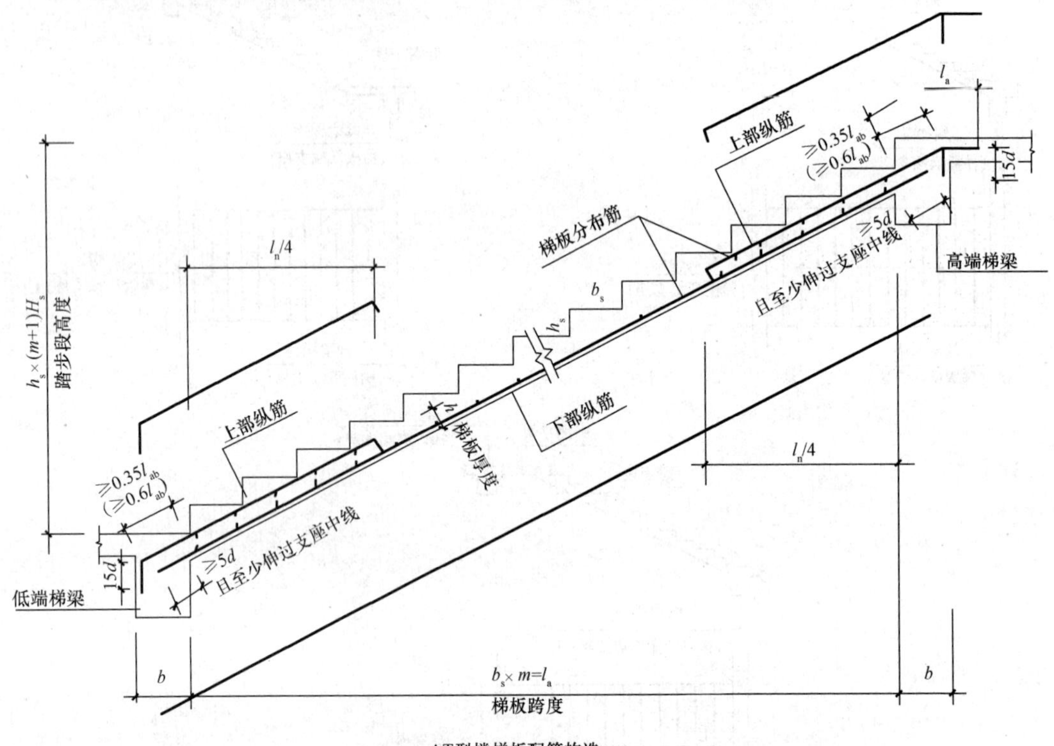

AT型楼梯板配筋构造

注:

1. 当采用HPB300光面钢筋时，除梯板部纵筋的跨内墙头做90°直角弯钩外，所有末端应做180°弯钩。
2. 图中上部纵筋锚固长度0.35l_{ab}用于设计按铰接的情况，括号内0.6l_{ab}用于设计考虑充分发挥钢筋抗拉强度的情况，具体工程中设计应指明采用何种情况。
3. 上部纵筋有条件时可直接伸入平台板内锚固，从支座内边算起总锚固长度不小于l_a。
4. 上部纵筋需伸至支座对边再向下弯折。

图 4-27　AT 型楼梯板配筋构造

练　习

1. 抄绘图 4-28 进一步理解楼梯中的配筋情况。

2. 填空。

(1)CT2 的梯板宽度为(　　)mm。

(2)CT2 的梯板上部受力筋为(　　)。

(3)楼梯－0.045 到－1.707 梯段长为(　　)mm。

(4)BT1 的梯板下部受力筋为(　　)。

(5)平台板的厚度为(　　)mm。

(6)平台板的受力筋为(　　)。

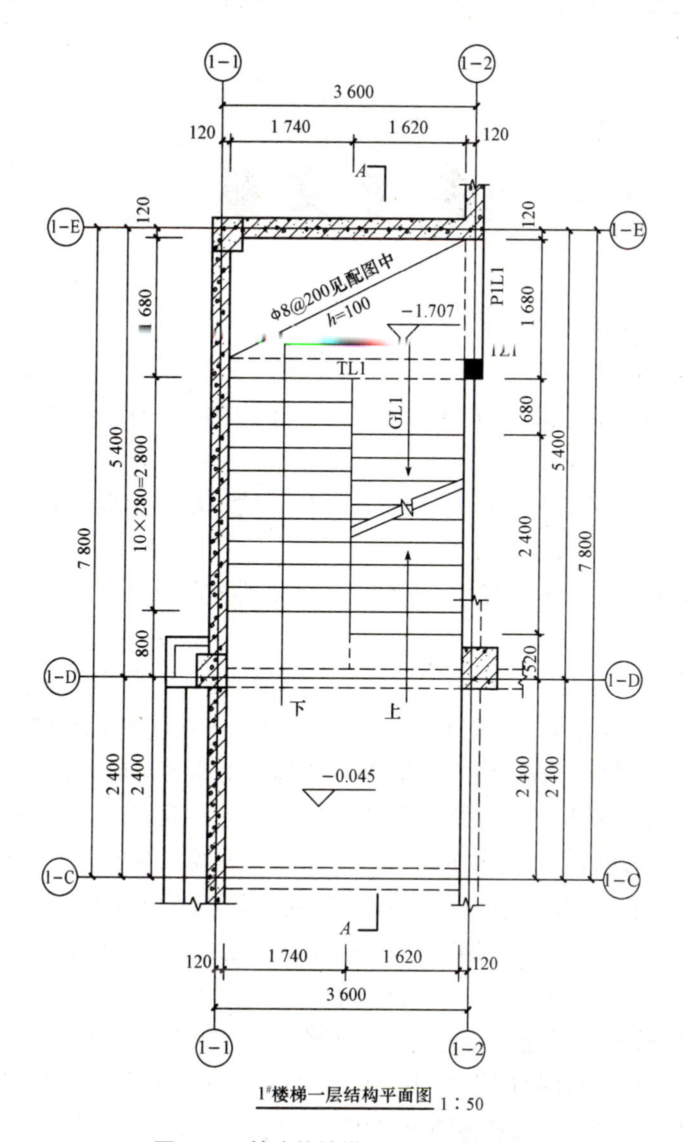

图 4-28　某建筑楼梯一层结构平面图

参 考 文 献

[1] 中华人民共和国国家标准. GB/T 50001 — 2017 房屋建筑制图统一标准[S]. 北京：中国计划出版社，2010.

[2] 中华人民共和国国家标准. GB/T 50103 — 2010 总图制图标准[S]. 北京：中国计划出版社，2010.

[3] 中华人民共和国国家标准 . GB/T 50104 — 2010 建筑制图标准[S]. 北京：中国计划出版社，2010.

[4] 中华人民共和国国家标准. GB/T 50105 — 2010 建筑结构制图标准[S]. 北京：中国计划出版社，2010.

[5] 中国建筑标准设计研究院. 16G101－1 混凝土结构施工图平面整体表示方法制图规则和构造详图(现浇混凝土框架、剪力墙、梁、板)[S]. 北京：中国计划出版社，2016.

[6] 王强，张小平. 建筑工程制图与识图[M]. 3 版. 北京：机械工业出版社，2017.

[7] 何铭新，郎宝敏，陈星铭. 建筑工程制图[M]. 5 版. 北京：高等教育出版社，2013.

[8] 孙玉红. 建筑装饰制图与识图[M]. 2 版. 北京：机械工业出版社，2016.

[9] 杜军. 建筑工程制图与识图[M]. 2 版. 上海：同济大学出版社，2014.

[10] 刘军旭，雷海涛. 建筑工程制图与识图[M]. 2 版. 北京：高等教育出版社，2018.

[11] 郑贵超. 建筑构造与识图[M]. 2 版. 北京：北京大学出版社，2014.

[12] 程无畏. 建筑阴影与透视[M]. 北京：机械工业出版社，2006.

[13] 孙世青. 建筑装饰制图与阴影透视[M]. 3 版. 北京：科学出版社，2011.

[14] 李思丽. 建筑制图与阴影透视[M]. 2 版. 北京：机械工业出版社，2016.